普通高等教育智能飞行器系列教材

无人机对地观测与智能分析

张艳宁　王 鹏　杨 涛　张 磊　编著

科 学 出 版 社

北 京

内 容 简 介

本书深入介绍无人机系统的组成，以及无人机系统在现实世界的对地观测与智能分析任务中所依赖的视觉增强与重建，目标检测与跟踪，目标识别与理解，视觉建图、导航与定位以及具身主动感知与理解等核心技术。全书不仅涵盖现代无人机的基础系统组成和配备的基本视觉任务模块，还深入阐述具身视觉问答、具身视觉导航等前沿智能算法，以及其在智能交通、环境监测、应急救援等领域的应用。通过结合最新研究成果与实际应用，本书为读者提供丰富的理论知识和实践指导。

本书适合于航空航天、计算机等相关专业高年级本科生及研究生使用，也适合对无人机技术及其智能应用感兴趣的在校学生、科研人员与工程师阅读。

图书在版编目（CIP）数据

无人机对地观测与智能分析 / 张艳宁等编著. -- 北京 : 科学出版社, 2024. 12. --（普通高等教育智能飞行器系列教材）. -- ISBN 978-7-03-080817-2

Ⅰ. V279; P22

中国国家版本馆 CIP 数据核字第 2024S66G03 号

责任编辑：潘斯斯 滕 云 / 责任校对：王 瑞
责任印制：师艳茹 / 封面设计：蓝正设计

科学出版社 出版
北京东黄城根北街 16 号
邮政编码：100717
http://www.sciencep.com
三河市骏杰印刷有限公司印刷
科学出版社发行 各地新华书店经销
*
2024 年 12 月第 一 版 开本：787×1092 1/16
2024 年 12 月第一次印刷 印张：13 1/4
字数：307 000

定价：80.00 元

（如有印装质量问题，我社负责调换）

“普通高等教育智能飞行器系列教材”编委会

序

星河瑰丽，宇宙浩瀚。从辽阔的天空到广袤的宇宙，人类对飞行、对未知的探索从未停歇。一路走来，探索的路上充满了好奇、勇气和创新。航空航天技术广泛融入了人类生活，成为了推动社会发展、提升国家竞争力的关键力量。面向“航空强国”“航天强国”的战略需求，如何培养优秀的拔尖人才十分关键。

“普通高等教育智能飞行器系列教材”的编写是一项非常具有前瞻性和战略意义的工作，旨在适应新时代航空航天领域与智能技术融合发展的趋势，发挥教材在人才培养中的关键作用，牵引带动航空航天领域的核心课程、实践项目、高水平教学团队建设，与新兴智能领域接轨，革新传统航空航天专业学科，加快培养航空航天领域新时代卓越工程科技人才。

该系列教材坚持目标导向、问题导向和效果导向，按照“国防军工精神铸魂、智能飞行器领域优势高校共融、校企协同共建、高层次人才最新科研成果进教材”的思路，构建“工程单位提需求创背景、学校筑基础拔创新、协同提升质量”的教材建设新机制，联合国内航空航天领域著名高校和科研院所成体系规划和建设。系列教材建设团队成功入选了教育部“战略性新兴领域‘十四五’高等教育教材体系建设团队”。

在教材建设过程中，持续深化国防军工特色文化内涵，建立了智能航空航天专业知识和课程思政育人同向同行的教材体系；以系列教材的校企共建模式为牵引，全面带动校企课程、实践实训基地建设，加大实验实践设计内容，将实际工程案例纳入教材，指导学生解决实际工程问题、增强动手能力，打通“从专业理论知识到工程实际应用问题解决方案、再到产品落地”的卓越工程师人才培养全流程，有力推动了航空航天教育体系的革新与升级。

希望该系列教材的出版，能够全面引领和促进我国智能飞行器领域的人才培养工作，为该领域的发展注入新的动力和活力，为我国国防科技和航空航天事业发展作出重要贡献!

侯晓

中国工程院院士　侯晓

前　言

自 20 世纪初叶被用作飞行炸弹和靶机的空中自动驾驶仪问世以来，无人机系统的发展便拉开了序幕。随着数十年来控制与导航、无线电通信、小型发动机等技术的发展与应用，无人机不再局限于靶机方面的应用，开始在军事侦察中得到广泛应用。进入 21 世纪，科技飞速发展，先进的数据处理和通信技术以及新材料的应用显著提升了无人机的性能，使其具备了集侦察和攻击于一体的能力，极大缩短了现代战场中的“观察–判断–决策–行动”链条，无人机逐渐成为战场上常态化运用的多功能装备。党的二十大报告指出：“坚持把发展经济的着力点放在实体经济上，推进新型工业化，加快建设制造强国、质量强国、航天强国、交通强国、网络强国、数字中国。”无人机作为现代工业化和数字化发展的重要组成部分，在军用和民用领域都展现出巨大的潜力和应用价值。

无人机感知技术，作为无人机系统中的核心，利用搭载的高精度传感器和先进的数据处理技术，从军事侦察与打击到灾难救援、农业监测、交通管理等民用领域，实现了多种复杂任务的高效执行。近年来，随着人工智能的发展和应用，智能技术赋能的无人机系统成为一种重要的现代化智能飞行器，在军事、民用及科研等多个领域显示出独特的优势。尤其在对地观测与智能分析中，无人机不仅提高了工作效率，还大大扩展了人类的活动范围，成为信息获取和数据分析的重要工具和手段。近年来的俄乌冲突和新一轮的巴以冲突中无人机的广泛应用，也进一步证明了智能无人机对战场技术变革的推动作用。展望未来，人工智能与大数据相关技术及应用、集群能力的进步，必将进一步增强无人机系统的泛在性、多功能性和有效性，无人机及其在对地观测与智能分析中的应用已经成为前沿研究的重要领域。

本书全面系统地介绍无人机对地观测与智能分析的相关技术和应用，内容覆盖从基础理论到前沿技术应用的各个方面。书中共分为 6 章，每章都以实际应用为导向，详细阐述无人机系统的不同组成部分及其功能，展示无人机技术在对地观测与智能分析中的广泛应用和研究进展。

第 1 章为读者呈现无人机系统的整体框架，介绍无人机系统的基本组成和关键技术，包括无人机飞行平台、任务载荷、传感设备、计算平台及其研究现状。同时，该章详细介绍无人机感知的概念和关键技术，为后续章节中的具体技术应用和研究现状提供理论基础。

第 2 章深入探讨无人机在基础视觉处理方面的应用，特别是在图像质量增强和三维重建技术上的最新研究成果。视觉增强部分涉及图像压缩失真修复、去噪声、去云去雾等处理技术，这些都是提升无人机获取图像质量的关键技术。在视觉重建部分，详细阐述无人机如何利用激光雷达和其他传感器数据进行三维环境建模，这对于执行精确的地理测绘和环境监测至关重要。

第 3 章讨论无人机在动态环境中检测和跟踪目标的技术。该章从基本的目标检测理论讲起，详细介绍深度学习方法在无人机目标检测中的应用，以及无人机目标跟踪的相关技术和评价指标。这些技术的发展极大地提高了无人机在复杂环境中的操作效率和安全性。

第 4 章进一步深化对无人机技术的探讨，不仅包括对物体的精细识别，还扩展到了复杂的个体识别和行为理解。这些高级技术使无人机能够在更细微的层面上解读图像内容，如在人群中识别和追踪特定个体，或预测目标行为，这对于安防、救援行动和智能监控系统尤为重要。

第 5 章涉及无人机在空间导航和地理定位方面的高级技术。该章内容涵盖二维与三维地图的构建方法、实时全景图像拼接技术、基于视觉的同时定位与地图构建算法，以及神经渲染技术，这些技术都是实现无人机长距离、高精度导航和定位的关键。特别是在视觉同时定位与地图构建以及神经渲染方面的内容，为无人机技术在动态复杂环境中的自适应能力提供了创新方案，有力保障了无人机的定位和导航精度。

第 6 章是本书的一大特色，涵盖一系列前沿的智能算法，如具身视觉问答和具身视觉导航技术，专门讨论无人机如何利用具身感知进行环境交互，以提高其自主决策和任务执行的能力。这些内容不仅展示了无人机技术的最新研究动态，也为未来的技术发展趋势提供预见。

本书是课题组多年研究工作的积累，由张艳宁、王鹏、杨涛和张磊统稿、定稿。

第 1 章和第 6 章由王鹏编写，第 2 章由张磊编写，第 3 章由杨涛、张蓬、张世周、梁国强、刘婷编写，第 4 章由冉令燕、王文萱、曹聪琦、吴鹏编写，第 5 章由杨涛编写。

参与本书资料搜集与整理的有研究生柳书博、吴瑞祺、赵兴兵、王珏、焦远翔、侯可可、郑萌萌、牛远卓、鲁子轩、宋姚烨、孔德璇、党锴瑞、汪璋、张佳、杨靖、李杨梅、矫炳亮、王云龙、蒋训凯、赵飞跃、孙泽、潘成宇、周学荣、苏万顺、闫雨亭、王奕琳、张涵睿、张双寒、李东东、秦海栋、刘嘉璐、张芳冰、冯佳啸、张志鹏、张红生、王庆圣、周玲茹、魏至民、乔迁、郝天宇、孙梦阳、索伟等。

本书的编写参考了众多学者和专家的经验与总结，旨在提供一本结构清晰、信息丰富、理论与实践并重的学习和参考资料。我们诚挚希望本书能够为广大读者提供帮助，但由于作者的研究水平有限和时间仓促，书中疏漏之处在所难免，敬请读者和同行专家批评指正，并期待您的宝贵意见和建议，共同推动智能飞行器的发展与应用。

作　者

2024 年 6 月

目录

第 1 章

概　述

无人机(unmanned aerial vehicle, UAV)系统是现代航空技术的重要组成部分，其核心功能依赖于复杂的传感器、控制系统和执行机构。无人机不仅能够执行基本的飞行任务，更通过集成先进的感知技术，具备了理解和分析周围环境的能力。这种感知能力使得无人机能够在各种应用场景中进行自主导航、目标检测、环境识别以及决策支持。在无人机系统中，感知技术起着至关重要的作用。它利用搭载的传感器捕捉目标和场景数据，并通过智能算法进行处理，从而实现对环境的深度理解。随着感知性能的提升，无人机正在改变许多行业的运作方式，从城市监控到灾害救援，再到精准农业，感知技术为无人机的多样化应用提供了支持。以下将分别介绍无人机系统的构成及功能，以及其感知技术的关键概念和核心算法。

1.1　无人机系统

从 1903 年莱特兄弟第一次翱翔蓝天开始，人类追逐蓝天的脚步就从来不曾停歇。仅仅 14 年后的 1917 年，人类第一架无人机就挣脱引力的束缚，开始在天空角逐。通常认为，第一架无人机是由美国人斯佩里主导的“空中鱼雷号”飞行器，因为他和他的同事皮特·库珀发明了人类首个基于陀螺仪原理的无人机自动稳定装置。在这种装置的帮助下，“空中鱼雷号”飞行器可以搭载大约 300 磅(约合 136kg)的弹药飞行 50km。但是此时的无人机更像是一种自杀式炸弹，因为它们使用后无法返回起点。后来英国主导研发的“蜂王号”的出现解决了这一问题，并进一步让无人机的航速提高到 160km/h。此后，还有德国主导研发的“复仇武器 1 号”等机型。

我国的无人机研发起源于 1957 年，毕业于西北工学院(现西北工业大学)航空工程系的文传源院士主持了我国第一架无人机的研发工作，并得到周恩来总理的大力支持。1958 年 10 月 1 日，我国首架无人机“北京五号”在无线电的引导下着陆试飞成功。自此，我国无人机行业开始蓬勃发展：在低空农业方面，以极飞科技为代表的农业无人机正在实现全自主的农田测绘、精准喷洒和智能播撒；在物流运输方面，以美团无人机为代表的外卖机器人正在逐步提高城市终端物流配送效率；在军事应用领域，无人机不仅成为侦察、监视和情报搜集的利器，更成为机动打击、物资配送的新星。

一般地，把利用无线电遥控设备和自备的程序控制装置操纵的不由人类在其中驾驶的航空器称为无人机。无人机通常由运动机构、传感与控制机构、通信机构、作业机构和连接结构组成。下面介绍无人机本体的具体构成。

运动机构指的是无人机四个电机、电调、桨叶及其相关附属机构，通常包含各类发动、传动、启动机构。

传感与控制机构(航电系统)通常包含视觉传感、速度与加速度传感、磁敏传感等多种机构，具体取决于无人机所执行的任务需求，控制机构通常为各类计算单元。3D 传感系统、惯性测量单元(inertial measurement unit, IMU)(一种用于测量无人机姿态和运动状态的传感器)和视觉定位系统均属于传感机构，控制机构为 24 核高性能计算单元。有时，无人机为了实现无人机终端的智能计算，通常会配备机载计算机或机载计算机并行计算单元以提高终端算力。

通信机构通常包含无线电接收、发送与信号处理单元，通常无人机会配备卫星信号接收机构和数传机构。

作业机构(任务载荷)的种类多种多样，取决于不同类型的任务，通常包括相机、喇叭、索套等。

连接结构(飞行平台)则为上述机构提供了机械连接平台，将无人机系统的各个部分组合成一个整体。无人机机架、桨叶保护罩、外蒙皮等均属于连接结构。

此外，无人机系统还包含如下系统。

地面系统：用于无人机控制的地面终端，有时也称遥控站或任务规划与监控站，是实现无人机指挥控制、任务规划、实时监测、操作控制的综合控制系统。

综保系统：包含对无人机本体和附属地面系统的维护保障系统、人力资源配置和其他设施设备，是无人机系统正常运行的重要支撑。

下面分别从无人机飞行平台、任务载荷、传感设备和计算平台的角度介绍无人机的发展历程。

1.1.1 无人机飞行平台

按照飞行平台划分，无人机通常可以分为固定翼无人机、多旋翼无人机、无人直升机、扑翼无人机、无人飞艇和其他类型的无人飞行平台。一般地，固定翼无人机适用于长航时、较高速度的无人机作业，如大面积测绘和长距离巡航任务；多旋翼无人机则更适合短时低速任务，如空中摄影、城市巡逻、短距离运输等；无人飞艇适合长时低速任务，如空中科学观测等。

固定翼无人机是指由动力装置产生水平方向的推力，由固定的机翼产生升力，并在大气层内飞行、重于空气的航空器。由于推力和升力分开，其特点在于飞行距离长、巡航面积大、飞行速度快、飞行高度高，可以在较短的时间内覆盖大面积区域，同时可以适应多种复杂的气象条件。但固定翼无人机通常需要跑道、手抛或弹射起飞，对起降场地或操作人员的要求较高，且飞行灵活性较差。

多旋翼无人机通常指由三个或以上轴产生垂直方向推力的旋翼机，通常通过调节不同桨之间的相对转速来调整拉力和扭矩，以控制飞行器的悬停和运动。多旋翼无人机的特点在于其操作简单，对起降场地的要求不高，可空中悬停和灵活飞行。但由于其升力、动力不分开的特性，多旋翼无人机通常飞行速度较慢、续航时间较短。

无人直升机通常指具备两个或以下的主旋翼提供升力的旋翼机。无人直升机的特点与多旋翼无人机基本一致。

扑翼无人机通常指可以像鸟类或昆虫那样通过扑动翅膀而产生升力和前进力的仿生航空器。扑翼无人机的特点在于质量轻、噪声小、隐蔽性强，对起降场地的要求较低。然而由于目前扑翼无人机动力学研究和飞行控制系统研究的局限性，扑翼无人机的规模化应用还处于相对早期。

无人飞艇通常指由动力驱动的、能够操纵的、轻于空气的、可在大气层内飞行的无人航空器。其特点在于能耗低、滞空时间长、载重大等，但飞行速度较低。此外，广义无人飞艇还可包括各种系留装置。

近年来，随着无人机技术的不断发展，还有垂直起降固定翼无人机、倾转旋翼无人机等多种兼具各类型航空器优点的新型无人机飞行平台出现，上述飞行平台之间的界限也相对模糊了。

1.1.2　任务载荷

无人机上装载的实现无人机飞行或作业任务的仪器、设备或分系统称为无人机的任务载荷。通常，无人机的任务载荷可以分为光电类载荷、投放类载荷、获取类载荷、其他载荷。投放类载荷主要包含军用无人机的各种攻击部，农业播撒无人机中的播撒装置等。获取类载荷主要包含大气监测或其他空中采样设备。下面着重介绍无人机的光电类载荷。

光电类载荷是无人机任务载荷中最常见的，通常包括可见光载荷、红外热成像仪、紫外成像仪、合成孔径雷达、激光雷达(light detection and ranging, LiDAR)和多光谱相机等。光电类载荷大多可以通过被动方式对目标的形状、亮度、纹理、热辐射等信息实现实时感知，具备较好的隐蔽性；作业测量精度通常可达毫弧度级，具备较高的感知精度；可对感知物体的形状进行直接实时流显示，具备较直观的可视结果；通常质量轻、体积小、模块化程度高，具备较高的可维护性和可靠性。下面分别介绍各类常见的光电类载荷。

光学相机和摄像机是经典的光学成像设备，是民用无人机中最常见的任务载荷。其体积小、质量轻、灵敏度高、寿命长、抗冲击振动、精度高的特点使其很快成为无人机主要载荷。

红外热成像仪主要用于探测目标的红外辐射，特别适用于进行夜间目标物体探测和跟踪任务。

紫外成像仪常用于检测高压设备或极端天气下物体的放电情况，常用于电气领域高压输变电及其相关设备的运维监测。

合成孔径雷达作为一种主动式光电探测设备，主要通过向目标所在区域持续发射电磁脉冲，接收并分析来自目标区域的回拨信号实现对目标的感知探测。

激光雷达是民用无人机中常见的光电感知设备。作为一种主动式光电探测设备，其亦是通过主动发送激光信号，接收并分析返回信号实现目标探测的。由于激光雷达的精度较高，其通常用于数字表面模型(digital surface model, DSM)的测量，是地理信息测绘领域的主要任务载荷。

多光谱相机是在普通航空相机的基础上发展而来的，在可见光的基础上通过各种滤光片、分光器和感光胶片的组合接收同一目标在不同窄光谱带上辐射或反射的信息，常用于农业数字化管理领域。

考虑到无人机平台飞行抖动问题，上述各种光电类载荷通常以光电吊舱的形式存在。光电吊舱使用稳定装置将光电感知设备连接在无人机飞行平台上，避免由于无人机本体抖动影响感知质量，同时有助于进行灵活的多视角光电感知。

1.1.3 传感设备

为了实现无人机的超视距飞行或辅助驾驶员视距飞行，无人机通常会携带各类传感设备。一般地，无人机操作员需要了解无人机的姿态、速度和位置等信息，因此无人机通常携带的传感设备包括惯性导航传感器、全球定位系统(GPS)传感器、气压传感器、光流传感器、超声波传感器、激光雷达传感器等。

惯性导航传感器主要包括陀螺仪和加速度计，可以测量无人机的姿态、速度和相对起始点的位置。陀螺仪通常用于测量无人机的角速度，加速度计通过测量无人机各个方向的线性加速度并累积，可以得到无人机的速度和相对起始点的位置信息。惯性导航传感器适合在室内或小范围环境中使用；因其存在累计误差问题，在较大范围环境中使用时通常需要辅以其他传感信号(如 GPS 信号)进行修正。

全球定位系统传感器通过接收卫星信号可以获取无人机的经纬度、海拔和速度信息。其主要由天线、射频前端和基准处理器组成，可以对卫星信号进行接收、解调、测算和解算，最终得到当前时间和位置。GPS 传感器在室外环境中通常具备较好的效果，但是在峡谷、城市或室内等较难接收卫星信号的区域中，GPS 传感器可能无法使用。

气压传感器主要用于测量无人机的高度信息。其通过检测大气压强的变化，可以实时计算出无人机相对地面的高度信息。气压传感器主要可分为电容式和压阻式两种。

光流传感器可以利用摄像头来捕捉连续图像，利用图像之间的运动差来估算无人机的速度和位置。在室内或 GPS 信号弱的条件下，这种方法可以用于无人机速度和位置的估算。其常用于微型无人机。

超声波传感器可以利用超声波脉冲测量无人机与邻近障碍物的距离。超声波探测具备较强的抗干扰能力，在较小的场景内具备较高的探测精度，是无人机避障中不可或缺的传感手段。由于其成本较低，已经逐渐成为民用低成本无人机避障的主要方案。

激光雷达传感器可以以较为稀疏的方式感知邻近物体的表面分布。由于其信号空间密度相对可见光更加稀疏，在无人机自主导航领域具备较为广泛的应用。

这些传感器的结合，不仅使无人机在复杂环境中实现超视距飞行成为可能，还提升了其在室内或 GPS 信号不佳情况下的导航能力。尤其是激光雷达传感器的应用，提高了无人机在自主导航和障碍物避让方面的精度和效率。未来，随着传感技术的进一步发展，无人机将具备更强的智能化和自主性，推动其在各个领域的广泛应用，如农业监测、环境保护和灾害救援等。

1.1.4 计算平台

无人机上的计算机构种类繁复、功能多样，但通常人们主要将承载无人机飞行控制和任务作业相关计算的计算单元统称为计算平台并开展相关研究。与普通计算平台不同，无人机机载计算平台通常需要更高可靠、高容错、低功耗的计算设备，且需要在振动、灰尘、雨水等复杂严苛的服役条件下正常工作。一般地，无人机机载计算平台通常分为两类：片上系统(system on a chip, SoC)和插槽式(socket type)计算机。

一般地，机载计算平台由处理器、系统内存、性能加速器、存储器、I/O 端口和冷却系统组成。由于机载计算平台的架构与一般计算机的架构无显著差异，这里不再赘述有关上述各部分的功能，只对性能加速器部分做详细解释。性能加速器是主要面向人工智能、机器学习和深度学习任务的专用负载。由于以 CPU 计算为代表的通用计算逐渐无法适应人们对复杂、高性能计算的需求，各种专用计算设备相继涌现，其中，可用于无人机机载计算的专用计算模块通常包含图形处理单元(graphics processing unit, GPU)、现场可编程门阵列(field programmable gate array, FPGA)等。

图形处理单元最初是为执行高度并行的游戏和图形工作负载而设计的。此类负载具备单指令多数据(single-instruction multiple-data, SIMD)的特点，对 FLOPS 和内存传输速度的要求较高，因此 GPU 逐渐演变成了高度并行的多核心处理单元。因此，在无人机图像处理、视觉自主导航等领域作业的无人机通常使用 GPU 以提高处理效率。

现场可编程门阵列由自适应逻辑模块和专用模块组成。专用模块之间的路由关系可以由设计工程师甚至是部署后由高级计算单元改变。其因完全由用户通过软件进行配置和编程，且允许反复擦写的特点而广泛应用于各种工程控制领域。FPGA 不仅可以处理 SIMD 特点的计算任务，因其用户可软件定义的特点，对多指令多数据流(multiple instruction multiple data, MIMD)任务和多指令单数据流(multiple instruction single data, MISD)任务也具备较好的兼容性。相比于 GPU，FPGA 具备功耗更低、时延更低的优点，同时具备更灵活的接口配置，但由于其较高的使用门槛，其应用规模有待进一步提高。

除无人机机载计算平台外，随着云计算、雾计算等新兴概念的兴起，无人机开始向多级算力网络和多无人机协同计算方向发展。

此外，无人机技术在未来发展过程中亦面临多重挑战，包括续航能力有限、通信系统不稳定、定位导航精度不足、避障技术不完善以及专业人才短缺等问题。为解决这些技术难题，研究人员分别在无人机用氢燃料电池、无人机换电站、基于蜂窝网络的低空无人机控制网络、基于蜂窝基站与北斗的无人机定位方法、高动态视觉避障、无人机视觉语言导航与具身视觉问答等方面做出了卓有成效的努力。展望未来，无人机将朝着更高的自主性、智能化和多功能化方向发展，其应用领域将进一步拓展。相信在国家、社会和学术界的联合推动下，低空经济将会是未来中国制造的一张靓丽名片。

1.2 无人机感知

1.2.1 概念

无人机感知是指无人机利用其搭载的传感器捕捉目标和场景数据，并通过智能算法处理这些数据以理解和分析周围环境，这一过程可以分为几个关键步骤：①数据捕获，无人机通过各种传感器(如摄像头、激光雷达等)实时收集周围环境的信息，这些数据包括目标的形状、位置、运动状态等；②数据处理，捕获到的数据会传送至处理单元，利用智能算法进行分析，此过程涉及图像和信号处理等技术，以提取有用的信息；③数据解析，处理后的数据会被解析以识别目标和理解场景，例如，算法可能会识别出图像中的特定对象，并分析其特性；④决策支持，基于对环境的理解，无人机可以进行目标检测和追踪、场景识别、自主导航等操作，这些智能化操作使无人机能够做出实时反应，执行复杂任务。通过这一系列步骤，无人机能够有效理解其周围环境，并基于此进行自主决策和任务执行。

无人机的感知技术为无人机提供了类似人类感官的能力，使其不仅能执行基础的飞行任务，还能感知和理解周围环境，也能在复杂场景中进行自主操作和决策，因此无人机感知技术已逐渐成为现代航空领域发展的一个重要方向，涉及诸多技术领域。随着无人机系统感知性能的日益提升，该技术正在逐步改变各行各业的运作方式。在芯片技术和人工智能算法的不断进步之下，无人机不再仅仅是简单的飞行器，而是演变为集成了高级感知技术的智能系统，从基础的环境监测到复杂的交互决策，无人机通过集成先进的传感器和智能算法，能够处理并响应外界的多种情况。

从技术层面上看，无人机的感知能力主要依赖于平台所搭载的多种传感器和智能算法。无人机搭载的传感器包括视觉传感器、红外传感器、雷达和激光测距仪等，这些传感器收集的数据被送至处理单元，并通过智能算法进行处理，使无人机能够执行自我定位、环境解析、动态目标识别与跟踪以及行为决策等多种复杂行为。例如，视觉感知系统通过摄像头捕捉图像，利用图像处理技术识别地面上的特定目标或障碍物，然后规划安全的飞行路径。

在实际应用方面，无人机感知技术广泛应用于难以直接到达或存在高风险的区域，特别是在城市监控以及灾害监测与救援中。无人机可以装备高分辨率摄像头进行空中巡逻，实时进行交通、群众集会等情况的视频回传，帮助警方和管理机构提高城市安全和管理效率；在自然灾害发生后，无人机能够快速进入灾区进行伤害评估和搜寻幸存者，穿梭于狭窄或危险的区域，提供实时数据和影像，这极大地提高了救援效率和救援人员的安全性；无人机在农业领域的应用也在不断增多，通过监测作物生长状况、土壤湿度和害虫情况，无人机可以根据分析结果自动调整灌溉和施肥计划，赋能智慧精准农业。

无人机感知技术在现实应用中也面临着诸多挑战。例如，由于无人机在空中移动的复杂性，其感知系统需要应对高动态环境中的信息采集和处理，这对计算效率和算法实时性提出了严格要求。此外，城市环境中高楼林立带来的定位数据受限、多路径干扰对机载传感器精度的影响，也对无人机在各种复杂受限环境下的有效应用带来了挑战。在数据处理方面，搭载多模态传感器联合应用是无人机的一大优势，但不同类型数据(如视觉、红外、激光雷达数据)的同步处理和高效融合同样是一个技术瓶颈，尤其是在计算资源受限的小型无人机上。另外，在面对恶劣天气、复杂地形或干扰信号时，无人机感知系统的鲁棒性和抗干扰能力亟须提升。

无人机感知技术不仅为现代科技带来了创新，也为解决实际应用中的许多复杂问题提供了新的解决方案。随着相关研究的深入和技术的发展，这些瓶颈有望逐步被突破。未来，无人机感知算法将在更多领域展现其独特的价值，从智能物流到生态监测再到公共安全，都可能成为其施展潜力的新舞台，进而成为社会生活中不可或缺的一部分。

1.2.2 关键技术

如本书前面所述，在无人机感知任务中，无人机平台通过其搭载的传感器收集到当前环境中的相关数据后，需要依赖于一系列智能算法对这些数据进行加工处理，以实现对目标对象、环境及任务的深入分析与理解，从而有效完成各类任务。在这一过程中，无人机感知技术主要依赖以下几类核心的智能算法技术。

视觉增强与重建技术：这类技术主要用于改善和重建从摄像头等视觉传感器收集来的图像数据，使无人机能够在视觉上更准确地识别和理解环境。

目标检测与跟踪技术：通过这些技术，无人机能够识别出图像中的特定目标，并进行实时跟踪，这对于任务(如搜索与救援、监控等)是至关重要的。

目标识别与理解技术：这些技术使无人机不仅能识别出目标，还能理解其特性和功能，如区分不同类型的地面车辆、建筑物或自然特征。

具身主动感知与理解技术：此类技术涉及无人机基于其感知到的信息，主动调整其感知策略或飞行路径，以更好地执行复杂任务或适应动态变化的环境条件。

这些技术的共同目标是提高无人机的智能化程度，使其能够在不同的环境和条件下稳定高效地实现对地感知和自主决策。

1. 视觉增强与重建技术

视觉增强是一种利用先进视觉算法优化并改善输入图像质量的技术，其目的是使图像更适合人眼观察或进行高效的计算分析。此技术包括对比度增强、亮度调整、噪声去除和锐化处理等手段。例如，在低光环境下拍摄的图像中，对比度增强算法能够通过调整亮度和对比度，显著提高图像的可见性；噪声去除技术则通过识别并消除图像中的噪点，从而减少信息损失，提高图像的清晰度。此外，深度学习在视觉增强中发挥了重要作用，特别是在图像超分辨率重建中，基于卷积神经网络(convolutional neural network, CNN)的模型可以从低分辨率图像中生成高分辨率版本，进一步提升图像质量。视觉增强示例如图 1-1 所示。

图 1-1　视觉增强示例

视觉重建技术则致力于从图像数据中全面恢复或重构场景信息，尤其是目标三维重建。这项技术通过对多个二维图像的几何关系和视角差异进行分析，重建出三维场景的精确模型，为场景理解提供了更加直观的支持。例如，结合深度学习技术的视觉重建方法能够通过端到端的学习流程自动完成特征提取(feature extraction, FE)、匹配和三维建模，提升重建精度。视觉重建示例如图 1-2 所示。

图 1-2　视觉重建示例

在无人机感知任务中，视觉增强与重建技术起到了至关重要的作用。视觉增强技术不仅通过去噪和超分辨率优化无人机采集的图像质量，确保感知系统在复杂环境下的可靠性，还能够支持在极端条件(如强光、低光或多尘环境)下的精确图像处理。与此同时，视觉重建技术通过结合同时定位与地图构建(simultaneous localization and mapping, SLAM)算法，使无人机在未知环境中能够同步进行自身定位和环境地图构建。SLAM 通过结合传感器(如摄像头和 IMU)数据，实时构建环境的三维地图，并精确确定无人机的空间位置，为自主导航和路径规划提供了关键支持。

此外，无人机还利用视觉重建实现对多视角图像数据的融合与分析，生成高精度的三维环境模型。例如，在灾害救援中，无人机可以通过捕捉不同角度的图像，对坍塌建筑物进行三维建模，从而为搜寻幸存者和评估结构损伤提供关键信息；在农业领域，视觉重建可用于生成农田的高精度地形模型，帮助优化灌溉规划；在城市管理中，无人机通过视觉重建可以生成实时的城市三维地图，用于交通流量监测或建筑物结构分析。这些能力不仅支持精准的地图绘制和环境感知，还极大地提升了无人机在复杂场景中的目标识别与理解能力。通过整合高质量的视觉数据和智能感知算法，无人机能够更加全面地认知周围环境，为多样化任务的执行提供强有力的决策依据和技术保障。

2. 目标检测与跟踪技术

目标检测与跟踪技术是计算机视觉领域的核心技术和基础技术，主要用于自动识别和监控图像或视频中的特定对象。目标检测的任务是在图像中定位并识别对象，这通常通过构建目标的边界框(bounding box)来实现。目标跟踪(object tracking, OT)则负责在视频序列中连续追踪这些对象的位置和运动。这两项技术通常联合使用，以实现对目标对象的持续性检测与跟踪。

在目标检测方面，常用的算法包括 YOLO(you only look once)和 Faster R-CNN 等。YOLO 是一种单阶段目标检测算法，其优势在于实时性强，能够以较快的速度处理图像或视频流，非常适合需要快速响应的无人机应用场景，如灾害救援和交通监控。然而，YOLO 在检测小目标或复杂场景时可能面临一定的精度限制。相比之下，Faster R-CNN 是一种双阶段目标检测算法，具有更高的检测精度，尤其在处理复杂场景或细粒度目标时表现出色，但其计算速度较慢，因此更适合对实时性要求较低但对精度要求较高的任务，如精细的地物检测或建筑物结构分析。

在无人机感知任务中，目标检测与跟踪技术使无人机能够自动定位并监控视野中出现的各种目标，如车辆、行人和建筑物等。通过分析传感器捕获的图像或视频流，无人机可以准确地检测并理解场景，实现实时的环境分析。这一技术在安全监控、边境巡逻等多种感知任务中具有极大的应用价值，使无人机能够快速发现并响应潜在的风险或事件。

在目标检测的基础上，目标跟踪技术进一步允许无人机持续追踪已检测到的目标物体的位置和运动轨迹。这对于无人机平台来说至关重要，因为它确保了即便在目标移动或场景发生变化的情况下，无人机也能持续地关注和监控目标。在动态环境中，如在交通监控或运动赛事中，目标跟踪技术让无人机能够有效地维持对目标的视觉锁定，提供连续和稳定的监控，从而在执行复杂任务时提升了其效率和准确性。

目标检测与跟踪技术将进一步朝着高效性和智能化的方向发展。近些年，基于

Transformer 的目标检测算法(如 DETR)利用注意力机制(attention mechanism)捕获图像中目标之间的长距离依赖关系，有望在复杂场景中提供更高的检测精度和鲁棒性。此外，轻量化的深度学习模型正在成为热点研究方向，尤其是在无人机等边缘设备上的应用场景中，通过模型压缩和优化，能显著降低计算资源消耗，从而支持实时的目标检测与跟踪。

3. 目标识别与理解技术

目标检测与跟踪技术能够帮助无人机识别目标的位置和轨迹，为动态环境中的持续监控和任务执行奠定了基础。然而，仅定位和追踪目标物体的位置往往不足以满足复杂任务的需求。例如，在灾害救援中，除了知道幸存者的位置，无人机还需要识别不同幸存者并分析其健康状态和行为特征，以便制定更精确的救援计划。基于此，目标识别与理解技术应运而生，用于在检测与跟踪的基础上进一步分析目标的类别、属性和行为，从而提供更深入的环境感知。

目标识别技术是指在图像或视频中识别出目标的具体类别、属性或身份。这要求深度学习算法不仅检测到目标对象的存在，还要准确地将其分类到特定的类别中。目标理解则涉及更深层次的图像分析，这项技术不仅识别视觉数据中的对象，还要理解这些对象的上下文关系和潜在行为。这要求深度学习算法在对目标类别、属性和身份等基础信息进行感知的基础上，还须额外预测目标对象可能的行动和行为模式。目标识别示例如图 1-3 所示。

图 1-3 目标识别示例

目标识别与理解技术在无人机感知任务中扮演着至关重要的角色，具有广泛的实际应用价值。这些技术使无人机能够准确识别和深入理解周围环境中的目标物体，从而为智能决策和行动提供依据。例如，通过分析捕获的图像或视频数据，无人机可以识别车辆类型(如轿车、卡车)、行人状态(如站立、奔跑)、目标身份等信息，为不同任务提供细粒度的数据支持。这些目标的精确识别是无人机执行感知任务的基础，直接影响其后续任务的执行效率和准确性。目标理解示例如图 1-4 所示。

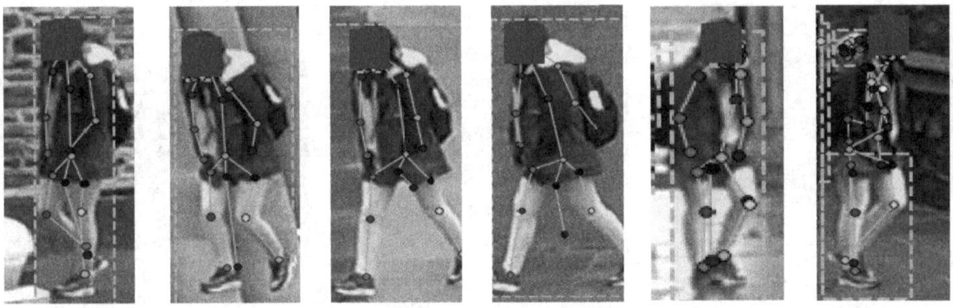

图 1-4　目标理解示例

目标理解涉及更深层次的图像分析，不仅需要识别视觉数据中的对象，还要理解这些对象的上下文关系和潜在行为，这包括预测目标对象的运动轨迹或行为模式，甚至预测可能事件的发生。例如，在安保领域，无人机可以通过分析人群聚集模式来识别异常行为或潜在的安全风险并及时采取响应措施。同时，指代理解技术允许无人机理解场景中多个目标与用户指令之间的语义关系，并根据指令动态捕捉和识别目标物体，提高任务的灵活性和响应速度。这种深层次的理解能力不仅增强了无人机的自主操作能力，也极大地拓宽了其在复杂环境中的应用范围。

值得注意的是，在实际应用场景中，目标检测、跟踪、识别和理解技术通常协同工作。例如，在边境巡逻任务中，目标检测与跟踪技术负责快速定位和追踪潜在的入侵目标，目标识别技术进一步确认目标是野生动物、车辆还是人员，目标理解技术则通过分析目标的行为模式来评估潜在威胁等级。这种分工合作使无人机能够从基础感知到深层理解逐步提升感知能力，从而更高效地完成复杂任务。

4. 具身主动感知与理解技术

具身主动感知与理解技术代表了人工智能和机器人学中的一个较新的研究方向，强调智能系统与动态环境之间的互动。

相比传统的被动感知，即通过固定的传感器配置被动地接收和处理环境数据，主动感知具有更强的灵活性和适应性。被动感知的特点在于依赖外部环境中的现有信息，其感知效果往往受限于传感器的视角或数据的局部性；主动感知则通过智能系统主动调整感知策略或自身位置，优化信息获取过程，从而有效解决感知盲区和信息不完整的问题。具身主动感知的核心理念是，智能系统不仅能通过传感器感知周围环境，还能通过与环境的主动互动来增强其感知能力。例如，无人机可以根据环境变化动态调整飞行路径，从而获取最佳观测角度或避开障碍物。这不仅需要感知能力，还涉及复杂的决策过程，即选择最有效的方法获取环境信息，如预测下一个可能发生变化的区域并优先采集相关数据。这种能力使得具身主动感知特别适合在动态和复杂环境中执行任务，如灾害现场的搜救、城市中的实时监控以及需要高精度场景理解的三维建模任务。通过主动与环境互动，具身主动感知技术为无人机感知系统提供了更高的灵活性和鲁棒性，使其在动态环境中表现出更强的适应能力和更高的任务执行效率。具身主动感知与理解示例如图 1-5 所示。

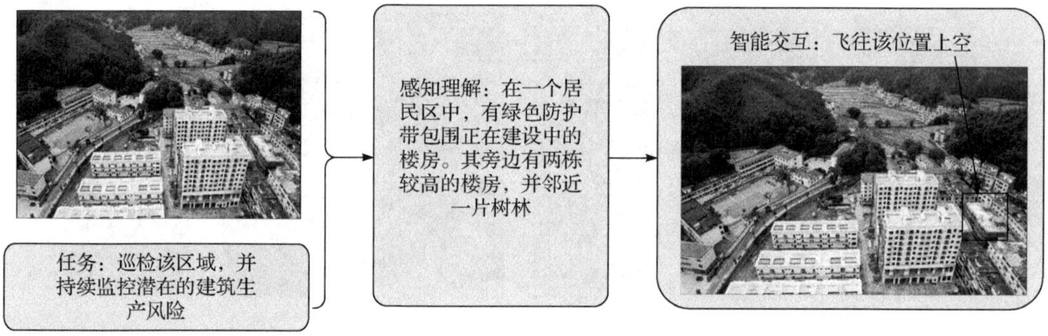

图 1-5　具身主动感知与理解示例

主动理解技术则进一步要求智能体(agent)不仅解释传感器数据，还要理解这些数据所反映的环境动态和上下文。这需要深度学习算法具备高度的语义推理能力，以便准确地解读环境中的各种信号和信息。主动感知与主动理解密切相关且相辅相成：主动感知为主动理解提供更加完整和高质量的数据输入，主动理解则能够指导感知策略的优化。

具体来说，主动感知通过调整感知策略(如位置移动或传感器配置)获取关键信息，这些动态获取的数据通常具有更高的相关性和实时性，为主动理解提供了丰富的语义线索；主动理解则对感知到的数据进行高层次分析，解读环境中目标的属性、关系和潜在行为，进而反过来影响主动感知的决策。以灾害救援为例，主动感知的作用在于帮助无人机定位废墟中可能的生命迹象；主动理解则通过分析获取的传感器数据，评估生命体征的强弱或风险区域的优先级，进一步指导无人机调整飞行路径或传感器的聚焦范围。通过这种循环的协作机制，主动感知与主动理解共同构成了一种闭环系统，使智能体在复杂环境中具备更强的适应性和任务执行能力。

在应用中，具身主动感知与理解技术能显著提升无人机的操作灵活性和环境适应能力。这种技术让无人机能根据环境变化和任务需求，主动调整其感知策略和飞行路径，以优化感知效果和数据收集的质量。例如，在城市环境中，无人机可以动态调整飞行高度和视角以避开障碍物并获取最佳观测数据；在搜索救援任务中，其能根据地形和光线条件切换到红外或夜视模式，以应对复杂环境下的感知挑战。主动理解技术则进一步支持无人机在感知的基础上实现更高层次的分析能力。例如，根据接收到的任务指令动态调整传感器配置或优化数据处理算法，从而精准执行监控、追踪或识别任务。此外，主动理解也使无人机能在接收到特定任务指令时，立即调整其感知模块的配置，如提高特定类型传感器的灵敏度或改变数据处理算法的优先级。这种即时的调整能够帮助无人机更精确地执行如监控特定区域或追踪移动目标等任务。

总体来说，具身主动感知与理解技术在复杂多变的任务环境中提升了无人机的自主决策和任务执行效率，使其能够在动态环境中高效应对多样化的挑战。

本 章 小 结

本章概述了无人机的发展历程及其在对地观测与智能分析中的应用，重点强调了无人机的感知能力及其相关技术。自 1903 年莱特兄弟首次飞行以来，无人机经历了显著的发展，从早期的自杀式飞行器到现代高度智能化的无人机，展现出越来越广泛的应用前景。

无人机感知技术是无人机系统的核心组成部分，赋予无人机类似人类感官的能力，使其能够捕捉并理解周围环境。这一过程涉及多种关键技术，包括数据捕获、处理与解析。通过搭载各种传感器(如视觉传感器、红外传感器和激光测距仪)，无人机能够实时获取环境信息，并利用智能算法进行分析，实现对复杂环境的实时监测与动态响应。

无人机的感知能力依赖于多种关键技术的支持。首先，视觉增强与重建技术能够显著改善和重建从摄像头等视觉传感器获取的图像数据，使无人机在视觉上更准确地识别和理解其周围环境。其次，目标检测与跟踪技术使无人机能够识别图像中的特定目标，并进行实时跟踪，这对搜索与救援、监控等任务至关重要。此外，目标识别与理解技术使无人机不仅能识别目标，还能理解其特性和功能，能够区分不同类型的地面车辆、建筑物或自然特征。最后，具身主动感知与理解技术涉及无人机基于感知到的信息，主动调整其感知策略或飞行路径，以便更好地执行复杂任务或适应动态变化的环境条件。

这些技术的整合，使无人机在各种应用场景中具备高效的感知能力，不仅提升了其智能化水平，也增强了执行复杂任务的能力。通过综合运用这些技术，无人机能够在动态环境中快速响应，进行自主决策，极大地拓展了其应用范围并提高了效率。无人机的不断进步和创新，预示着其将在未来的各类任务中发挥更为重要的作用。

习　题

1-1　简要说明无人机感知技术的定义，并列举三个具体应用场景。

1-2　比较不同类型传感器(如 RGB 摄像头、红外传感器和激光雷达传感器)在无人机感知中的优缺点，讨论无人机如何通过多种传感器提升感知能力。

1-3　简要讨论无人机如何通过整合视觉增强与重建、目标检测与跟踪、目标识别与理解以及具身主动感知与理解等技术，实现高效的感知能力。

1-4　介绍一种常用的深度学习模型(如卷积神经网络)在无人机感知中的应用，并分析其优势。

1-5　分析无人机感知技术在实际应用中面临的主要挑战，并探讨可能的解决方案。

1-6　选择一个具体的无人机应用案例，分析其所依赖的感知技术以及实现过程中的技术细节。

第 2 章

视觉增强与重建

2.1 视觉增强与重建背景

视觉增强是通过技术手段改善视觉信息质量或感知效果的过程，旨在帮助人类或机器更容易地理解、分析和感知这些信息。视觉增强广泛应用于多个场景，包括图像处理、视频分析、增强现实(augmented reality, AR)、医学成像等领域。例如，智能监控系统的应用中，在夜间或低光照条件下，图像处理中的低光增强技术能够提高图像亮度和清晰度，从而确保智能监控系统对于危险事件的有效识别；汽车自动驾驶的应用中，在面向复杂的气象条件时，使用视觉增强技术能够提高传感器捕获图像的可视性，确保准确识别道路标志、行人和其他障碍物。

无人机视觉重建是通过无人机捕获的多视角图像重建三维环境模型或场景结构的过程。无人机视觉重建技术能够将二维的图像数据转化为三维的几何信息，为地理信息系统、城市建模、环境监测、灾后重建等领域提供重要的支持。随着无人机在测绘、建筑、农业、救灾等领域中的广泛应用，视觉重建技术已经成为无人机系统中不可或缺的组成部分。在复杂的户外环境中，无人机常常需要面对动态变化的天气、光照条件、视角不一致以及地形复杂等问题，这对视觉重建的精度和效率提出了极大的挑战。通过结合相机标定、特征提取与匹配、稀疏重建、密集匹配、表面重建等一系列算法，视觉重建技术能够从无人机的多视角图像中精确地重建三维场景。无人机平台的视觉重建不仅能够提供高精度的三维模型，还可以实现实时处理与更新，支持快速决策和任务规划。因此，视觉重建技术在无人机领域具有广泛的应用前景，它为高效、精确地获取环境三维信息提供了重要工具，极大提升了无人机平台在灾难评估、城市建模和环境监测等任务中的自主性和智能化水平。

随着无人机平台在搜索与救援、环境监测、灾害应急响应及军事行动等重要领域的广泛应用，无人机常常需要在复杂和动态变化的环境中执行任务。这些环境可能包括低光照条件、雾霾天气或其他视觉干扰因素。视觉增强能够通过提高图像的清晰度、对比度和细节表现等，帮助无人机更清晰地感知周围环境。这种提升使得无人机在执行目标追踪、目标检测与识别等任务时更为精准，从而提高了无人机的智能化程度和自主性。

例如，在低光照条件下，视觉增强可以通过亮度调整和噪声抑制提高夜间拍摄质量，从而支持夜间监控任务；在雾霾天气下，去雾算法能够恢复图像的对比度和色彩信息，帮助无人机在恶劣天气中继续执行任务。因此，视觉增强技术的应用为无人机平台提供了强有力的支持，对数据处理、分析及后续任务执行具有重要意义。

接下来，本章将对无人机的视觉增强和视觉重建的基本方法分别进行详细的介绍。

2.2　视觉增强的基本方法

2.2.1　无人机航拍图像压缩失真修复的基本方法

在无人机图像处理领域，压缩失真修复是提高图像质量和可用性的重要步骤。针对不同类型的失真，研究者提出了多种修复方法，其中基于偏微分方程的方法和基于纹理合成的方法是两种具有代表性的技术。这两种方法在不同场景下各具优势，能够有效应对图像压缩带来的质量损失，从而提高无人机获取数据的准确性和可靠性。

本节分别对基于偏微分方程的图像压缩失真修复方法、基于纹理合成的图像压缩失真修复方法进行介绍。

1. 基于偏微分方程的图像压缩失真修复方法

图像压缩失真修复领域中，一种称为基于扩散的方法，即基于偏微分方程的修复方法，通过应用数学和物理学中的偏微分方程原理，实现图像中已知区域像素向缺失区域的平滑过渡，从而达到修复破损图像的目的。如表 2-1 所示，该方法的特点包括其修复思想、优势和局限性。表中详细展示了这些方面，为理解和应用基于偏微分方程的图像压缩失真修复方法提供了直观的参考。

表 2-1　基于偏微分方程的图像压缩失真修复方法的特点

方法	修复思想	优势	局限性
BSCB	灯光线方向	自动修复、应用区域广	大区域纹理修复
改进 TV	破损区域边缘参考点权值设置	边缘信息过渡自然	大区域纹理修复
改进 CDD	引入梯度和等照度线的曲率	时间短、断裂水平线连接光滑	纹理模糊
改进 BSCB	快速信息扩散	线性扩散模型速度快	灰度图像修复
改进 TV 的方法二	边界引导扩散函数	边缘过渡自然、大区域修复	图像模糊、计算时间长

例如，在无人机航拍中由于图像压缩失真，航拍图像可能会出现如图 2-1(a)所示的破损白点，使用基于偏微分方程的图像压缩失真修复方法后的图像如图 2-1(b)所示。

2. 基于纹理合成的图像压缩失真修复方法

图像压缩失真修复技术中，利用纹理合成的方法，通过识别并匹配破损图像中缺失

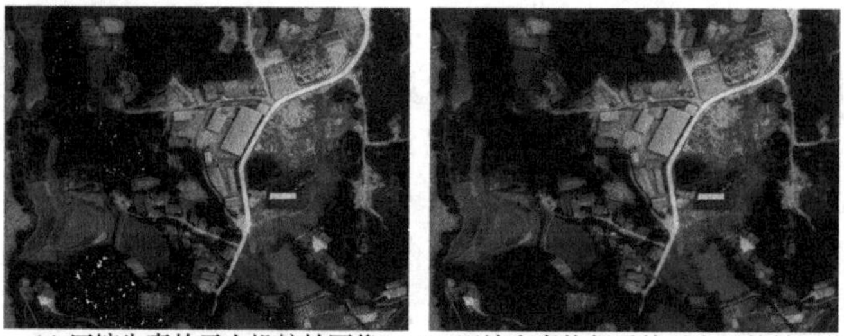

(a) 压缩失真的无人机航拍图像　(b) 压缩失真修复后的无人机航拍图像

图 2-1　基于偏微分方程的图像压缩失真修复方法修复前后对比图

区域与现有区域之间相似度最高的样本，然后将这些样本复制并粘贴到缺失区域，以此完成图像的修复工作。如表 2-2 所示，这种方法的特点包括其独特的修复策略和效果。例如，使用基于纹理合成的图像压缩失真修复方法进行无人机图像的破洞修复，修复前后对比如图 2-2 所示。

表 2-2　基于纹理合成的图像压缩失真修复方法的特点

方法	修复思想	优势	局限性
Texture Synthesis	马尔可夫随机场模型	保留局部图像结构	纹理错误、算法时间过长
WLI	多分辨率金字塔结构	运行速度快、算法通用	无法捕捉深度、反射等线索
SNT	视觉码隐藏样本边界	不规则修复、合成纹理自然	规则结构或规则特征修复
Fragment-Based	已知图像上下文内容指导修复	自适应片段区域组合修复	边界区域修复模糊、速度慢
GloballmageStatisticsP	基于图像局部特定分布修复	全局图像修复、计算时间短	细节模糊、仅用于结构图像
Criminisi 算法	复制结构和纹理信息	修复图像结构和纹理	计算相似度函数不稳定
改进 Criminisi 算法	引入曲率及梯度信息	克服高纹理区域过度填充	图像细节不清晰
PatchMatch	近似最近邻匹配	图像纹理修复连续	收敛性差、计算时间长
SceneCompletionP	数据库查找相似图像	数据驱动、适用大部分场景	不适用没有相似内容的修复

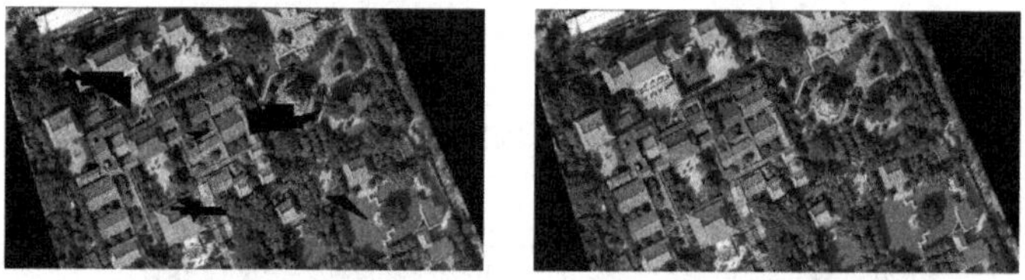

(a) 压缩失真的无人机航拍图像　(b) 压缩失真修复后的无人机航拍图像

图 2-2　基于纹理合成的图像压缩失真修复方法修复前后对比图

3. 两种方法的优势与局限性

基于偏微分方程的图像修复方法和基于纹理合成的图像修复方法各自具有独特的优势和局限性。基于偏微分方程的方法在保持图像边缘和自动化扩散方面表现出色，能够有效地在损坏区域周围扩散有用信息，同时平滑噪声，保持图像的清晰度。然而，这种方法在处理大面积破损和复杂纹理时可能效果不佳，且容易产生阶梯效应。

相比之下，基于纹理合成的方法在修复大面积破损区域时更为有效，能够通过寻找最优匹配的像素块来填充缺失部分，尤其是在纹理丰富的图像中表现突出。这种方法通过变形像素块来实现结构上的连续性，满足人类视觉的语义性。不过，它依赖于像素块的选择，且在纹理复杂的图像中寻找最佳匹配可能需要较高的计算复杂性。两种方法各有千秋，在实际应用时须根据图像的具体损坏情况和纹理特征选择最合适的修复技术。

2.2.2　无人机航拍图像去噪声的基本方法

无人机航拍图像在实际应用中常常受到噪声的影响，噪声可能来源于传感器不稳定、环境光线变化等因素。这些噪声不仅会降低图像的质量，还会对后续的图像处理和分析造成不利影响，因此去噪技术在无人机图像处理中显得尤为重要。去噪技术的有效应用能够提升图像清晰度，保留细节，并在实际应用中获得更好的处理结果，特别是在不同噪声水平下显现出显著效果。

本节分别对各向异性张量加权分数阶变分图像去噪方法、基于变分正则化的乘性噪声图像去噪方法进行介绍。这两种方法在图像去噪领域具有重要的应用价值，前者能够灵活处理图像的局部结构信息，后者则提供了更强的理论基础和应用广泛性，特别是在处理具有乘性噪声的图像时。

1. 各向异性张量加权分数阶变分图像去噪方法

各向异性张量加权分数阶变分图像去噪方法，也就是利用分数阶的雅可比(Jacobian)矩阵形式与各向异性张量的乘积的弗罗贝尼乌斯(Frobenius)范数作为模型正则化子，其包含图像在每个像素点的局部邻域变化的信息，根据图像结构灵活地控制和定向去除噪声，增强图像的边缘和保留纹理细节信息。该方法采用交替方向乘子(alternating direction multiplier, ADM)法进行数值求解，所有的子问题都能具有闭形解。该方法复原的图像可以有效地保留图像的边缘和纹理等细节特征，抑制阶梯效应。图 2-3 展示了各向异性张量加权分数阶变分图像去噪方法的流程图。

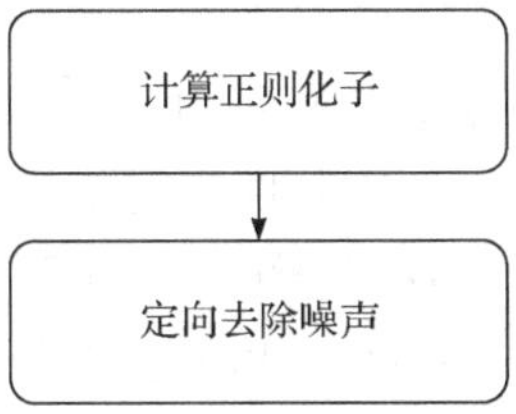

图 2-3　各向异性张量加权分数阶变分图像去噪方法流程图

1) 分数阶变分

分数阶变分方法将分数阶变分作为图像先验。给定一个图像域 $\Omega \subset \mathbb{R}^2$，将其离散为一个矩形网格 $\{(x_i, y_j): 1 \leqslant i \leqslant m, 1 \leqslant j \leqslant n\}$。图像可以表示为欧几里得空间 $\Omega \subset \mathbb{R}^{m\times n}$ 中的矩阵，记为 $u_{i,j} = u(x_i, y_j)$。对于特定阶 $\alpha > 0$ 的导数，其中 α 可以是分数，α 阶变分函数 $u: \Omega \to \mathbb{R}$ 通过引入分数阶导数扩展了传统的 TV 模型。基于 Grünwald-Letnikov 分数阶导数，将离散分数阶梯度定义为

$$\nabla^\alpha u = \left(D_1^\alpha u, D_2^\alpha u\right)^{\mathrm{T}} \tag{2-1}$$

根据 $(\nabla^{\alpha})^{*}=\overline{(-1)^{\alpha}}\mathrm{div}^{\alpha}$ 的关系，给出了 $p=(p^{(1)},p^{(2)})\in\mathbb{R}^{m\times n}\times\mathbb{R}^{m\times n}$ 的离散分数阶散度：

$$(\mathrm{div}^{\alpha}p)_{i,j}=(-1)^{\alpha}\sum_{k=0}^{k=1}(-1)^{k}C_{k}^{\alpha}\left(p_{i+k,j}^{(1)},p_{i,j+k}^{(2)}\right) \tag{2-2}$$

2) 张量扩散

在图像处理中常用 2×2 对称矩阵 $\boldsymbol{D}=\begin{bmatrix}a & b\\ b & c\end{bmatrix}$ 作为扩散张量，则有张量扩散方程：$\dfrac{\partial u}{\partial t}=\mathrm{div}(\boldsymbol{D}\nabla u)$。

在正交系 (x,y) 中：

$$\frac{\partial u}{\partial t}=\mathrm{div}(\boldsymbol{D}\nabla u)=\frac{\partial}{\partial x}(au_{x}+bu_{y})+\frac{\partial}{\partial y}(bu_{x}+cu_{y}) \tag{2-3}$$

可得，在正交系 (x,y) 中，张量扩散方程不能表示为两个一维扩散之和，但可以利用矩阵 $\boldsymbol{D}$ 的两个特征向量 $(\boldsymbol{v}_1,\boldsymbol{v}_2)$ 构成局部坐标系，设 $\boldsymbol{D}$ 的两个特征值分别为 λ_1、λ_2，再由矩阵的本征分解定理，可得

$$\boldsymbol{D}=\lambda_1\boldsymbol{v}_1\boldsymbol{v}_1^{\mathrm{T}}+\lambda_2\boldsymbol{v}_2\boldsymbol{v}_2^{\mathrm{T}} \tag{2-4}$$

由 $\nabla u=\dfrac{\partial u}{\partial v_1}\boldsymbol{v}_1+\dfrac{\partial u}{\partial v_2}\boldsymbol{v}_2$，再考虑特征向量 $(\boldsymbol{v}_1,\boldsymbol{v}_2)$ 的正交归一化性，可得

$$\mathrm{div}(\boldsymbol{D}\nabla u)=\frac{\partial}{\partial \boldsymbol{v}_1}\left(\mu_1\frac{\partial u}{\partial \boldsymbol{v}_1}\right)+\frac{\partial}{\partial \boldsymbol{v}_2}\left(\mu_2\frac{\partial u}{\partial \boldsymbol{v}_2}\right) \tag{2-5}$$

式(2-5)表明，在特定的局部坐标系 $(\boldsymbol{v}_1,\boldsymbol{v}_2)$ 中，张量扩散也可以表达为沿 $\boldsymbol{v}_1$ 和 $\boldsymbol{v}_2$ 两个相互正交方向的一维扩散之和，但沿这两个方向，具有不同的传导系数，故张量扩散也称为各向异性张量扩散。

3) 张量的特征值和特征向量

P-N 方程的扩散行为受图像梯度的模值的控制，但是图像的局部结构信息并不仅表现为图像的梯度，因此为获取更丰富的局部结构信息，该方法使用如下定义的散布矩阵 $\boldsymbol{J}_{\rho}$：

$$\boldsymbol{J}_{\rho}=\begin{bmatrix}j_{11} & j_{12}\\ j_{21} & j_{22}\end{bmatrix}=\begin{bmatrix}\left(\dfrac{\partial I_{\sigma}}{\partial x}\right)^{2}*G_{\rho} & \left(\dfrac{\partial I_{\sigma}}{\partial x}\dfrac{\partial I_{\sigma}}{\partial y}\right)^{2}*G_{\rho}\\ \left(\dfrac{\partial I_{\sigma}}{\partial x}\dfrac{\partial I_{\sigma}}{\partial y}\right)*G_{\rho} & \left(\dfrac{\partial I_{\sigma}}{\partial y}\right)*G_{\rho}\end{bmatrix} \tag{2-6}$$

其中，I_{σ} 表示参数 σ 的平滑图像；G_{ρ} 表示以 ρ 为参数的高斯(Gaussian)核；$\boldsymbol{J}_{\rho}$ 表示输入图像的结构张量，是实对称矩阵。

以下分三种情况来讨论图像的局部特征。

$$\lambda_1\approx\lambda_2\approx 0 \tag{2-7}$$

这表示图像在该点附近沿任何方向灰度变化都很小，即为图像平坦区。

$$\lambda_1 \gg \lambda_2 \approx 0 \tag{2-8}$$

这时图像沿某一方向的变化率远大于沿垂直于此方向的变化率。这是图像具有明显边缘或流线状结构的表现。在这一局部的灰度值表现出很强的相干性，可通过图像局部相干性的量度 $H := (\lambda_1 - \lambda_2)^2 = (j_{11} - j_{22})^2 + 4j_{12}^2$ 来描述，显然，在平坦区，相干性 $H = 0$。

$$\lambda_1 \approx \lambda_2 \gg 0 \tag{2-9}$$

这表示图像在两个相互垂直的方向上，灰度都有相当快的变化，相干性也很小，$H \approx 0$。

4) TWFO 模型

TWFO 模型方法利用分数阶的 Jacobian 矩阵形式和各向异性张量的乘积的 Frobenius 范数，设计一种各向异性张量加权分数阶变分图像复原模型：

$$\min_u \left\{ \frac{\eta}{2} \| u - f \|_2^2 + \| \boldsymbol{T} \nabla^\alpha u \|_1 \right\} \tag{2-10}$$

其中，第一项 $\frac{\eta}{2} \| u - f \|_2^2$ 表示数据保真项，用于度量待求图像 u 和观测图像 f 的接近程度；第二项 $\| \boldsymbol{T} \nabla^\alpha u \|_1$ 表示正则项，用于提供图像 u 的先验知识；∇^α 表示分数阶梯度算子。在正则项 $\| \boldsymbol{T} \nabla^\alpha u \|_1$ 中，$\boldsymbol{T}$ 为 2×2 的对称半正定的扩散张量，$\boldsymbol{T}$ 的两个正交特征向量构成旋转坐标系，可在这个坐标系中计算输入图像的梯度。因此，$\boldsymbol{T}$ 可以给有界 Jacobian 正则化子 $\| \nabla^\alpha u \|_1$ 引入方向，张量 $\boldsymbol{T}$ 的特征值度量正则化子中的各向异性扩散的程度，并在两个方向上对由引入的结构张量的特征向量给出的 $\nabla^\alpha u$ 上的导数进行加权。

5) 模型解的存在性

考虑 TWFO 模型解的存在性，首先需要强制泛函的定义。强制泛函的定义：设 $\mathbb{X}$ 是线性赋范空间，$M \in \mathbb{X}$，$f: M \to \mathbb{R}$。若当 $x \in M$，$\| x \| \to \infty$ 时，有 $f \to \infty$，即 $\lim_{\| x \| \to \infty} f(x) = \infty$，则称 f 为强制的。特别地，当 M 为有界集时，总认为 $f: M \to \mathbb{R}$ 是强制的。

6) 图像局部结构张量信息提取

首先，求出输入图像 u 的结构张量 $\boldsymbol{J}_\rho$ 的两个特征向量 $\boldsymbol{\theta}_1$ 和 $\boldsymbol{\theta}_2$，分别为

$$\boldsymbol{\theta}_1 = \frac{1}{2} \arctan \frac{2 j_{12}}{j_{11} - j_{22}}, \quad \boldsymbol{\theta}_2 = \boldsymbol{\theta}_1 + \frac{\pi}{2} \tag{2-11}$$

其次，构造新的张量 $\boldsymbol{T}$，由上述可知图像局部结构张量 $\boldsymbol{T}$ 的特征向量与图像 u 结构张量 $\boldsymbol{J}_\rho$ 的两个特征向量 $\boldsymbol{v}_1$ 和 $\boldsymbol{v}_2$ 平行。由于张量 $\boldsymbol{T}$ 的特征值 ω_1 和 ω_2 根据不同的图像处理应用选择，有

$$\boldsymbol{T} = \begin{bmatrix} T_{11} & T_{12} \\ T_{21} & T_{22} \end{bmatrix} = [\boldsymbol{v}_1, \boldsymbol{v}_2] \begin{bmatrix} \omega_1 & 0 \\ 0 & \omega_2 \end{bmatrix} \begin{bmatrix} \boldsymbol{v}_1^{\mathrm{T}} \\ \boldsymbol{v}_2^{\mathrm{T}} \end{bmatrix} \tag{2-12}$$

图像局部结构张量$\boldsymbol{T}$为实对称矩阵，该方法研究图像去噪问题的目的是禁止图像边缘的扩散，并鼓励沿边缘的强扩散。因此，引用扩散系数：

$$\omega_1=\begin{cases}1, & s\leqslant 0\\ \dfrac{-3.41488}{(s/C)^8}, & \omega_2=1\\ 1-\mathrm{e}, & s>0\end{cases} \tag{2-13}$$

其中，$s=|\nabla u_\sigma|$为梯度幅值；C为对比参数。

前面介绍的这种去噪方法虽然在去噪过程中表现出了良好的效果，但在实际应用中仍存在一些局限性，值得进一步探讨。

(1) 高噪声水平下的表现：当图像的噪声水平较高时，某些去噪方法可能无法有效区分噪声与图像细节，导致图像边缘模糊或细节丢失。尤其是基于变分正则化的去噪方法，虽然能够在一定程度上抑制噪声，但如果噪声水平过高，正则化参数的选择将变得更加敏感，可能导致过度平滑或去噪不足。

(2) 算法的计算复杂度：不同的去噪方法在计算复杂度和时间消耗方面表现不同。例如，交替方向乘子法等迭代求解方法，虽然具有较好的去噪效果，但其计算复杂度较高，在高分辨率图像或实时处理的应用场景下，难以满足实时性要求。因此，有必要在精度和计算效率之间进行权衡。

(3) 对初始条件的敏感性：某些去噪方法对初始条件(如正则化参数、迭代次数等)较为敏感。初始条件的选择对最终去噪效果有重要影响，若选择不当，可能导致去噪效果不佳，甚至引入更多的伪影。因此，在实际应用中，需要通过实验或经验来合理选择这些参数，以保证算法的鲁棒性。

2. 基于变分正则化的乘性噪声图像去噪方法

本节首先根据保真项的不同特征将模型分为方差-均值、最大后验概率(maximum aposteriori, MAP)、I-散度及混合保真项乘性噪声去噪模型。其次，分别对此进行了详细介绍并从保真项及正则项的角度出发对这些模型进行了总结。图 2-4 所示为基于变分正则化的乘性噪声图像去噪方法的流程图。

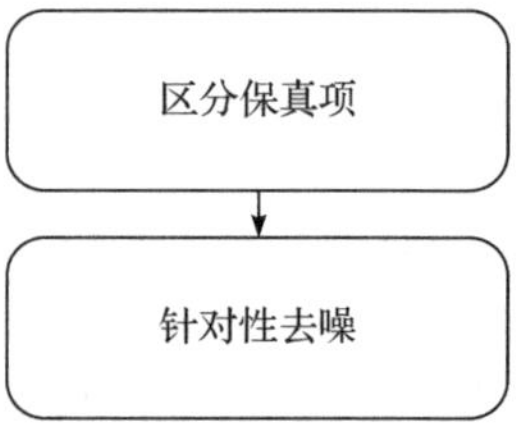

图 2-4　基于变分正则化的乘性噪声图像去噪方法流程图

1) 保真项

基于变分正则化的乘性噪声去噪模型一般由保真项和正则项两部分组成，根据保真项或正则项的不同可将模型进行分类。在本节中依据模型保真项的不同对乘性噪声去噪模型进行分类。将变分正则化乘性噪声去噪模型分为方差-均值模型、最大后验概率模型两类模型，并在本节分别进行介绍。

2) 方差-均值模型

2003 年，Rudin 等介绍了变分正则化去除乘性噪声的 RLO 模型，该模型假定图像中所含乘性噪声的概率分布服从均值为 1、方差为σ^2的高斯分布，即

$$\int_{\Omega}\left(\frac{f}{u}-1\right)\mathrm{d}x=0 \tag{2-14}$$

$$\int_{\Omega}\left(\frac{f}{u}-1\right)^2\mathrm{d}x=\sigma^2 \tag{2-15}$$

其中，f 表示观测图像(噪声图像)；u 表示原图像(清晰图像)。根据均值约束条件建立模型的保真项，正则项使用全变分正则项，其模型可表示成如下形式：

$$\min_u\left\{\lambda_1\int_{\Omega}\left(\frac{f}{u}-1\right)\mathrm{d}x\mathrm{d}y+\lambda_2\int_{\Omega}\left(\frac{f}{u}-1\right)^2\mathrm{d}x\mathrm{d}y+\int_{\Omega}|\nabla u|\mathrm{d}x\mathrm{d}y\right\} \tag{2-16}$$

其中，λ_1、λ_2 为模型的正则化参数。使用梯度投影法对模型能量泛函进行极小化，从而实现乘性高斯噪声的去除。

RLO 模型对变分正则化去除乘性噪声的研究起着重要作用，为后续模型建立提供思路，但就模型本身而言也存在一些不足。从模型正则项的角度分析，全变分正则项虽然保护图像边缘，但是会产生严重的阶梯效应，并且会有角点模糊的现象出现。在模型的求解过程中，虽然相关文献作者对解的存在性及唯一性做了相关证明，但模型本身的非凸性所带来的对初始值敏感及收敛速度慢的情况仍然存在。从模型的实验结果上分析，RLO 模型在噪声水平较高时去噪效果不太理想。

3) MAP 模型

对于 RLO 模型保真项存在的相关问题，诸多学者通过研究发现可以利用最大后验概率推断的方法解决。MAP 是充分利用先验信息对后验进行极大似然估计得到的结果，该结果为设计复杂可解释的正则项提供了直观方法，因此诸多学者在 MAP 框架下推理得到变分正则化去除乘性噪声模型的保真项，但因为直接利用噪声概率分布所得保真项的非凸性，所以基于 MAP 的保真项不大相同。

Aubert 等在 2008 年介绍了 AA 模型，该模型是在 MAP 框架下得到的乘性噪声去噪模型。AA 模型保真项假设噪声服从伽马分布，相比 RLO 模型更适用于受乘性噪声污染的图像，正则项与 RLO 模型一致。

综合 RLO 模型及 AA 模型保真项建立的特点，Shi 等介绍了乘性噪声去噪模型保真项的一般形式，可表示为

$$\int_{\Omega}\left(a\frac{f}{u}+\frac{b}{2}\left(\frac{f}{u}\right)^2+c\log u\right)\mathrm{d}x\mathrm{d}y \tag{2-17}$$

Xu 等使用二阶的总广义变分作为保真项，该模型可以表示成如下形式：

$$\min_u\left\{\int_{\Omega}\left(a\frac{f}{u}+\frac{b}{2}\left(\frac{f}{u}\right)^2+c\log u\right)\mathrm{d}x\mathrm{d}y+\boldsymbol{TGV}_{\alpha}^2(u)\right\} \tag{2-18}$$

从正则项角度分析，二阶的总广义变分可以很大程度改善变分正则项产生的阶梯效应及角点模糊的情况，使恢复图像有更好的质量，但与全变分正则项相比，二阶总广义

变分具有更高的时间复杂度。

Shi 等发现对图像进行对数变换之后，图像边缘和角点都没有损失，因此可对图像进行对数变换以解决保真项非凸的问题。基于此，本节将介绍两种对数变换的凸保真项，一种是对式(2-18)中的 u 进行 $z=\log u$ 的对数变换，即

$$\int_{\Omega}\left(af\mathrm{e}^{-Z}+\frac{b}{2}f^{2}\mathrm{e}^{-2Z}+(a+b)z\right)\mathrm{d}x\mathrm{d}y \tag{2-19}$$

另一种是先对乘性噪声乘性结构进行对数域变换，即

$$\log f=\log u+\log n \tag{2-20}$$

使乘性噪声去除问题转换为加性噪声去除问题，再在 MAP 框架下推断得到保真项，可表示为

$$\int_{\Omega}\left(u+\mathrm{e}^{f-u}\right)\mathrm{d}x\mathrm{d}y \tag{2-21}$$

这两种保真项都在乘性噪声去除问题的研究中起着重要的作用。

为了更好地展示这些去噪方法在无人机航拍中的实际应用效果，下面通过一个具体的应用场景进行说明。

案例：无人机航拍图像在不同噪声水平下的去噪处理。

在一次森林监测任务中，使用无人机对广袤的森林区域进行航拍。然而，由于无人机传感器的环境噪声干扰，拍摄的图像中包含了高频噪声，特别是在夜间和光线较差的情况下，噪声水平显著提升。为了提升图像的可用性，分别使用各向异性张量加权分数阶变分去噪模型和基于变分正则化的乘性噪声去噪方法对图像进行处理。

处理流程：①图像获取，通过无人机传感器采集航拍图像，图像中含有较高的噪声水平，尤其在边缘区域噪声更为明显。②去噪模型应用，各向异性张量加权分数阶变分去噪模型能够保留图像中的边缘信息，同时有效去除噪声，特别是在高噪声区域表现出色；基于变分正则化的乘性噪声去噪方法在处理乘性噪声时表现良好，能够在保留细节的同时抑制噪声，适用于此类高频噪声的图像。③结果对比，在应用去噪模型后，图像质量得到了明显提升。经过各向异性张量加权分数阶变分去噪模型处理的图像，边缘细节得到了更好的保留；基于变分正则化的乘性噪声去噪模型处理的图像在噪声抑制方面表现较为优异，特别是减少了图像中的阶梯效应。

效果展示：在高噪声水平下，各向异性张量加权分数阶变分去噪方法保留了更清晰的边缘细节，适用于需要精细处理的场景；基于变分正则化的乘性噪声去噪方法则在整体去噪效果上表现更好，适用于要求去噪强度较大的场景。

通过该案例可以看出，不同的去噪方法在实际应用中具有各自的优势和局限性，选择合适的去噪方法应结合图像的具体噪声类型以及处理需求。

2.2.3 无人机航拍图像去云去雾的基本方法

随着无人机航拍技术的普及，图像去云去雾成为提升图像质量的重要课题。无人机在复杂天气条件下进行图像采集时，云雾等干扰因素会遮挡地面目标，影响图像的可视

性和清晰度，进而对后续的处理和分析造成不利影响，因此针对这一问题的去云去雾方法在无人机航拍图像处理技术中显得尤为关键。近年来，基于深度学习和生成对抗网络(generative adversarial network, GAN)的去云去雾方法得到了广泛的关注和应用，为复杂环境下的无人机航拍图像处理提供了强有力的技术支持。

本节将重点介绍两种创新的方法：基于无监督学习的两阶段解耦图像去云方法与基于条件生成对抗网络(conditional generative adversarial network, cGAN)的图像去雾方法。这两种方法在处理复杂自然场景和提高图像质量方面展示了独特的优势，值得深入探讨。

1. 基于无监督学习的两阶段解耦图像去云方法

常见的去云方法包括传统图像处理技术、深度学习方法以及基于物理模型的方法。传统的去云方法，如 Retinex 和暗通道先验，计算简单，适合实时处理，但在复杂环境下容易产生伪影，无法很好地处理不均匀云霾和光照变化。基于物理模型的去云方法通过模拟大气散射原理，理论上能提供精确的去云效果，但其对大气光和透射率的估计依赖性较强，难以适应复杂多变的场景。

利用卷积神经网络进行监督学习是解决图像去云问题的一种常用的方法。然而，现有的方法大多主要使用成对的合成云霾数据集，这可能不能准确地代表真实云霾天气的场景。针对这一问题，本节介绍一种基于无监督学习的两阶段解耦去云网络。该网络由三个子网络组成，它们分别将观测到的云霾图像分解为无云霾图像层、透射图层和大气光层。同时，该网络分为恢复无云图像和透射图两个阶段。在第一阶段，利用嵌入的暗通道先验来获得无云霾图像和透射图的粗略估计。在第二阶段，通过两个子网络对第一阶段的结果进行细化，以产生更精确的无云霾图像和透射图，大气光则由另一个子网络直接估计。此外，本节还设计了一种新的多尺度注意力模块，将其作为细化无云霾图像的子网。多尺度注意力模块在自注意力(self-attention)中执行多尺度的标记聚合，以捕获不同尺度的特征。图 2-5 所示为基于无监督学习的两阶段解耦图像去云方法的流程图。

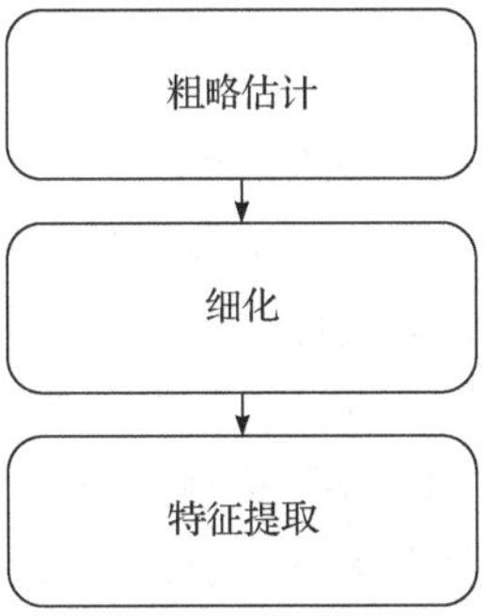

图 2-5 基于无监督学习的两阶段解耦图像去云方法流程图

输入到网络中的云霾图像 x 将经过两个阶段的处理。第一阶段是粗略估计阶段，第二阶段是细化阶段。本节详细介绍了网络的两个阶段及其具体操作。

1) 粗略估计阶段

在粗略估计阶段，利用暗通道先验分别依次估计透射图和无云霾图像的粗略估计图像。给定一个输入的三通道彩色图像 $I(x)$，首先找到三个通道的最小值，生成一张灰度图像。然后，将此灰度图像倒置，并进行最大池化操作。得到的图像记为 I^{dark}，可以通过以下公式得到：

$$I^{\text{dark}}(x) = -\max\text{pool}(-\min_{C\in \text{R,G,B}}(I^C(x))) \tag{2-22}$$

其中，I^{C} 表示输入图像的 R、G、B 通道之一。将 I^{dark} 代入大气散射物理模型得到

$$I^{\mathrm{dark}}(x)=J^{\mathrm{dark}}(x)t(x)+A(1-t(x)) \tag{2-23}$$

其中，$I^{\mathrm{dark}}(x)$ 和 $J^{\mathrm{dark}}(x)$ 分别表示图像 I^{dark} 与无云图像 J^{dark} 在像素 x 处的暗通道。

由于天空的颜色通常类似于云霾图像中呈现的大气光 A，该方法选择了 I^{dark} 中前 1%的像素，并计算它们的平均值得到 A。为了获得全面的大气光图，该方法进一步利用大气光估计网络(atmospheric light estimation network, A-Net)。对于无云图像 J^{dark}，基于暗通道先验的假设，室外无云图像 J^{dark} 的非天空区域的暗通道通常接近于零，从而满足以下条件：

$$J^{\mathrm{dark}}\to 0 \tag{2-24}$$

结合式(2-24)，可以得到透射图的初步结果如下：

$$t(x)=1-\frac{I^{\mathrm{dark}}(x)}{A} \tag{2-25}$$

为了解决暗通道图像中不平滑边缘过渡的问题，采用引导滤波来提高边缘的平滑性。具体来说，使用内核大小为 19×19、步幅为 1 的平均池化来实现引导滤波。根据式(2-25)，对于已知大气光 A 和透射图 $t(x)$，平滑后的无云图像 $J^{\mathrm{dep}}(x)$ 可表示为

$$J^{\mathrm{dep}}(x)=\frac{I(x)-A}{t(x)}+A \tag{2-26}$$

2) 细化阶段

在细化阶段，使用三个子网络，包括无云图像细化网络(cloud-free image refinement network, JR-Net)、透射图细化网络(transmission map refinement network, TR-Net)和大气光估计网络，对三个不同的潜在层进行预测。

JR-Net 是对 U-Net 架构的改进，它由五个层组成。在该网络中，将卷积块替换为多尺度注意力模块，并使用 SK 融合模块来连接和融合不同的层。为了获得全局残差，该网络使用了软重构层。在网络的头部和尾部分别有一个 3×3 卷积层，多尺度注意力模块的每一层都进行下采样或上采样操作。具体来说，在网络的前两个层级的模块输出会经过下采样，而后续的第三和第四层的模块输出会经过上采样操作。

虽然透射图是该云霾去除算法的关键组成部分，但该方法并没有使用多尺度注意力模块来估计透射图，而是采用非退化结构来设计 TR-Net。具体来说，TR-Net 由四个层组成，每一层都包含卷积层、批处理归一化层和 LeakyReLU 激活函数。最后一层包括卷积层和一个 Sigmoid 函数，它将输出归一化到[0，1]的范围。

该方法采用对称编解码器结构估计大气光，产生的大气光图像用于云霾图像重建。网络由编码器和解码器组成，其中编码器包括卷积层、ReLU 激活函数和每一层的最大池化层；解码器包括上采样层、卷积层、批处理归一化层和每一层的 ReLU 激活函数。此外，在编解码器中间使用重参数化技巧模块，该模块将编码器的输出转换为潜在的高斯分布，重新采样后输入解码器。

3) 多尺度注意力模块

所介绍的多尺度注意力模块基于 Transformer 编码器架构，其中主要包括一个 RescaleNorm(归一化)层、一个多尺度自注意力(multi scale self-attention, MSSA)层和一个多层感知器层。多尺度注意力模块通过自注意力中的多尺度令牌聚合来捕获特征，这种独特的设计使多尺度注意力模块能够捕获不同尺度的特性，提高了其处理多尺度信息的能力。下面详细介绍 RescaleNorm 层和 MSSA 层。

(1) RescaleNorm 层。归一化层是深度神经网络的一个重要组成部分，因为它可以极大地提高神经网络的收敛速度、稳定性和泛化能力。为了提高网络的性能，本节采用了更适合的 RescaleNorm 层，它适用于图像去云霾任务。

(2) MSSA 层。与传统的注意力机制不同，多尺度自注意力机制可聚合窗口内的多尺度特征信息，同时在一定程度上保留邻域的信息。具体来说，多尺度自注意力层具有两个分支。在主要分支中对 Q 、K 、V 进行不同的处理。对于 Q ，保留其原始的尺度，对其进行普通的全连接操作。对于键 K 、值 V ，在同一多尺度自注意力层中，使用尺度变换(scale transformation, ST)来获得不同尺寸的 K 和 V ，具体表示为

$$Q = XW^{Q} \tag{2-27}$$

$$K_i, V_i = \mathrm{ST}(X)W_i^K, \mathrm{ST}_i(X)W_i^V \tag{2-28}$$

$$V_i = V_i + \mathrm{LE}_i(V_i) \tag{2-29}$$

其中，W^Q 、W_i^K 、W_i^V 是自注意力层的同一头部中第 i 个尺度层的线性投影的参数；$\mathrm{LE}_i(\bullet)$ 是深度卷积的局部增强分量；$\mathrm{ST}_i(X)$ 是第 i 个尺度层的尺度变换操作，它提供对输入 X 的下采样，可具体表示为

$$\mathrm{ST}_i(X) = \mathrm{LN}(\mathrm{Conv}_i(X)) \tag{2-30}$$

其中，$\mathrm{LN}(\bullet)$ 是层归一化(layer normalization, LN)；$\mathrm{Conv}_i(\bullet)$ 是第 i 个尺度层所使用的卷积。不同尺度层所用的内核大小和步幅不同，从而造就了不同的尺度变换，因此在同一自注意力层中，键 K 和值 V 可以捕捉到不同尺度的特征。然后，自注意力头可以计算为

$$\mathrm{head} = \mathrm{Soft\,max}\left(\frac{QK^{\mathrm{T}}}{\sqrt{d}}\right)V \tag{2-31}$$

其中，d 是维度。将不同的头连接，通过式(2-32)计算主要分支中的多头自注意力：

$$\mathrm{MH}(Q,K,V) = \mathrm{Concat}(\mathrm{head}_i, \cdots, \mathrm{head}_j)W^{O} \tag{2-32}$$

其中，$\mathrm{Concat}(\bullet)$ 是连接操作；W^O 是线性投影参数。在另一个保留邻域信息的分支中，仅对输入的特征依次进行线性投影和卷积操作。综上所述，多尺度自注意力可表示为

$$\mathrm{MSSA} = \mathrm{Concat}(\mathrm{MH}\{Q, K_i, V_i\}_{i=1,\cdots,m}) + \mathrm{Conv}_O(XW^O) \tag{2-33}$$

2. 基于条件生成对抗网络的图像去雾方法

条件生成对抗网络通过引入条件变量来指导生成过程，在图像生成、图像修复等领

域展示了显著的优越性。例如，在图像去雾任务中，cGAN 能够根据输入的有雾图像及其相应的条件(如环境光照、雾霾强度等)生成清晰的图像。与传统方法相比，cGAN 能够更好地保留细节，尤其是在复杂的环境中，如城市交通监控或无人机航拍的低空飞行图像，表现突出。在这些场景中，cGAN 不仅能够去除雾霾，还能处理复杂的边缘和细节，生成更加自然和真实的无雾图像。另一个典型应用是在医学影像领域，cGAN 通过学习不同条件下的图像特征，能够在噪声干扰严重的情况下，恢复清晰的医学图像，帮助医生更准确地诊断疾病。

本节介绍一种基于条件生成对抗网络的图像去雾方法。在生成器网络模型中使用 32 层 Tiramisu 代替 U-Net 可以减少训练参数，提高参数利用率。判别器网络的最后一层使用 Sigmoid 函数完成归一化。使用损失函数加权和的方式训练网络模型，使用一种评价去雾能力的分数，保存训练过程中分数较高的模型及参数。

输入有雾图像 x，x 对应的无雾目标图像表示为 y，给定一个随机矢量噪声 z，生成器 G 生成与 x 相似的图像。下面详细介绍条件生成对抗网络的各个模块。

该方法使用 32 层 Tiramisu 取代 U-Net。这个模型的编码器和解码器端各有 5 个密度块，连接层有 1 个密度块。在编码器端，每一个密度块后紧跟一个下采样层。下采样层包含 BatchNorm-ReLU-Convolution 操作。与编码器端相似，在解码器端，每一个密度块后紧跟一个上采样层。上采样层仅有一个逆卷积操作。编码器和解码器端的每个密度块各有 4 层。连接层的密度块有 15 层，上采样层增长率设置为 12。图像在经过一个下采样层以后空间维度减半，经过一个上采样层以后空间维度翻倍。

该方法仅对比目标图像与生成图像区域上的不同，而不是逐个像素对比。由于 CNN 在输出上的感知域大于一个像素(对应于原图像中的像素块)，因此使用填充控制感知域。该方法使用 70×70 判别器，在最后的特征图集上应用逐个像素对比方式。在特征图的有效感知域上覆盖一块图像区域用来消除图像中的大量伪影。在判别器网络的最后一层利用 Sigmoid 函数来完成特征映射，以便使判别结果可归一化为[0,1]。

优化网络模型的损失函数为生成对抗损失 L_{adv}、$L1$ 损失 L_{L1} 与 VGG 感知损失 L_{vgg} 的加权组合。生成对抗损失是 cGAN 的核心部分，通过让生成器和判别器相互对抗来实现图像的去雾效果，其权重控制了生成器在生成逼真图像时的重要性；$L1$ 损失用于衡量生成图像与无雾目标图像之间的像素级差异，其权重控制了生成图像与目标图像在像素层面上相似度的重要性；VGG 感知损失的权重则决定了生成图像在感知层次上的质量。

用来优化网络模型的损失函数为三个损失的加权组合，总损失为

$$\text{LOSS}_{\text{total}} = W_{\text{gan}} \times L_{\text{adv}} + W_{L1} \times L_{L1} + W_{\text{vgg}} \times L_{\text{vgg}} \tag{2-34}$$

其中，L_{adv} 定义为

$$L_{\text{adv}} = E_{(x,y)}[\log_2(D(x,y))] + E_{(x,z)}[\log_2(1 - D(x, G(x,z)))] \tag{2-35}$$

在模型每次迭代中，判别器更新一次，生成器更新一次。最后，将结果与权 W_{gan} 相乘并加到总损失函数。利用 $L1$ 损失和生成对抗损失加权来减少输出图像中的伪影。目标图像 y 和生成图像 $G(x,z)$ 之间的 $L1$ 损失计算如下：

$$L_{L1} = E_{x,y,z}[\| y - G(x,z) \|_1] \tag{2-36}$$

将结果与权 W_{L1} 相乘并加到总损失函数。生成图像与目标图像通过预训练的 VGG-19 网络，两张图像在通过池化 4 层后得到其 $L2$ 损失，在总损失中加入特征感知损失，其定义如下：

$$L_{\text{vgg}} = \frac{1}{CHW} \sum_{c=1}^{C} \sum_{w=1}^{W} \sum_{h=1}^{H} \| V(G(x,z)^{c,h,w}) - V(y^{c,h,w}) \|_2^2 \tag{2-37}$$

其中，C 、H 、W 分别代表输出的通道、高度和宽度。VGG 感知损失值是一个常数，对于池化 4 层的输出为 1×10^{-5}。V 表示由 VGG-19 网络模型执行的非线性 CNN 变换。此结果与权 W_{vgg} 相乘并加到总损失函数中。

2.2.4　无人机航拍图像去阴影的基本方法

1. 传统的无人机航拍图像去阴影方法

传统的无人机航拍图像去阴影方法主要依赖于对图像照明和反射分量的分解，以下是这些方法的基本流程。

(1) 核心假设：这些方法基于一个重要假设，即图像的亮度可以视为物体表面的反射性质与照明强度的乘积。通过将图像分解为照明和反射两个基本分量，算法能够更有效地处理阴影引起的光照变化问题。

(2) 识别阴影区域：算法会识别图像中因阴影导致的光照不足区域。这些区域通常表现为亮度显著低于周围非阴影区域，这为算法提供了判断标准。

(3) 调整阴影区域的照明：在识别出阴影区域后，算法会对这些区域的照明强度进行调整，使其与未受阴影影响的区域保持一致。这不仅包括提升光照水平，还包括对颜色和对比度的精细调节，以确保图像处理后的视觉效果自然连贯。

(4) 重组图像：完成对阴影区域的调整后，算法将修改后的照明分量与原始的反射分量重新结合。这一步骤至关重要，既能有效去除阴影，又能保留图像的自然细节和真实色彩。

(5) 最终输出：经过上述步骤处理后，生成的无阴影图像在质量上得到显著提升，视觉效果更加自然。

这些传统方法的优势在于其直接性和高效性，特别是在资源有限的情况下，这些方法无须依赖复杂的机器学习框架或大规模的数据训练，因此它们在需要快速处理的大量无人机航拍图像中表现出色，如紧急响应、实时监控和环境监测等场景。

然而，尽管这些方法在多数情况下能够有效去除阴影，但在面对复杂光照条件或背景多变的场景时，效果可能会受到挑战。例如，当图像中存在极端光照条件或复杂的背景色彩时，算法可能难以准确区分阴影与自然的暗区，导致去阴影处理的不完全或过度处理。此外，阴影边缘的处理也是一个技术难点，需要算法能够精确控制光照调整的范围和强度，以避免产生不自然的图像边界。为了应对这些挑战，未来的发展方向可能包括进一步提高算法的精确性和适应性。具体措施可能包括改进光照模型，使其能够更准确地反映实际场景中的光照变化，增强算法对不同场景的泛化能力，以及优化处理流程以适应实时图像处理需求。通过这些改进，传统的无人机航拍图像去阴影方法将能够在更广泛的应用领域中发挥更大的作用，尤其是在对图像清晰度和处理速度有着较高要求的场合，如城市规划和灾害应急管理等领域。

2. 基于深度学习的无人机航拍图像去阴影方法

随着深度学习技术的快速发展，基于深度学习的去阴影方法在无人机航拍图像处理中变得越来越重要。相比于传统方法，这些基于深度学习的方法展示出了显著的优势，特别是在复杂场景和多样化光照条件下的去阴影任务中。基于深度学习的去阴影方法通常依赖于构建深层神经网络，这些网络通过学习大量的训练数据来自动识别和消除图像中的阴影。不同的深度学习方法各有优势。生成对抗网络(generative adversarial network, GAN)擅长生成高质量、自然的无阴影图像，适合对细节和真实性要求高的场景；CNN通过强大的特征提取能力，在阴影区域识别和细节保留方面表现出色；自编码器结构简单、高效，适用于大规模数据的快速处理；循环神经网络(recurrent neural network, RNN)则在处理多帧连续图像时表现优异。这些方法为无人机航拍图像处理中的去阴影任务提供了多样化的解决方案。

GAN 通过生成器网络和判别器网络的对抗性训练，能够生成高质量的无阴影图像。生成器网络负责从带阴影的图像中生成去除阴影后的版本，判别器网络则用于评估生成图像的真实性。通过这种对抗性训练，GAN 能够有效地去除阴影，同时保持图像的细节和自然性。

此外，卷积神经网络在图像去阴影任务中也得到了广泛应用。CNN 通过多层卷积层的堆叠，能够深入提取图像中的空间特征，从而识别出阴影区域并进行相应的处理。CNN 的优势在于其能够处理图像中的局部特征，这对于去阴影任务中的边缘处理和细节保留尤为关键。近年来，一些改进的 CNN 架构，如残差网络(residual network, ResNet)和注意力机制网络，也被引入去阴影任务中，进一步提升了去阴影的精确度和处理速度。自编码器也是深度学习去阴影中的一个重要方法。自编码器通过压缩和重构图像数据，能够去除不必要的阴影部分，同时保留图像的关键信息。自编码器通常包括一个编码器和一个解码器，编码器负责将输入图像压缩到低维特征空间，解码器则负责从这些低维特征中重构无阴影的图像。自编码器的优势在于其结构简单且易于训练，特别适用于需要快速处理的大规模图像数据集。

近年来，基于变分自编码器(variational autoencoder, VAE)和循环神经网络等更为复杂的深度学习模型也开始在去阴影领域中展现出潜力。例如，VAE 通过引入概率模型来增强图像生成的多样性和稳定性；RNN 则可以处理时间序列数据，这使得它在处理多帧连续的航拍图像时表现尤为出色。这些深度学习方法的共同点在于它们都能够在无须手动调整复杂参数的情况下，自动学习并处理各种类型的阴影。这种自动化的处理方式不仅提高了图像处理的效率，还极大地提升了去阴影的精度和自然性。这使得基于深度学习的去阴影方法在无人机航拍图像处理中得到了广泛应用，特别是在对图像质量要求极高的领域，如城市规划、农业监测、环境保护和灾害应急等。

未来，随着深度学习技术的不断进步，去阴影方法将进一步优化和完善。这些方法预计会变得更加智能化，能够在更复杂的光照条件和多变的环境中保持高效的去阴影性能，特别是在极端光照变化、复杂阴影形状和高动态范围场景下展现出更强的适应性和鲁棒性。同时，随着硬件性能的提升和模型架构的优化，实时处理能力也将显著增强，使这些方法能够应用于动态视频流、实时监控和无人机影像分析等需要高时效性的场景，从而进一步推动无人机技术在各行各业中的广泛应用。然而，深度学习方法在模型训练上仍面临诸多挑战，包括高质量数据的获取与标注难题、模型在不同环境下的泛化能力限制以及高分辨率影像和长时间视频处理时的计算成本问题。此外，模型训练过程中还须关注鲁棒性和平衡性，以避免过拟合特定场景导致在其他环境中的性能下降。

2.2.5 无人机航拍图像超分辨率重建的基本方法

1. 传统的无人机航拍图像超分辨率重建方法

无人机航拍图像在各类应用中，如城市规划、农业监测和环境保护等，要求具备高分辨率和清晰的细节表现，因此图像的超分辨率处理成为一个关键环节。传统的图像超分辨率重建方法广泛应用于无人机航拍图像处理中，主要目的是在不牺牲图像质量的前提下提升图像的分辨率，使得图像在放大后依然能够保留清晰的细节和自然的视觉效果。

三次插值算法是传统图像超分辨率重建方法中最为基础且常用的一种。它通过在原始像素之间插入新的像素点，利用三次多项式函数计算这些新像素的值，从而有效地增加图像的像素密度，提升图像分辨率。三次插值不仅考虑邻近像素的影响，还通过平滑的多项式曲线确保放大后的图像边缘更加平滑、细节更为清晰，适用于实时图像处理和需要快速响应的场景，如视频播放和在线图像缩放。除了三次插值，双线性插值和最近邻插值也是常见的传统方法。双线性插值通过在水平和垂直方向上进行线性插值，生成新像素值，计算复杂度较低，但在处理图像边缘时可能出现模糊现象。最近邻插值则直接复制最近的像素值生成新像素，计算简单高效，适合极端计算资源受限的应用场景，但容易导致放大后图像出现明显的锯齿效应和块状伪影。这些方法各有特点：三次插值在图像质量和计算效率之间达到平衡，双线性插值适合对资源要求较高但质量要求适中的场景，最近邻插值则在计算资源极其有限的情况下表现出色。根据具体需求，选择合适的插值算法可实现性能与质量的最佳平衡。

另一种传统的图像超分辨率重建方法是基于傅里叶变换的频域方法。该方法通过将图像从空间域转换到频域，分解为不同频率的分量，放大高频分量以增强图像细节。然而，频域方法对图像的频率信息非常敏感，尤其是在复杂纹理或高动态范围图像中，容易受到噪声干扰。复杂纹理图像中的高频细节与噪声在频谱特性上非常相似，导致细节和噪声难以区分，放大高频分量时噪声也会被一同放大，产生不自然的伪影和失真。此外，高动态范围图像中的强烈对比使得频域增强高频分量时，亮部和暗部过渡区域的噪声也被放大，进一步加剧了失真。傅里叶变换的线性特性无法区分非线性成分，这使得噪声在细节增强过程中累积，缺乏自适应性的增强策略，更难应对复杂图像中的噪声干扰。因此，虽然频域方法在细节增强上有优势，但在面对复杂纹理或高动态范围图像时，效果可能不尽如人意。

总体来说，传统的图像超分辨率重建方法在提升图像分辨率的同时，也存在一些局限性。虽然这些方法计算简单、执行快速，但在处理高复杂度和高细节需求的图像时，可能无法提供足够的精度和自然感。随着深度学习等先进技术的发展，传统方法正在逐渐与新技术结合，以弥补其固有的缺点，并在图像处理领域中取得更高效、更精确的成果。未来的发展方向可能会是进一步优化这些传统方法，或将其与现代的图像处理技术相结合，以实现更好的图像质量和更高的处理效率。

2. 基于深度学习的无人机航拍图像超分辨率重建方法

随着无人机在城市规划、农业监测、环境保护等领域的广泛应用，提升无人机航拍图像的分辨率和细节清晰度变得尤为重要。近年来，深度学习技术在图像超分辨率重建方面取得了显著进展，为解决无人机航拍图像的分辨率问题提供了强有力的工具。相比于传统方法，深度学习方法能够通过复杂的神经网络结构自动学习图像中的特征，提供更高精度的超分辨率重建。深度学习在无人机航拍图像超分辨率重建中的应用涵盖了多种技术和网络架构。例如，卷积神经网络是最早广泛应用于图像超分辨率重建的深度学习方法之一。通过多层卷积操作，CNN 能够从低分辨率图像中提取多层次的空间特征，逐步提升图像的分辨率。随着技术的发展，残差网络和密集连接网络等更为复杂的 CNN 变体进一步增强了超分辨率重建模型的性能，使其能够更好地保留图像细节并减少信息丢失。

生成对抗网络是另一类在图像超分辨率重建中表现出色的深度学习方法。GAN 通过生成器和判别器的对抗性训练，生成高分辨率的图像。生成器尝试从低分辨率图像生成逼真的高分辨率版本，判别器则负责区分生成图像与真实图像之间的差异。通过这种对抗性训练，GAN 能够有效地提升图像的清晰度和细节还原能力，特别是在处理复杂场景时表现尤为突出。

近年来，基于 Transformer 的网络结构，如 Swin Transformer，在图像超分辨率重建领域展现出了巨大的潜力。Swin Transformer 通过其独特的分层结构和滑动窗口机制，有效地捕捉了图像中的长距离依赖关系，同时降低了计算复杂度。这种机制使得模型能够在局部窗口内进行高效的自注意力计算，同时通过窗口之间的交互捕捉全局特征，特别适用于处理具有复杂结构和纹理的图像。在无人机航拍图像的超分辨率重建任务中，Swin Transformer 能够重建出高质量的细节，尤其是在较大尺度上表现出色，为提高图像质量提供了强有力的支持。在一些创新性研究中，深度学习模型还通过融合额外的环境信息来优化超分辨率重建过程。例如，Altitude-aware SwinIR 是一种结合无人机飞行高度信息的超分辨率重建算法。通过将飞行高度作为输入变量，算法能够根据不同的飞行高度调整其重建策略，从而更好地适应不同拍摄条件下的图像特性。这种高度感知能力使得算法在处理大气散射、光照变化等因素引起的图像退化问题时更加有效，显著提升了图像的视觉质量和重建精度。

总体来说，深度学习方法在无人机航拍图像的超分辨率重建中展现了巨大的潜力和广泛的应用前景。通过不断优化网络结构和引入额外的环境信息，这些方法能够在复杂和多变的场景中提供更高质量的图像重建结果。随着技术的进一步发展，深度学习驱动的超分辨率重建算法将在无人机航拍图像处理领域发挥越来越重要的作用，为各种应用场景提供更精确和可靠的视觉数据支持。

2.3　视觉重建的基本方法

2.3.1　相机标定

视觉重建是利用相机捕获的图像信息重建三维场景的重要技术，广泛应用于无人机航拍、虚拟现实(virtual reality, VR)等领域。相机标定是三维重建中一个至关重要的步骤，其目的是确定相机的内部参数(如焦距、主点位置、镜头畸变等)和外部参数(相机在空间中的位置和姿态)，为后续的几何推理提供基础。

1. 处理流程

标定板拍摄：拍摄多个已知几何形状的标定板(如棋盘格图案)的图像。

特征点检测：在标定板图像中检测特征点，如棋盘格的角点。

参数估计：利用这些特征点的已知位置和其图像投影，采用相机标定算法(如张正友棋盘格标定法等)估计相机的内部和外部参数。

误差优化：通过非线性优化方法(如 Levenberg-Marquardt)最小化重投影误差，提高标定精度。

2. 优点

高精度定位：精确的相机标定能够提供高精度的相机内参和外参，有助于后续重建步骤中的准确几何推理。

提高模型质量：通过标定矫正相机的畸变，改善图像的几何一致性，提升三维重建的整体质量。

3. 缺点

复杂度较高：需要精确的标定过程，特别是在无人机应用中，标定过程受到飞行环境和相机设备的影响。

依赖环境：如果在不同的环境条件下或不同设备间切换，可能需要重新进行标定。

4. 应用实例

(1) 无人机航拍图像经过标定后，能够生成高精度的数字地形模型和数字高程模型，广泛应用于地理勘测和环境监测。张正友棋盘格标定法是一种经典的标定方法，通过拍摄多个角度的棋盘格图像，提取图像中的角点信息来求解相机的内外参数。张正友棋盘格标定法可以使无人机相机在进行三维重建时达到更高的精度，特别适用于城市规划、建筑监控等领域，帮助精确捕捉建筑物或其他结构的空间信息。

(2) 圆形标定法可以应用于高精度的无人机航拍项目，使用带有圆形标记的标定板，利用圆形的几何性质来计算相机的内外参数。圆形标定法通过识别圆心来估计相机的参数，通常用于高精度标定任务，特别是在需要更高标定精度的场景中，如精准的农业监测或矿产资源勘探。

(3) 自标定方法不依赖外部标定板，而是通过多个视角拍摄场景并根据场景中的特征点(如建筑物角落、自然场景中的关键点)自动进行相机标定。例如，在无人机航拍、移动机器人等动态环境中，标定目标无法稳定保持静止时，自标定方法非常有效。

2.3.2 特征提取与匹配

在这一阶段，算法从航拍图像中提取特征点，并在多张图像之间匹配相应的特征点。这是三维重建的基础，用于确定相机间的相对位置和视差信息。

1. 处理流程

特征提取：通过尺度不变特征转换(scale-invariant feature transform, SIFT)方法、加速稳健特征(speeded-up robust features, SURF)、快速定向与旋转(oriented fast and rotated brief, ORB)等特征提取算法，对每张图像中的关键点进行提取。其中，SIFT 是一种尺度不变的特征检测与描述算法，主要优点是对图像的旋转、尺度变化以及光照变化具有较强的鲁棒性，能够在不同视角下准确提取特征；SURF 是 SIFT 的改进算法，旨在提高特征提取和匹配的速度，同时保留 SIFT 的鲁棒性，SURF 使用哈尔(Haar)小波和积分图来提高计算效率，并采用黑塞(Hessian)矩阵进行兴趣点检测；ORB 是一种结合了快速角点检测算法(FAST)和二进制描述符(BRIEF)的特征提取算法，不仅在检测速度上进行了优化，还通过引入旋转不变性来增强特征描述符的鲁棒性。这三种算法各具优缺点，具体选择取决于应用场景对精度和速度的要求。

特征描述：为每个关键点计算特征描述符，将其作为特征点的特征信息。

特征匹配：采用如最近邻匹配、K 近邻(K-nearest neighbors, KNN)或暴力匹配算法，找到相邻图像中的相对应特征点。

匹配点过滤：运用随机抽样一致性算法来过滤误匹配的特征点对。

2. 优点

鲁棒性强：现代特征提取算法(如 SIFT、ORB)对光照变化、尺度变化和旋转不敏感，因此可以处理多种复杂场景。

自动化程度高：特征提取与匹配可以自动完成，不需要人工干预，适用于大规模图像数据集。

3. 缺点

计算量大：特征提取与匹配计算量大，尤其是当处理大量高分辨率图像时，计算资源消耗显著。

易受噪声和遮挡影响：在具有较多噪声、重复纹理或遮挡的场景中，匹配精度可能会下降，导致错误匹配。

2.3.3 稀疏重建

稀疏重建通过匹配的特征点估计相机的相对位置(位姿)和场景的三维几何结构。这是三维重建的第一步，生成初步的稀疏点云。

1. 处理流程

运动恢复结构(structure from motion, SfM)：通过多张图像的特征点匹配关系，逐步估计相机的位姿，并重建稀疏的三维点云。

相机位姿估计：基于特征点对的几何关系，采用 PnP 算法或本质矩阵估计相机的外参(位姿)。

三维点云生成：利用三角测量方法从图像平面坐标系中计算出三维点的空间坐标，生成稀疏的三维点云。

优化与校正：通过全局优化(如捆绑调整)最小化重投影误差，优化相机位姿和三维点的位置。

2. 优点

快速生成初步模型：稀疏重建能够快速生成一个三维点云模型，为后续的密集匹配提供框架。

全局优化：通过全局优化(如捆绑调整)可以减小累积误差，提高相机位姿和三维结构的准确性。

3. 缺点

精度有限：稀疏重建只能生成较为粗略的三维点云，缺乏细节，无法满足精细三维重建的需求。

对特征点依赖性高：稀疏重建依赖于特征提取与匹配的精度，如果特征匹配不准确，稀疏点云的质量也会受到影响。

2.3.4 密集匹配

稀疏重建生成的三维点云可能不够详细，因此需要进一步生成密集点云。密集匹配通过多视图立体匹配，生成场景的详细三维结构。

1. 处理流程

深度图估计：利用视差原理，在图像对之间计算每个像素的深度(距离)。常用的方法包括半全局匹配(semi-global matching, SGM)、立体匹配等。

多视图融合：通过融合从不同视角计算出的深度图，生成密集的三维点云。

点云滤波与去噪：对生成的三维点云进行去噪和过滤，去除冗余或不正确的三维点。

点云精化：采用表面重建算法对三维点云进行平滑和精化，生成高质量的三维网格模型。

2. 优点

高精度重建：密集匹配能够生成非常详细的三维点云和表面模型，适用于需要高分辨率的应用场景，如建筑测绘、文物保护等。

细节丰富：通过密集匹配，可以恢复场景中的细节，生成精细的三维结构。

3. 缺点

计算复杂度高：密集匹配需要计算每个像素的深度信息，处理大量的图像数据时对计算资源的需求非常高，通常需要专用硬件加速。

易受遮挡和视角影响：密集匹配在存在遮挡或视差过大的情况下，可能会出现重建不完整或不准确的情况。

2.4 传统无人机航拍影像三维重建方法

无人机航拍影像三维重建技术在计算机视觉领域中扮演着越来越重要的角色，其主要目标是通过无人机捕获的图像数据来构建地面或物体的三维模型。随着无人机技术的不断进步，利用无人机进行目标区域的三维重建已经成为该领域的一个新兴方向。与传统的摄影测量方法相比，无人机平台具有更高的灵活性和机动性，能够在低空进行近景拍摄，获取高分辨率的影像，这对于三维重建至关重要。三维重建技术的核心任务是获取场景的几何结构和纹理信息。基于无人机图像序列的三维重建过程涵盖了多个技术领域，包括相机成像原理、图像处理、点云生成、点云封装以及纹理映射等。这项技术将无人机的灵活性与计算机视觉的强大处理能力相结合，不仅信息获取方便、高效，而且建模精度可靠，能够有效地完成地形测绘等任务。随着计算机图形学、虚拟现实和多媒体通信技术的快速发展，市场对高度真实感的三维模型的需求日益增长。三维重建技术对于虚拟现实技术的发展具有重要意义，预示着未来技术发展的一个重要趋势。

尽管无人机航拍影像在三维重建中具有许多优势，但也面临着一些技术挑战。例如，无人机在飞行过程中可能会遇到基线短、姿态不稳定和遮挡严重等问题，这些都可能影响三维重建的质量和准确性。为了克服这些挑战，研究人员正在开发更先进的算法和模型，以提高无人机航拍影像三维重建的稳定性和精确度，同时也在探索如何更好地整合无人机数据与现有的地理信息系统和其他三维建模工具。通过这些努力，无人机航拍影像三维重建技术有望在未来实现更广泛的应用，并为多个行业提供更高质量的三维模型。其主要方法包括基于传统方法的重建方法和基于深度学习的重建方法。

在高分辨率航拍影像的三维重建中，基于传统方法和深度学习的方法在速度、精度及计算资源消耗上存在显著差异。传统方法(如 SfM 和 MVS)依赖特征点匹配，计算速度较慢，尽管精度稍低，但在资源有限的情况下更具优势。深度学习方法通过神经网络直接提取影像深度信息，加快了重建速度，且在 GPU 支持下能实现实时推理，适合农业监测等对更新频率要求较高的场景。尽管深度学习方法在推理阶段计算效率高，但训练过程耗时且需大量计算资源。总体而言，实际应用中须综合考虑速度、精度与计算资源，以选择最合适的三维重建技术。

无人机影像序列的三维重建类似于航空摄影测量与近景摄影测量之间的过渡方法，相关方法主要包括传统方法和基于深度学习的方法。传统航测的改进方法通常包括运动恢复结构、立体匹配以及多视角立体视觉方法及其发展。运动恢复结构是实现三维重建的基础，立体匹配和多视角立体视觉则用于进一步提高重建精度。这些方法通过利用无人机平台的灵活性和机动性，能够进行低空近景拍摄，获取高分辨率影像，并在此基础上进行三维重建。本节只对传统方法进行介绍，基于深度学习的相关方法将在 2.5 节中讨论。

2.4.1 运动恢复结构方法

运动恢复结构是一种从多个图像或视频序列中自动恢复相机参数和三维场景结构的技术。SfM 使用相机的运动轨迹来估计相机参数，通过从不同视角捕获图像，计算相机的位置信息和运动轨迹。随后，在空间坐标系中生成三维点云。根据对未知参数的不同初始值估计方法，现有的 SfM 方法可以分为增量式、全局式和分布式。

增量式 SfM 是目前使用最广泛的方法，它涉及选择图像对并重建稀疏点云。首先，选择初始图像对计算相机位姿并重建部分场景；然后，逐渐添加新图像以计算完整的点云。Photo Tourism 是 Snavley 等提出的最早的增量式 SfM 系统。它首先选择一对图像来计算相机位姿并重建部分场景。然后，逐渐添加新图像，并调整先前计算的相机位姿和场景模型，以获得最新的相机位姿和场景信息。

增量式 SfM 在处理过程中需要不断加入图像，其对初始图像对的选择敏感，这导致重建质量受限于初始图像对的选取；同时，随着新图像的添加，误差会累积，导致场景漂移现象出现；并且增量式 SfM 是一个迭代过程，每张图像都经历光束平差法优化，存在大量的冗余计算，重建效率较低。

全局式 SfM 包括相机全局的旋转估计、位置估计和点云生成。相比于增量式 SfM，全局式 SfM 将所有图像作为输入，仅进行一次光束平差法优化，从而显著提高了重建速度。它均匀分布误差，避免了误差累积，从而提高了重建的精度。然而，由于相机之间的相关性不同，全局式 SfM 对于大规模场景重建可能产生不理想的结果。

在处理过程中，全局式 SfM 方法计算密集，可能需要大量时间和计算资源，特别是对于具有许多图像和 3D 点的大型数据集。同时，全局相机位置估计结果不稳定。另外，全局式 SfM 对数据中的异常值敏感。如果存在错误的对应或噪声测量，则这些因素会对全局优化过程产生重大影响。

尽管增量式 SfM 在稳健性和准确性方面具有优势，但其效率不够高，此外，随着误差的累积，场景结构可能在大规模场景重建中出现漂移；全局式 SfM 比增量式 SfM 更高效，然而，它对异常值敏感。针对增量式、全局式 SfM 存在的不足，崔海楠等在 2017 年提出了分布式 SfM 方法，通过结合增量式和全局式方法，该方法解决了传统 SfM 在重建效率和鲁棒性之间的平衡难题。这一方法为后续的高效重建算法奠定了基础。

2.4.2 立体匹配方法

立体匹配是为了在左右摄像机拍摄的两幅图像中寻找像素的对应点，计算相应的视差值，然后通过三角形相似性原理求取物体到摄像机之间的深度信息。光照不均匀、遮挡、模糊以及噪声等的存在，给提升匹配精度带来了巨大的挑战。立体匹配主要分为四个步骤：匹配代价计算，计算像素之间的匹配代价；匹配代价聚合，通过聚合周围像素的代价来提高匹配精度；视差计算，从匹配代价中计算视差值；视差求精，进一步优化视差结果以提高精度。同时，为了提高匹配精度，立体匹配需要一些约束条件来提高准确率并降低搜索难度，如极线约束、唯一性约束、视差连续性约束、顺序一致性约束和相似性约束等，流程如图 2-6 所示。根据约束条件的不同，立体匹配方法可以分为全局匹配法、局部匹配法和半全局匹配法。

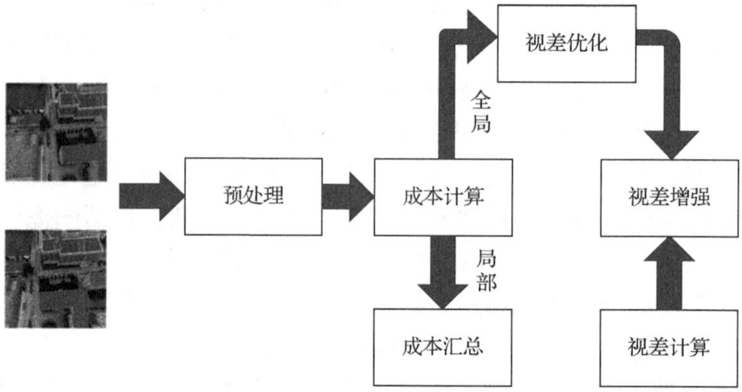

图 2-6 立体匹配的工作流程示例

全局匹配法主要利用图像中的全部像素信息和相邻像素的视差信息来进行匹配。它们使用约束条件创建能够整合图像中所有像素的能量函数，旨在获得尽可能多的全局信息。全局匹配法可以通过动态规划、置信度传播和图分割等方法优化能量函数。全局匹配法结合了局部匹配法的优点，并采用了局部最优密集匹配方法中的成本聚合方法。它们引入了正则化约束以获得更稳健的匹配结果，但消耗更多的计算时间和内存资源。此外，与局部匹配法相比，全局匹配法更容易将附加先验信息作为约束集成，如城市场景中普遍存在的平面结构信息，从而进一步增强重建结果的细化。

局部匹配法基于窗口、特征以及相位等局部约束，主要利用图像的灰度信息进行匹配。基于窗口的匹配方法通过给定感兴趣像素周围少量像素的灰度值之间的对应关系确定视差，固定窗口、自适应窗口以及多窗口是目前主要研究的窗口算法。局部匹配法可以快速生成视差图，但其精度不足，特别是对纹理低、视差不连续的区域。局部匹配法高效灵活，但缺乏对场景的整体理解，容易陷入局部最优。

半全局匹配法也采用能量函数最小化的概念。然而，与全局匹配法不同，其将二维图像的优化问题转化为沿多个路径(即扫描线优化)的一维优化问题。它沿着多个方向的路径聚合成本，并使用赢者通吃(winner-take-all, WTA)算法计算视差，实现了匹配精度和计算成本的良好平衡。当前的半全局匹配法在准确性和效率方面取得了显著进展。然而，它在准确性和效率之间还没有实现良好的平衡。

2.4.3　多视角立体视觉方法

在使用 SfM 进行场景重建时，特征匹配点的稀疏性通常会导致稀疏的点云，重建结果也是不尽如人意。为了弥补这一局限性，采用了多视角立体视觉(multiple view stereo, MVS)技术来增强重建。MVS 技术利用场景中的相机姿态参数来捕获更丰富的信息。此外，其还使用了立体匹配，主要目标是利用多视角的图像和已知的相机姿态参数，通过立体匹配来估计图像中每个像素的深度信息，这样，即使是没有特征点的区域，也可以通过立体匹配来获得深度信息，从而产生更加稠密的点云，提高重建效果。

特征点扩散法涉及生成表面片和基于初始特征点的初始点云。这些特征点被投影到图像上，并传播到周围区域。最后，表面片用于覆盖场景表面以进行三维重建。每个表面片可以视为一个矩形，其中包含如其中心和表面法线向量等信息。通过估算表面片并确保完全覆盖场景，可以获得准确且密集的点云结构。例如，2010 年，Furukawa 提出了一种基于特征传播的 MVS 算法，称为 PMVS。

深度图融合方法是多视角立体视觉中最常用且有效的方法，通常包括四个步骤：参考图像选择、深度图估算、深度图优化和深度图融合。在多视角立体视觉中，深度图估算是关键步骤，其为图像中的每个像素分配合适的深度值。这种估算通过最大化图像与以该像素为中心的参考图像中相应窗口之间的光度一致性来实现，如图 2-7 所示。光度一致性的常见度量包括平均绝对误差(mean absolute error, MAE)、误差平方和(sum of squared error, SSE)、绝对误差和(sum of absolute errors, SAE)以及归一化交叉相关系数(normalisedcross correlation coefficient, NCC)。

图 2-7　深度图估算流程图

2.5　基于深度学习的无人机航拍影像三维重建方法

随着深度学习在计算机视觉领域的广泛应用，三维重建技术也得到了极大的发展。

基于深度学习的无人机航拍影像三维重建方法结合了深度学习的强大能力与传统三维重建技术，为高效、精确地重建复杂场景提供了新的途径。传统的三维重建方法(如 SfM、MVS 等)通常依赖于几何推理和图像特征匹配，深度学习方法则通过学习从二维图像到三维结构的映射关系，能够更加鲁棒地处理复杂场景中的光照变化、遮挡等问题。

2.5.1 基于深度学习的运动恢复结构方法

由于卷积神经网络在特征提取和匹配中的高准确性和高效率，深度学习和 SfM 的结合使得相机姿态和场景深度的估计更加高效。基于深度学习的 SfM 方法是一种通过分析随时间变化的图像序列来重建三维场景结构的技术。相比传统 SfM 方法，基于深度学习的 SfM 方法利用神经网络模型来替代特征提取、匹配和几何推导过程，提供了更强大的特征提取和匹配能力，并在处理复杂场景、遮挡和光照变化等方面表现出更高的鲁棒性。

该方法的关键技术包括用卷积神经网络从图像中提取高层次特征，特征匹配网络提高特征点匹配的准确性，深度估计网络通过学习图像深度信息辅助三维结构恢复，且利用递归神经网络或时序卷积网络建模图像序列的时间依赖性。这种基于深度学习的 SfM 方法具备更高的鲁棒性和自动化处理能力，适用于大规模数据集和复杂场景的三维重建。尽管如此，其也面临一些挑战，如训练神经网络模型需要大量标注数据，计算复杂度高，并且模型在不同场景中的泛化性可能受限。

2.5.2 基于深度学习的立体匹配方法

2015 年，LeCun 等首次将卷积神经网络应用于成本计算中的图像特征提取，提出了带有交叉成本一致性检查的成本聚合方法，标志着深度学习在立体匹配中的重要性。基于深度学习的立体匹配包括非端到端与端到端架构。其中，非端到端架构仍未脱离传统的方法，其图像网络可分为金字塔网络、孪生网络和生成对抗网络等类型。这类方法需要手工设计的正则化函数或后处理步骤，因此存在计算复杂度高和时间效率低的缺点。

当前的端到端立体匹配网络以左右视图为输入，在使用共享权重的卷积模块进行特征提取后，基于相关性操作构建代价体。最后，根据代价体的维度应用不同的卷积操作来回归视差图。端到端立体匹配网络可以根据代价体的维度分为两种网络：基于 3D 代价体的网络和基于 4D 代价体的网络。

与受传统神经网络模型启发的架构相比，基于 4D 代价体的端到端立体匹配网络架构专门设计用于立体匹配任务。在这种架构中，网络不再对特征进行维度缩减，允许代价体保留更多的图像几何和上下文信息。2017 年，Kendall 等提出了一种名为 GCNet 的新型深度视差学习网络，创造性地引入了 4D 代价体，并首次在正则化模块中使用 3D 卷积来整合来自 4D 代价体的上下文信息。这种开创性的方法设计了一个专门用于立体匹配的 3D 网络结构。它首先使用共享权重的 2D 卷积层分别从左右图像中提取高维特征。在这个阶段，通过下采样将原始分辨率减半，这有助于降低内存消耗。然后，左侧特征图和相应的右侧特征图通道沿着视差维度逐像素组合，形成 4D 代价体。之后，它利用由多尺度 3D 卷积和反卷积组成的编码-解码模块对代价体进行正则化，得到一个代价体张量。

最后，利用可微的 Soft ArgMax 回归代价体，获得视差图。

2.5.3　基于深度学习的多视角立体视觉方法

2018 年，Yao 等首次将卷积神经网络与多视角立体视觉结合，首创了 MVSNet。他们使用卷积神经网络提取图像特征，利用可微的单应性矩阵构建代价体，并利用 3D U-Net 对代价体进行正则化，实现了多视图深度估计。

在这项工作的基础上，2020 年，Gu 等介绍了级联 MVSNet，这是一种重新设计的模型，通过图像特征金字塔以级联方式编码不同尺度的特征，既节省了内存资源，又提高了级联 MVS Net 的速度和准确性。Yang 等提出了 CVP-MVSNet，该方法采用了类似金字塔的成本-体积结构，在不同尺度上调整深度图，从粗到细。Cheng 等开发了一个网络，该网络自动调整深度间隔以避免密集采样，并实现了高精度的深度估计。Yan 等引入了 D2HC-RMVSNet，这是一个高密度的混合递归多视角立体视觉网络，包括动态一致性检查，产生了优异的结果，同时显著减少了内存消耗。Liu 等提出了 RED-Net，它引入了循环编码器-解码器架构来顺序地正则化代价体，实现了更高的效率和准确性，同时保持了分辨率，有利于大规模重建。

2.5.4　神经辐射场方法

目前，在基于深度学习的无人机航拍影像三维重建方法中，最引人注目的是基于神经辐射场(neural radiance fields, NeRF)的方法。

2020 年，Ben 等引入了一种开创性的场景渲染技术，称为神经辐射场。NeRF 是一个端到端的学习框架，以对象的空间坐标和相机姿态为输入，利用多层感知器(multi-layer perceptron, MLP)网络来模拟神经场。这个神经场表示对象在特定方向上的标量属性，如不透明度。通过在场景中追踪光线并根据光线和不透明度进行颜色积分，NeRF 可以从新的视点生成高质量的图像或视频。在 NeRF 的基础上，Zhang 等提出了 NeRF++，它解决了潜在的形状-照明模糊问题。它认识到，虽然在训练集上训练的 NeRF 模型对场景的几何表示可能是不正确的，但它仍然可以在训练样本上生成准确的结果。然而，对于未见过的视图，不正确的形状可能会导致不完美的泛化。NeRF++解决了这一问题，并解决了将 NeRF 应用于无界 360°场景时的参数化问题。这种改进允许更好地捕捉大规模、无界的 3D 场景中的对象。虽然 NeRF 本身并没有固有的三维对象重建能力，但经过改造和变体，将几何约束整合到学习框架中，基于 NeRF 的方法同样能够端到端地重建物体或场景的 3D 模型。

面对大规模室外场景时，NeRF 需要解决的主要问题包括：准确的相机姿态估计、规范化光照条件以避免场景过曝、处理开放式室外场景和动态物体、在精度和计算效率之间取得平衡。

Haithem 等提出了用于无人机场景的 Mega-NeRF，旨在解决传统 NeRF 模型在大规模场景重建中遇到的计算和存储瓶颈。它采用自上而下的二维网格方法将场景划分为多个网格，然后根据相机射线与场景的交点，将训练数据重新组织到每个网格中，使得可以为每个网格训练单独的 NeRF 模型。Mega-NeRF 还引入了一种新的引导采样方法，只在对象表面附近采样，提高了渲染速度。此外，通过使用椭球将场景划分为前景和背景区域，改进了 NeRF++。利用相机高度测量，将射线终止于地面附近，以进一步精细化采样范围。

Mega-NeRF 包括空间分解、质心选择、前景和背景分离等模块。Mega-NeRF 首先将场景分解为多个单元，每个单元由一个质点 $\mathbf{n} \in \mathcal{N} = \left(n_x, n_y, n_z\right)$ 定义，这里，n_x、n_y、n_z 分别代表单元中心在三维空间中的坐标。每个单元初始化了一组对应的模型权重 $f^{\mathbf{n}}$。Mega-NeRF 为每张输入图像 a 关联了一个外观嵌入向量 $l^{(a)}$。这个向量增加了模型在解释不同图像之间光照差异时的灵活性，这在处理大规模场景时尤其重要。在进行视图合成查询时，Mega-NeRF 会使用最接近查询点的单元的模型权重 $f^{\mathbf{n}}$ 来计算给定位置 $\mathbf{x}$、方向 $\mathbf{d}$ 以及外观嵌入向量 $l^{(a)}$ 下的不透明度 σ 和颜色 $\mathbf{c} = (r, g, b)$。

$$f^{\mathbf{n}}(\mathbf{x}) = \sigma \tag{2-38}$$

$$f^{\mathbf{n}}\left(\mathbf{x}, \mathbf{d}, l^{(a)}\right) = \mathbf{c} \tag{2-39}$$

$$\mathbf{n} = \underset{\mathbf{n} \in \mathcal{N}}{\operatorname{argmin}} \| \mathbf{n} - \mathbf{x} \|^2 \tag{2-40}$$

这种方法通过智能地将场景分解为易于管理的单元，并为每个单元分配专门的模型权重，从而有效地扩展了 NeRF 技术的应用范围，使其能够处理大规模场景。此外，通过使用外观嵌入向量，Mega-NeRF 能够更好地处理大规模场景中常见的光照变化问题。

接下来，Mega-NeRF 探索了包括 k-means 聚类在内的几种方式，最终确定将场景细分为自上而下的 2D 网格，在实践中效果很好。该方法易于实现，需要最少的预处理，并且能够在推理时有效地将点查询分配给质心。这种处理方法将待处理场景划分为若干固定大小的网格，每个网格代表一个子场景，如图 2-8 所示。经过这种操作，Mega-NeRF 能够为每个子场景分配独立的 NeRF 模型，使得模型只关注该子场景内的内容。

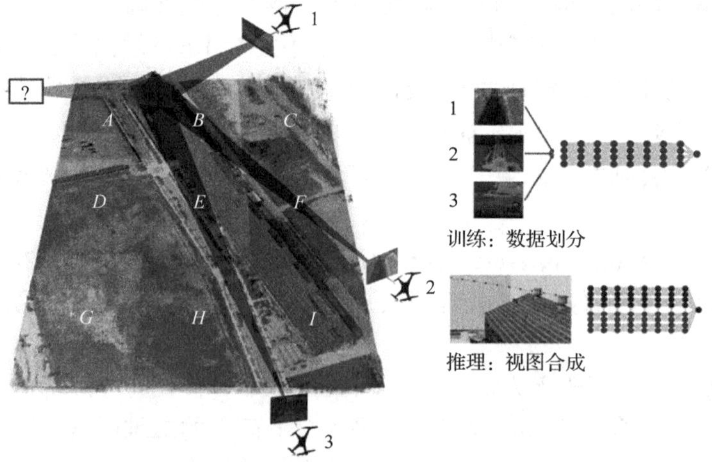

图 2-8　Mega-NeRF 的网格划分示意图

在前景和背景分解方面，Mega-NeRF 进一步将场景细分为包含所有相机姿势的前景和覆盖互补区域的背景。这两个部分都使用单独的 Mega-NeRF 建模。Mega-NeRF 使用与 NeRF++相同的 4D 外部体积参数化和射线投射，但是通过使用更紧密地包围相机姿势和相关前景细节的椭球来改进其单位球体划分，还利用摄像机高度测量的优势，通过在地面附近终止光线来进一步完善场景的采样范围。因此，Mega-NeRF 通过避免对地面区域的冗余采样，实现了更高的计算效率。

Mega-NeRF 通过场景划分和稀疏表示技术，成功解决了传统 NeRF 模型在处理大规模场景时遇到的计算和存储瓶颈问题。通过将场景划分为多个子场景，Mega-NeRF 显著降低了每个子场景的处理复杂度。此外，空间分层的方法使模型能够在保持全局结构的同时，精确捕捉场景中的细节部分。借助并行化设计，Mega-NeRF 在处理大规模场景时大大加速了训练和推理过程，显著提升了处理效率。

在实际应用中，Mega-NeRF 展现出了高效的三维重建能力，能够在处理复杂的大规模场景时，以更少的计算资源和时间生成高精度的三维模型。通过多层次的处理策略，模型不仅能生成全局结构，还能精细呈现场景细节，适用于对重建精度要求高的任务。同时，得益于场景划分和并行处理设计，Mega-NeRF 具备良好的扩展性，能够灵活适应更大规模的场景，并在不同的计算环境中运行。通过这些设计和优化，Mega-NeRF 在大规模三维重建任务中表现优异，尤其在需要处理复杂、细节丰富的场景时，效率和效果显著优于传统的 NeRF 模型。

2.6　无人机航拍激光点云三维重建

在过去的十年中，无人机航拍和激光点云技术已迅速发展，成为地理空间数据获取的主要手段之一。这些技术不仅显著提高了数据采集的效率和精度，还为三维重建、环境监测、精准农业等多个应用场景带来了新的可能。特别是在三维重建领域，无人机凭借其灵活的飞行高度和广泛的覆盖范围，能够快速捕获高分辨率的地理空间数据，这使得它们在城市建筑、森林结构、灾后评估、矿山测量等场景中具有极高的应用价值。

激光点云技术则是通过激光雷达系统获取目标物体的空间三维信息。LiDAR 技术基于激光测距原理，通过计算激光脉冲从目标反射回传感器的时间差来获取物体表面的位置坐标。相比传统影像数据，LiDAR 点云数据可以直接提供物体的空间位置、高度、轮廓等信息，是构建高精度三维模型的理想数据源。结合无人机平台，LiDAR 点云数据能够更高效地进行复杂环境的三维建模，特别是在地形崎岖、植被茂密或建筑物复杂的区域，这种数据源能够显著提升模型的精度和真实性。

然而，基于无人机航拍激光点云的三维重建面临多重挑战。首先，由于无人机飞行路径和角度的变化，采集的点云数据可能存在不一致性，这需要进行高精度的配准和对齐。其次，环境因素(如风速和光照变化)会导致数据中出现噪声和误差，必须通过滤波和去噪技术加以处理。再次，在地形起伏较大或建筑物结构复杂的场景中，点云数据的密度和完整性可能不均匀，这增加了重建模型的难度。最后，由于无人机采集的数据量通常较大，高效的数据处理算法和强大的计算资源是必不可少的，尤其在实时应用中更是如此。

为了评估其三维重建的效果，通常采用重建精度、计算效率、模型完整性以及视觉质量等指标。其中，重建精度是衡量重建模型与真实场景之间几何误差的标准，常用均方根误差(root mean square error, RMSE)或平均距离(mean distance, MD)来表示；计算效率指的是处理数据的速度，包括点云配准和模型生成的时间；模型完整性衡量重建模型是否能够完整覆盖目标场景，通常用点云密度或模型覆盖率来评估；视觉质量则关注重建模型的视觉效果，包括纹理的清晰度和模型的平滑度。

目前，有关无人机航拍激光点云三维重建的研究集中在城市规划与建筑物建模、测绘与地形分析、环境监测与保护以及灾害应急与评估等领域。本节着重介绍基于无人机航拍激光点云的建筑物三维重建方法和基于无人机航拍激光点云的城市环境三维重建方法。

2.6.1 基于无人机航拍激光点云的建筑物三维重建

1. 技术背景

基于无人机航拍激光点云的建筑物三维重建是利用无人机搭载的激光雷达或摄影测量设备，采集建筑物的三维点云数据，并通过一系列处理和建模技术，生成高精度建筑物三维模型的技术。它广泛应用于城市规划、建筑设计、文物保护和智慧城市建设等领域。该技术的应用源于其能够提供高精度和详细的建筑物形状与结构捕捉，同时无人机的灵活性和效率使得数据采集成本较低，且能从多角度获取全面数据。此外，无人机可定期飞行，支持建筑物监测和维护的频繁更新。

2. 重建流程

建筑物三维重建的一般流程包括数据采集、点云数据预处理、建筑物三维重建和后处理与验证四个步骤。

数据采集：选择合适的无人机平台和传感器，设计覆盖所有关键部分的飞行路径，按照既定飞行路径采集数据。

点云数据预处理：对采集的原始点云数据进行去噪与滤波，并进行分类和配准，以确保数据的一致性。

建筑物三维重建：从点云中提取建筑物的轮廓，生成初步的三维模型，并逐步添加细节，通过纹理映射生成逼真的建筑物表面。

后处理与验证：进行模型优化、精度验证，并将模型与其他地理信息数据融合，以生成完整的场景。

3. 面临挑战

当前的建筑物三维重建技术已经能够达到厘米级别的精度，大部分流程也实现了较高的自动化，但复杂建筑物的细节处理仍需人工干预。处理大规模点云数据需要强大的计算资源，随着算法的进步，处理能力也在不断提升。该技术的应用范围广泛，涵盖智慧城市、虚拟现实、增强现实等多个领域，未来还将进一步拓展。

然而，建筑物三维重建技术也面临一些挑战。例如，数据采集的复杂性，尤其是在密集的城市环境中，建筑物遮挡和反射会影响数据质量；处理大规模点云数据所需的计算资源较高；自动化水平尚不足以完全替代人工干预；数据整合与标准化的困难。此外，天气和光照等环境因素也会影响数据采集效果，进而影响模型的精度。尽管如此，这项技术仍然具有巨大的潜力和发展前景。

4. 融合方法

在世界范围内，各种各样的技术被用来模拟建筑。激光雷达系统被认为是最好的系统之一，因为它能产生非常精确和密集的点云。全球有许多 LiDAR 系统可用，融合方法旨在整合来自多个 LiDAR 平台的不同点云数据来构建精确的 3D 建筑模型。

激光雷达分为三种类型：机载、地面和移动。在机载激光雷达中，飞机或无人机携带传感器收集地球表面物体的点云，传感器指向最低点视角。从这种类型传感器中获得的点云由物体的顶部结构组成，如屋顶或树冠。获取垂直结构的点云数据具有挑战性，因为扫描角度受到障碍物的限制，如靠近目标物体的固体物体。因此，为了获得完整的点云数据，需要从水平角度对物体进行扫描。

为了融合多个 LiDAR 平台的点云数据，实现建筑物三维重建，使用无人机激光雷达系统和移动激光雷达系统(mobile LiDAR system, MLS)对整个建筑物进行扫描，以获取三维点云。无人机激光雷达系统在扫描整个建筑物时存在困难和局限性，这是因为存在如高树冠树等物体以及每个建筑物的邻近性。为了解决这个问题，MLS 用来扫描无人机激光雷达系统无法到达的建筑物结构。

在点云收集期间，无人机配备了一个激光雷达传感器和一个 2400 万像素的索尼数码相机。UAV 在距地面 100m 高度使用一条标准飞行线并使用手动模式飞行。相机角度固定为 45°，以获得研究区域建筑物的航拍图像。这些航拍图像用来给建筑物的点云上色。无人机激光雷达系统只能扫描建筑物的顶部和建筑物的部分垂直结构。

采用 MLS 激光雷达系统从侧面扫描建筑物，以获得建筑物的完整结构。该系统包括两个不同的传感器：一个激光雷达传感器和一个 360°摄像头。类似于无人机激光雷达系统，图像用来给点云上色。这两个传感器都是用一辆 4×4 的车辆运输的。车辆必须持续行驶，以确保传感器能够扫描研究区域内的每一栋建筑，否则，一些点云无法着色。

采用地面控制点(ground control point, GCP)和检查点(check point, CP)两种常用的控制点，它们都是使用快速静态方法建立的。其中，地面控制点是在图像拍摄范围内设置的地理坐标已知且高精度测量的参考点，其主要作用是将无人机图像与实际地理坐标系(如 WGS84、UTM 等)对齐，以消除图像拍摄过程中可能出现的偏差和误差；检查点主要用于精度评估，与 GCP 的不同之处在于，检查点不参与三维模型生成中的配准和校正，而是作为独立的参考点，用于验证模型在特定位置上的精度。通过天宝全站仪控制(Trimble total control, TTC)软件的后期处理，该方法可以生成包括北纬、东经和高程在内的坐标信息，其精度为 1～10cm。然后将这些坐标转换为 *X*、*Y*(平面)和 *Z*(高度)。

建立 GCP 对于维持最终产出的精确性和准确性至关重要。共有 20 个控制点，其中 10 个 GCP 用于几何校正，另外 10 个 CP 用于准确性评估。

每点观测 35～45min，测量每点高度。理论上，观察时间越长，结果越准确。在本书中，由于每个点的位置非常接近，GPS 观测 35～45min 就足够了。用尺寸为 1m 长、1m 宽的塑料制成的目标作为标记，在数字正射影像上表示 GCP 和 CP。*X* 符号印在目标的顶部，以确保在几何校正和精度评估期间，在图像上容易识别目标的中心。

采用 RiEGL RiSCAN Pro 软件对无人机激光雷达系统和 MLS 激光雷达系统获取的点云进行处理，包括滤波、几何校正、着色和导出等步骤。在滤波步骤中，任何噪声或误差都被去除。这种消除方法通过两种方式完成：自动和手动。在滤波步骤完成后，必须使用在研究区域建立的 GCP 对点云进行几何校正。然后，将校正后的点云投影到通用横轴墨卡托网格系统(universal transverse Mercator grid system, UTM)48N 坐标系中。为了给每个点云上色，使用数码相机和 360°相机获得的航拍图像作为参考。然后以激光雷达的标准格式 LAS 导出点云。图 2-9 为使用 RiEGL RiSCAN Pro 软件进行点云处理的流程图。

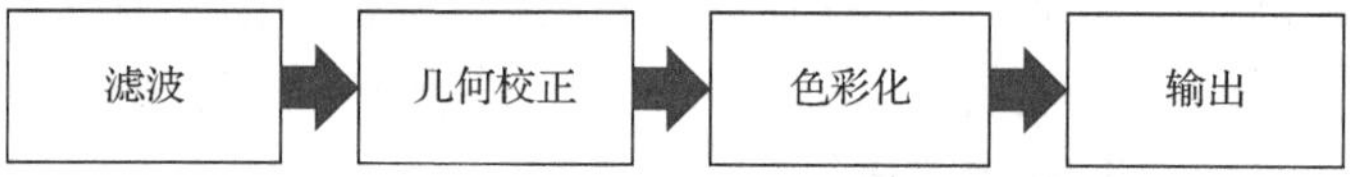

图 2-9　RiEGL RiSCAN Pro 激光雷达处理流程图

RiEGL RiSCAN Pro 软件仅限于预处理步骤。后处理部分采用 LiDAR 360 软件进行合并、分类和导出。在合并阶段，将无人机激光雷达系统的点云与 MSL 激光雷达系统的点云合并，构建具有完整结构的三维模型。然后，将这些点云分为三类：地面、树木和建筑物。这个分类阶段通过配置必要的参数来自动完成，如图 2-10 所示。在导出阶段，

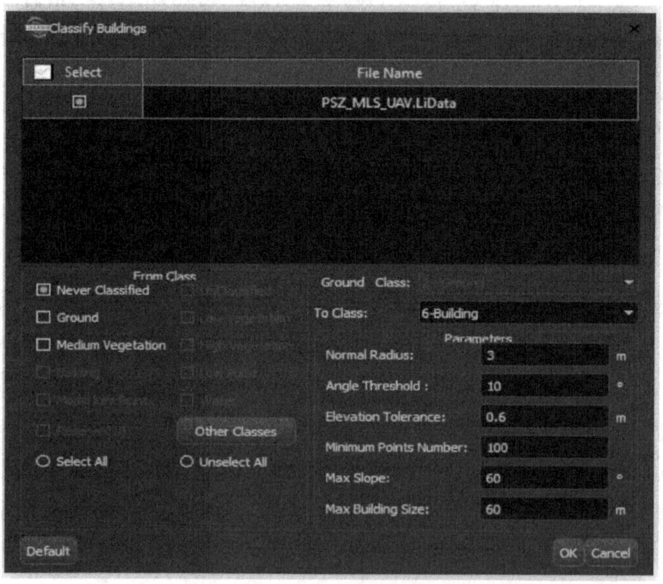

图 2-10　自动分类步骤中需要设置的参数列表

只有建筑物的类被导出为 3D 模型。后处理流程如图 2-11 所示。

图 2-11　利用 LiDAR 360 进行后处理流程图

对于融合，两组数据不同，采用变换方法对无人机激光雷达系统和 MLS 激光雷达系统的密集点云数据进行融合。该方法可用于 LiDAR 360，其中基于两个数据集中可见的同源点对数据进行校正。由于同源点的个数大于 10，采用三次多项式技术对数据进行归并。对于准确性评估，采用统计方法来评估最终输出的质量。在该方法中，采用均方根误差(RMSE)对融合效果进行评估，如式(2-41)和式(2-42)所示。式(2-41)和式(2-42)可以定义为残差或预测误差的标准差。

$$\mathrm{RMSE}(X,Y)=\pm\sqrt{\sum\frac{(X-x)^2+(Y-y)^2}{N}} \tag{2-41}$$

$$\mathrm{RMSE}(Z)=\pm\sqrt{\sum\frac{(Z-z)^2}{N}} \tag{2-42}$$

其中，X、Y 为在地面观测到的平面坐标；Z 为在地面观测到的高度坐标；x、y 为模型平面坐标；z 为模型的高度值；N 为检查点数。

残差是距离回归线数据点有多远的度量。式(2-41)和式(2-42)通常用于评估摄影测量产品的质量，包括 3D 模型。用式(2-41)从平面角度评价精度，用式(2-42)从高度角度评价精度。为了进行这种准确性评估，使用了 10 个检查点。

在该方法中，最终得到的是无人机激光雷达系统和 MLS 激光雷达系统的三维点云，其中包含了研究区域内的建筑物、树木、斜坡面积、道路和地形等信息。

MLS 传感器与平台平行安装，平台在扫描过程中处于水平位置。在这种配置下，传感器在移动时能够更有效地扫描建筑物的垂直结构。该方法中使用的 MLS 激光雷达系统可以以 270°扫描特征，因此该系统可以在几秒内扫描出突出区域的许多特征。然而，该系统没有配备 GPS，GPS 用于将每个点云投影到本地坐标系上，因此以无人机激光雷达系统点云为参考，采用变换技术实现该过程。通过对比地面平面坐标与模型平面坐标进行精度评估，平面测量的 RMSE 值为±0.015m，高度测量的 RMSE 值为±0.009m。结果表明，利用无人机-移动激光雷达系统建立的三维建筑模型在定量上是准确的。

在基于无人机航拍激光点云的建筑物三维重建中，由于障碍物的存在，单个 LiDAR 系统无法扫描整个建筑物的点云，因此采用无人机激光雷达系统和移动激光雷达系统对整个建筑物进行扫描，以获得不同方向的点云数据，融合不同方向的点云数据能够获得更完整和精细的建筑物模型。

2.6.2 基于无人机航拍激光点云的城市环境三维重建

1. 技术背景

机载光探测和测距系统已经得到广泛发展，以获得基于综合惯性导航系统(inertial navigation system, INS)/全球导航卫星系统(global navigation satellite system, GNSS)/直接地理参考(direct georeferencing, DG)系统的高精度数字地形模型(digital terrain model, DTM)。基于激光雷达的无人机系统的数量不断增加，以解决不同的应用问题。近年来，由于激光雷达系统的快速发展，点云配准得到了广泛的应用。该技术不仅用于地图绘制，还应用于自动驾驶汽车或机器人导航。本节着重介绍一种基于配准的城市环境三维重建方法。

2. 采集系统设计

为了在短时间内快速采集受灾地区的地理空间数据以重建建筑物，设计基于激光探测和测距的无人机来完成重建任务。首先，一种无人机用于放置多传感器有效载荷架构；之后，集成一个 INS、一个 GNSS 接收器和一个低成本激光雷达，用于获取低成本的激光点云数据。设计的无人机系统包括战术级惯性测量单元(inertial measurement unit, IMU)、集成系统的 C-MIGITS 与 GPS 接收器以及低成本激光雷达(Velodyne VLP-16 与 16 激光通道)。两个 GPS 天线用于接收导航信息，其中一个用于飞行控制，另一个用于所提出的综合 INS/GNSS。

3. 数据采集

为了获得更加完整的地理空间数据，将 VLP-16 固定在设计框架的中间，并悬挂以扫描目标区域。针对 VLP-16 垂直视场狭窄、垂直分辨率较低的特点，将水平视场向垂直方向偏移，获取无人机下方完整的地理空间数据。

4. 数据融合

数据融合包含两个主要部分：GNSS/INS/LiDAR 组合系统与基于广义迭代最近点(generalized iterative closest point, G-ICP)算法的点云分层配准。首先对 INS/GNSS 差分定位数据与激光雷达测量值进行处理，生成用于配准的地理参考点云。随后对这些点云实施分层配准，以获取高匹配度结果并补偿 INS/GNSS 解算误差。利用补偿后的导航解算结果重新执行差分定位，更新生成新的点云数据，这些数据将作为下一轮配准流程的模型点集。具体处理流程如下：采用扩展卡尔曼滤波(如 Rauch-Tung-Striebel 平滑法)从组合解算中推导位置与姿态参数。通过 100hz 输出频率的组合解，激光雷达测量数据(10hz)能够基于 GPS 时间对导航信息进行同步。

图 2-12 所示为提出无人机系统的 DG。映射帧(m 帧)中的目标点是由 LiDAR 测量值以及物体与 LiDAR 帧(b 帧和 l 帧)之间的关系导出的。地理参考为

$$p_i^m = r_{\text{nav}}^m(t) + R_b^m(t) * \left(R_l^b p_i^l + r_{\text{nav}}^b\right) \tag{2-43}$$

其中，p_i^m 为 m 坐标系中第 i 个感兴趣点的坐标向量；$r_{\text{nav}}^m(t)$ 为 m 坐标系下 INS/GNSS 在 t 时刻的坐标向量；$R_b^m(t)$ 为导航系统 b 坐标系与 m 坐标系之间的旋转矩阵；R_l^b 为 l 坐标系与 b 坐标系之间的视轴旋转矩阵，由事先标定确定；p_i^l 为 l 坐标系中第 i 个物体点的坐标向量；r_{nav}^b 为 INS/GNSS 中心与 LiDAR 之间的杠杆臂矢量，由标定确定。

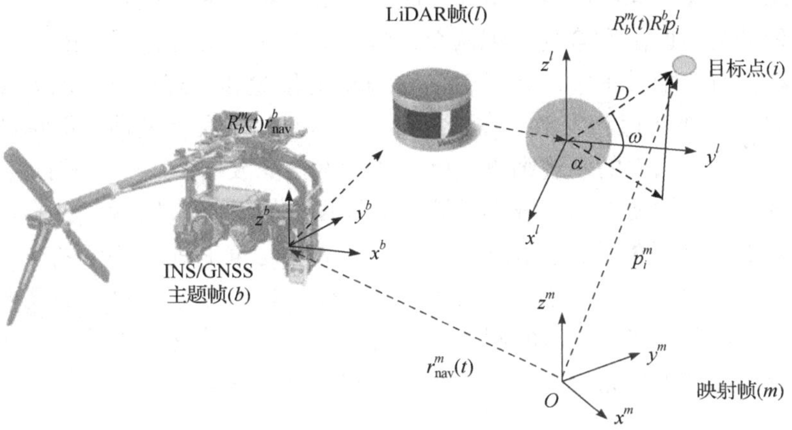

图 2-12 提出无人机系统的 DG

在 l 坐标系中，目标点 p_i^l 写为

$$p_i^l = \begin{bmatrix} X_i^l \\ Y_i^l \\ Z_i^l \end{bmatrix} = \begin{bmatrix} D\cos\omega\sin\alpha \\ D\cos\omega\cos\alpha \\ D\sin\omega \end{bmatrix} \tag{2-44}$$

其中，X_i^l、Y_i^l 和 Z_i^l 为 l 坐标系中的点坐标；D 为物体到激光雷达中心的距离；ω 为激光通道的垂直角度。

5. 分层配准

随后，根据参考点云对这些点云进行分层配准，获得匹配良好的结果，并对 INS/GNSS 解决方案进行补偿。利用补偿导航方案再次实现 DG，更新新的点云；然后将这些数据用作下一个注册过程的模型点。

迭代最近点(iterative closest point, ICP)是最流行的对齐两个连续点云的方法之一。通过搜索最近邻对应，整体解试图找到一个点云集与另一个点云集之间的刚性变换，从而使它们尽可能地接近。ICP 中主要使用两种误差度量，即点对点和点对平面。与 ICP 相反，基于特征的配准方法使用预先计算的几何特征描述符作为对应来匹配每对点云集，通常用于初始对齐。

然而，基于特征的配准不适合该系统，因为它在获取的点云中密度低，而且点密度不均匀，导致特征估计出现问题。相比之下，ICP 更适合在不搜索任何几何特征的情况下匹配每个对应。但是，ICP 容易卡在局部极小值，特别是当使用非均匀和稀疏的点云时。因此，该系统采用广义迭代最近点(generalized iterative closest point, G-ICP)算法进行点云分层配准，以细化与备用点云的配准，提高 ICP 性能，并为 DG 解决方案提供支持。G-ICP 算法通过引入高斯分布来优化误差度量，相较于传统的 ICP 算法，能够更有效地解决点云配准中的局部极小值问题。G-ICP 特别适用于低密度且不均匀的点云，其主要优势在于考虑了曲面法向和协方差矩阵，使得点云的对齐更为精确。

匹配过程分为对匹配和全局匹配两个过程，并进一步分为选择、配准细化、更新点云三个部分。在对匹配过程中，利用 INS/GNSS 的位置和姿态给出的地理参考点云来防止 ICP 算法的局部极小值和发散。在选择部分，采用了两种滤波器，即统计离群点去除滤波器，用于去除点云中的不规则点，以及体素网格滤波器，用于节省计算时间。

这两种滤波器的主要作用是减小后续对应计算中的误差，防止配准中对应点不正确。该系统采用 G-ICP 实现配准并优化误差度量。G-ICP 与 ICP 的主要区别在于误差度量涉及高斯分布，因此表示误差最小化的概率模型。G-ICP 基于平面对平面配准，考虑了曲面法向和协方差矩阵。在该方法的例子中，与只考虑每个对应点之间最小距离的 ICP 相比，提出的分层配准更具竞争力。两个点云集的分布建模如下：

$$n_i \sim N\left(\hat{n}_i, C_i^N\right) \tag{2-45}$$

$$m_i \sim N\left(\hat{m}_i, C_i^M\right) \tag{2-46}$$

其中，n_i、m_i 为测量点；C_i^N 和 C_i^M 分别为两个不同测量点的协方差矩阵。

包含旋转和平移的变换 T 的变换误差 $d_i^{(T)}$ 定义如下：

$$d_i^{(T)} = n_i - T \cdot m_i \tag{2-47}$$

正确变换(T^*)的分布如下：

$$d_i^{(T^*)} \sim N\left(\hat{n}_i - T^* \cdot m_i, C_i^N + \left(T^* \cdot C_i^M \left(T^*\right)^T\right)\right) \tag{2-48}$$

因此，下面的最终误差度量来源于最大似然估计。

$$\begin{aligned} T &= \underset{T}{\operatorname{argmax}} \prod_i p\left(d_i^{(T)}\right) \\ &= \underset{T}{\operatorname{argmin}} \sum_i \log\left(p\left(d_i^{(T)}\right)\right) \\ &= \underset{T}{\operatorname{argmin}} \sum_i \left(d_i^{(T)}\right)^T \cdot \left(C_i^N + T \cdot C_i^M \left(T\right)^T\right)^{-1} \cdot d_i^{(T)} \end{aligned} \tag{2-49}$$

虽然 G-ICP 减小了陷入局部极小值的可能性，但没有可用的信息来确保结果是好是坏，因此该方法提出了评估机制，以识别和完善结果。该机制以之前的全局点云集为参考，计算均方根误差：

$$\Delta E=\sum_{t=1}^{\mathrm{nm}}\sqrt{\frac{(\mathrm{cor}_t^{i-1}-\mathrm{cor}_t^{i})^2}{\mathrm{nm}}}-\sum_{t=1}^{\dot{\mathrm{nm}}}\sqrt{\frac{(\mathrm{cor}_t^{i-1}-\hat{\mathrm{cor}}_t^{i})^2}{\dot{\mathrm{nm}}}} \tag{2-50}$$

其中，nm 和 $\dot{\mathrm{nm}}$ 分别为配准前和配准后的总对应点数量；cor_t^{i-1} 为模型点中的对应点；cor_t^{i} 和 $\hat{\mathrm{cor}}_t^{i}$ 分别为在 DG 点中配准前和配准后的对应点。

将 ΔE 与预设阈值 T_{cor} 进行比较。如果 ΔE 大于 T_{cor}，则 G-ICP 中允许的欧几里得误差将会下降，两个对应之间的最大距离阈值将会增加，以考虑计算中大量的点。细化部分保证了每次配准的精度。

匹配过程的最后一步是配准后获得匹配良好的点云。不是直接利用 G-ICP 结果对当前点云进行变换，而是利用 G-ICP 的反馈信息，调整姿态和高度，得到更好的对齐点云。G-ICP 的目标是使连续点云紧密对齐。

然而，由于它与每个激光通道完美匹配，因此随着无人机的发展，这种方法是不合理的。换句话说，所有的激光通道固定在一起意味着无人机根本不移动。这个问题经常发生在同质环境中，因此更新步骤的优化只考虑姿态反馈消除角度误差，调整高度再次进行 DG。生成匹配良好的点云后，将其更新为全局点云，作为下一帧的模型点。为了消除配准或 DG 的累积误差，提高全局点云的一致性，全局匹配将当前点云与包含 9 个全局点云集的全局模型点对齐。全局匹配频率为 10Hz。

这种分层结构避免了基于可靠初始值和评估机制的配准算法陷入局部极小值。该方法还可用于评估每个匹配过程的质量，无论是对匹配还是全局匹配。

本 章 小 结

本章对无人机航拍影像三维重建和无人机航拍激光点云三维重建相关技术进行了系统介绍。无人机航拍影像三维重建技术包括传统方法和基于深度学习的方法。传统方法首先需要对图像中的特征点进行检测与匹配，将不同图像上同样的特征点进行关联从而进行后续的相机位姿估计以及点云重建，典型方法包括运动恢复结构、立体匹配以及多视角立体视觉技术。

随着深度学习技术的不断进步，基于深度学习的无人机航拍影像三维重建技术也取得了显著的发展。不同于传统方法，深度学习方法能够直接处理图像数据，简化了传统三维重建过程中的特征提取和数据重建步骤。相关方法包括基于深度学习的运动恢复结构、基于深度学习的立体匹配、基于深度学习的多视角立体视觉以及神经辐射场方法，本章对其逐一进行了深入探讨。

与基于无人机航拍影像的方法相比，点云能够更直接地反映物体的三维几何信息，更好地应对植被遮挡和弱纹理等挑战。然而，激光雷达数据通常缺乏足够的光谱信息，且无人机搭载的激光雷达系统往往需要依赖全球导航卫星系统或惯性导航系统来获取地理信息。此外，基于无人机航拍激光点云的三维重建对计算能力要求较高，导致相关算法的开发较少，且大多依赖于如 Open3D、PCL 等成熟软件进行处理。

从技术路线来看，基于无人机航拍影像的三维重建方法逐渐成熟，多源数据融合、语义化重建、端到端建模等新兴方向正在蓬勃发展。在应用层面，进一步提高算法的自动化、鲁棒性和处理效率，以扩大行业覆盖面，让更多用户受益，仍是亟待解决的问题。

展望未来，无人机三维重建技术在测绘遥感、自动驾驶和数字孪生等领域必将大有可为。技术创新与应用落地的双轮驱动，以及产学研用的协同发展，将推动无人机视觉重建向更高水平和更广领域不断迈进。

习　　题

2-1　列举并解释在视觉增强任务中常用的性能指标，并讨论这些指标在实际应用中的局限性。

2-2　描述在数字图像处理中，压缩失真修复的应用意义，并讨论在不同应用场景下，如何权衡压缩比和图像质量。

2-3　无人机航拍图像去模糊的基本方法可分为哪几类？介绍每种方法并指出各自的优劣。

2-4　设想你在一个实验中使用了基于深度学习的去噪算法。如何评估这个算法的性能？请列举几个常用的评估指标。

2-5　无人机航拍图像的去云流程通常包括哪些步骤？

2-6　解释什么是视觉图像去阴影，并讨论无人机中视觉图像去阴影的主要挑战是什么。

2-7　解释什么是无人机航拍影像三维重建技术，并对其主要方法进行介绍。

2-8　介绍运动恢复结构的算法流程。

2-9　设想你在一个实验中使用了基于深度学习的三维重建方法(如 MVSNet)。如何评估这个算法的性能？

2-10　查阅相关资料，请设计一个基于神经辐射场的无人机航拍影像三维重建的实验。

第 3 章

目标检测与跟踪

3.1 目标检测的背景

目标检测是计算机视觉领域的核心问题之一，旨在从给定图像或者视频中找出感兴趣的物体，并确定它们的类别和位置，其性能严重影响后续目标跟踪、场景理解等任务。基于无人机的目标检测，可以充分发挥无人机独特的空中视角、高机动、灵活部署等优势，实现高效数据收集、目标状态监测等任务，能有效解决传统手段受天气、时间等限制造成的信息缺失等问题。基于无人机的目标检测已经在土地覆被测绘、交通监控、应急救援、智慧农业、军事国防等领域取得了令人瞩目的成就，表现出了广阔的应用前景。

与面向视频监控、无人驾驶等应用的目标检测不同，受到无人机飞行高度、拍摄视角等因素影响，基于无人机的目标检测面临诸多挑战，如环境复杂、目标尺度姿态变化剧烈、视角差异大、目标类型多等。这些挑战导致无人机目标检测准确率较差，与实际应用相距较远，需要进一步加大研究。

3.2 目标检测的基本方法

3.2.1 基于特征的目标检测方法

在深度卷积神经网络兴起之前，传统的目标检测可以分为基于特征和基于分割两个方向。基于特征的目标检测方法主要通过手工设计或者算法提取的抽象特征进行匹配，从而实现目标检测。基于分割的目标检测方法主要利用区域、颜色、边缘等特性，通过手工设计阈值，实现目标检测。基于特征的方法性能较好，是研究的主流。下面主要介绍基于特征的目标检测方法。

如图 3-1 所示，基于特征的目标检测方法主要包含三步：①选取感兴趣区域(region of interest, ROI)。②对感兴趣区域进行特征提取，构建特征表示向量。③使用分类算法对特征进行分类，判定是否属于待检测的目标。通常，ROI 提取采用滑动窗口的方式进行，生成多个大小不同的窗口。分类器大多采用机器学习领域常见的分类算法，如 Adaboost、SVM、随机树等。因此，高效的感兴趣区域提取与特征表示是目标检测算法的关键，诸多研究人员提取出了各种各样的特征，以期改善目标检测性能，如 Haar 特征、SFIT 特征、HOG(histogram of oriented gradients)特征等。限于篇幅，本节以可变形部件模型(deformable parts model, DPM)算法为例，主要介绍 HOG+SVM 的目标检测算法，其他方法可参考相关文献。

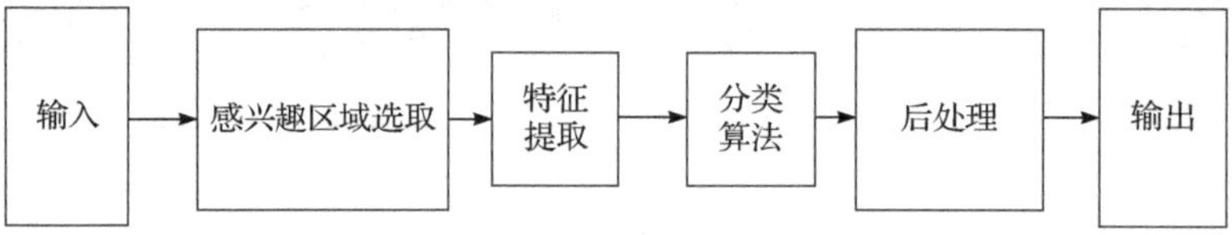

图 3-1　传统目标检测方法的基本流程

HOG 特征[1]最初是由 Dalal 等于 2005 年提出的，并与 SVM 结合，用于行人检测。HOG 特征基本计算流程如图 3-2 所示。HOG 特征综合考虑了不变性(包括平移、尺度、光照等)和区分性(特征的表达能力)，将图像划分为细胞单元(cell)，然后在每一个单元内进行每一点像素的梯度幅值和方向统计。作者将梯度方向划分为 9 个区间，使用梯度幅值作为权值，形成基于梯度特征的直方图，表示一个 cell。为了增强其光照不变性和区分能力，进一步引入区块(block)概念，将相邻的 cell 合并为一个区块，并在区块内对 cell 直方图进行局部归一化，形成最后的 HOG 描述子。最后将所有块的 HOG 描述子进行组合，构建窗口特征向量。因此，HOG 特征是一种基于本地像素块进行特征直方图提取的算法，对于目标局部变小和光照具有较好的稳定性。因此，HOG 特征与 SVM 的组合在目标检测任务上取得了较大的进步，并且 HOG 特征也应用于其他视觉任务。但是，由于拍摄视角的不同，物体的外观会出现明显的差异，如车辆的正面图像和侧面图像。此外，非刚性物体会展现出一定的变形，如人，由于姿态的不同，人的图像也会有较大的差别。

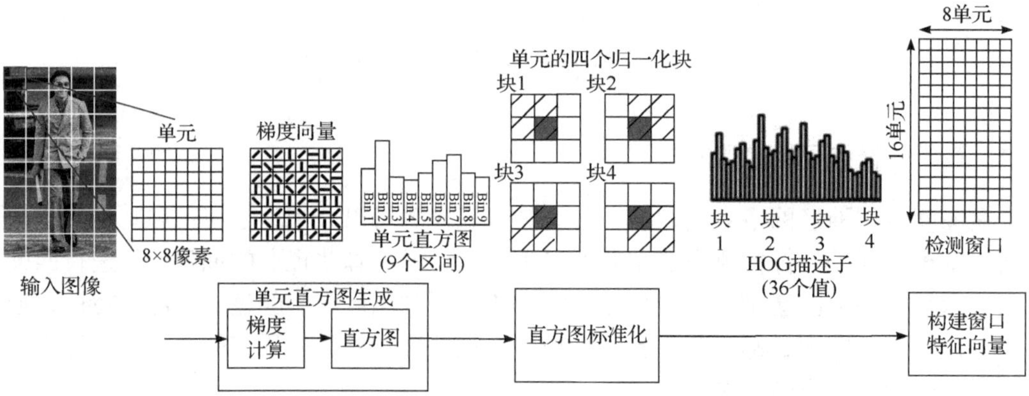

图 3-2　HOG 特征基本计算流程

为了解决上述问题，Felzenszwalb 等于 2008 年提出了 DPM 目标检测算法，该算法对目标的形变具有较强的鲁棒性，获得了 PASCAL VOC 2007～2009 年目标检测挑战赛的冠军，是传统目标检测最具有代表性的算法之一，并且广泛应用于目标分类、图像分割、姿态估计等领域。在传统的 HOG 特征和 SVM 分类器组合的基础上，DPM 进一步设计了多组件模型和基于图结构的部件模型，解决目标多视角和本身形变导致的图像外观变化问题。在优化中，将部件模型的位置和类别作为潜变量，采用含有隐变量的支持向量机进行优化。下面分别介绍 DPM 的关键部分。

1. 改进 HOG 特征

在图像特征表征部分，Felzenszwalb 等提出了一种改进的 HOG 特征，他们取消了原 HOG 特征中的块结构，只保留细胞单元，在计算梯度时将有符号梯度与无符号梯度相结合。具体地，对于每个像素位置，分别计算有符号的梯度方向和无符号的梯度方向：

$$B_1(x,y) = \text{round}\left(\frac{p\theta(x,y)}{2\pi}\right) \bmod p \tag{3-1}$$

$$B_2(x,y) = \text{round}\left(\frac{p\theta(x,y)}{\pi}\right) \bmod p \tag{3-2}$$

其中，$\theta(x,y)$ 表示像素位置 (x,y) 处的梯度方向；p 表示离散的分数；B_1 表示有符号梯度；B_2 表示无符号梯度。下面使用 B 表示 B_1 或者 B_2。因此，梯度特征图 F 在 (x,y) 处的值可定义为

$$F(x,y)_b = \begin{cases} r(x,y), & b = B(x,y) \\ 0, & \text{否则} \end{cases} \tag{3-3}$$

其中，$r(x,y)$ 表示像素位置 (x,y) 处的梯度幅值；$b \in \{0,\cdots,p-1\}$。

在得到梯度特征图后，DPM 使用软分配的方式进行空间聚合，构建基于细胞单元的表征。为了进一步增强不变性，作者设计了邻域归一化和截断操作。邻域归一化时，采用每个细胞单元对角线邻域的 4 个单元做归一化，可以表示为

$$\begin{aligned} N_{\delta,\gamma}(i,j) = (&\| C(i,j) \|^2 + \| C(i+\delta,j) \|^2 \\ &+ \| C(i,j+\gamma) \|^2 + \| C(i+\delta,j+\gamma) \|^2)^{\frac{1}{2}} \end{aligned} \tag{3-4}$$

其中，$\delta,\gamma \in \{-1,1\}$ 表示偏移；$N_{\delta,\gamma}(i,j)$ 表示归一化因子。

截断操作 $T_\alpha(v)$ 基于元素进行，取每个元素 v 和阈值 α 的最小值。将四个归一化因子的结果进行拼接，可得到一个 36 维特征向量。与原始 HOG 特征不同，为了减少信息冗余，DPM 算法将无符号的 36 维特征向量视为一个 4×9 的矩阵，将其行与列分别相加，生成一个 13 维的特征向量。由于部分低维特征是有方向的，作者进一步对 18 个有符号的梯度方向求和得到 18 维特征向量。因此，最终 DPM 使用一个 31 维特征向量表示一个细胞单元。对一幅图像所有细胞单元进行相同的操作，将结果拼接起来就可以得到整幅图像的表征。为了处理目标的多尺度，DPM 进一步引入了特征金字塔，构建多尺度的特征。

2. 图结构模型

为了处理目标形变，DPM 设计了两种应对策略。第一，为了适应视角导致的较大程度的外观变化，DPM 含有多个组件，每一个组件对应一个视角；第二，为了适应同一个视角下目标的局部变化，DPM 认为一个物体包含多个部件，通过部件之间的组合，近似局部外观变化。下面以组件为例介绍 DPM。

每一个组件由一个根模型和若干个部件模型组成，因此一个组件可以表示为 n+2 个元组，$(F_0,P_1,\cdots,P_n,b)$，其中 F_0 表示根模型的滤波器，P_i 表示第 i 个部件模型，b 是一个实数的偏置项。每一个部件模型定义为一个三元组 $(F_i,\boldsymbol{v}_i,\boldsymbol{d}_i)$，其中 F_i 是滤波器，$\boldsymbol{v}_i$ 是表示根位置与锚点位置的二维偏移向量，$\boldsymbol{d}_i$ 是一个四维向量，表示部件实际位置与锚点位置偏移所造成的二次变形损失函数的系数[2]。

假设目标的位置为 $z=(p_0,\cdots,p_n)$，其中 $p_i=(x_i,y_i,l_i)$ 表示第 i 个滤波器的金字塔特征尺度和像素位置，则这个位置假设的响应得分可以按式(3-5)计算：

$$\text{score}(z)=\sum_{i=0}^{n}F_i'\cdot\phi(H,p_i)-\sum_{i=1}^{n}d_i\cdot\phi_d(\mathrm{d}x_i,\mathrm{d}y_i)+b \tag{3-5}$$

其中，$(\mathrm{d}x_i,\mathrm{d}y_i)=(x_i,y_i)-(2(x_0,y_0)+\boldsymbol{v}_i)$ 表示第 i 个目标部件的偏移；$\phi_d(\mathrm{d}x_i,\mathrm{d}y_i)=(\mathrm{d}x,\mathrm{d}y,\mathrm{d}x^2,\mathrm{d}y^2)$ 是形变特征。得分越高表示图像特征与模型匹配程度越高，即目标检测的可信度越高。

对于根位置，其最大得分可以通过优化各部分位置最大化得分进行计算，即

$$\text{score}(p_0)=\max_{p_0,\cdots,p_n}\text{score}(p_0,\cdots,p_n) \tag{3-6}$$

在有了上述定义后，DPM 将根位置得分作为一个窗口的得分，采用滑动窗口的方式进行图像目标检测。在优化式(3-6)时，采用动态规划算法，其运行时间与部件数量和可能的位置成正比关系。首先，将图像特征与模型进行匹配得到部件模型响应图：

$$R_{i,l}(x,y)=F_i\cdot\phi(H,(x,y,l)) \tag{3-7}$$

其中，F_i 表示第 i 个部件的滤波器参数；$\phi(H,(x,y,l))$ 表示左上角位于 (x,y,l) 窗口的特征向量拼接结果。然后，进行响应变换：

$$D_{i,l}(x,y)=\max_{\mathrm{d}x,\mathrm{d}y}(R_{i,l}(x+\mathrm{d}x,y+\mathrm{d}y)-d_i\cdot\phi_d(\mathrm{d}x,\mathrm{d}y)) \tag{3-8}$$

以锚点 (x,y) 为参考位置，综合考虑部件模型与特征的匹配程度以及部件模型相对理想位置的偏离损失，得到最优的部件模型位置和响应得分。最后，将各部件变换后的响应与根位置响应相加就可以得到最终的响应分数。

$$\text{score}((x_0,y_0),l_0)=R_{0,l_0}(x_0,y_0)+\sum_{i=1}^{n}D_{i,l_0-\lambda}(2(x_0,y_0)+\boldsymbol{v}_i)+b \tag{3-9}$$

其中，λ 是分辨率下降需要的尺度数量。

在优化模型参数时，DPM 算法采用了一种隐变量支持向量机(latent SVM)算法，将目标边界框位置、HOG 特征金字塔的尺度、组件等表示为隐变量，采用随机梯度下降法

(SGD)进行参数优化。在目标检测中，负样本比例很大，但是许多负样本远离分类平面，对参数优化作用较小，因此 DPM 采用了困难负样本挖掘方式，从大量负样本中找到与正样本更为相似的困难负样本。

除了上述两个关键部分，DPM 使用了边界框预测和最大化抑制算法等后处理措施，有效提升了目标检测效果，在许多目标检测数据集上取得了较好的结果。

作为传统目标检测算法的 SOTA，DPM 方法运算速度快，能够适应物体形变，在许多较为简单的图像上能取得较好的效果。但是，DPM 采用人工设计的特征，无法适应大幅度的旋转，检测速度也相对较慢，稳定性和适应范围较差。

3.2.2　基于 CNN 的两阶段目标检测方法

传统方法基于手工设计特征与分类器组合的思路，设计更好的特征是其中的关键。受到 2012 年 CNN 在图像分类任务上成功的启发，人们开始探讨用 CNN 提取图像特征，进行目标检测。两阶段目标检测方法是基于深度学习目标检测方法的主要流派之一，大致包含两个阶段：第一阶段从图像中生成候选区域(region proposal)，第二阶段从候选区域中生成最终的物体边界框。两阶段目标检测方法的主要代表性算法包括 R-CNN[3]、Fast R-CNN[4]、Faster R-CNN[5]、SPN[6]、Mask R-CNN[7]等。由于 R-CNN 是两阶段目标检测的基础之作，因此本节以 R-CNN 为主介绍两阶段目标检测方法。

R-CNN 是由 Ross Girshick 等于 2014 年提出的目标检测方法，主要创新点包括：使用卷积神经网络提取候选区域的特征向量，大幅度提高了特征表达能力；采用大样本下有监督预训练和小样本微调的方法解决小样本难以训练甚至过拟合等问题。如图 3-3 所示，R-CNN 算法流程可以划分为四个步骤，下面分别进行介绍。

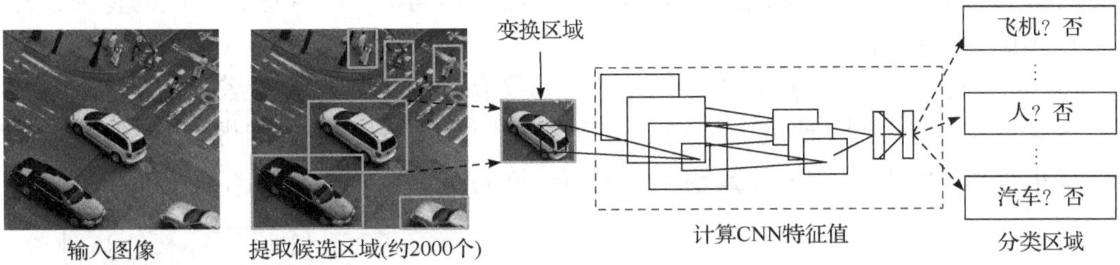

图 3-3　R-CNN 算法流程

(1) 提取候选区域：给定输入图像，使用选择搜索(selective search)方法提取 1000～2000 个可能包含物体的候选区域。早期的目标检测算法主要利用滑动窗口，但是物体可能呈现出多种不同的尺度和长宽比，需要枚举各种可能的矩形框，滑动窗口的复杂度较高，因此 R-CNN 采用选择搜索方法，其主要思想是物体能存在的区域应是有某些相似性或者连续性区域的。因此，选择搜索方法将对输入图像进行分割，产生许多小的子区域。然后，根据这些子区域之间的相似性(颜色、纹理、大小等)进行区域合并，不断地进行区域迭代合并。每次迭代过程中对这些合并的子区域做外切矩形，这些外切矩形就是候选框。相比于滑动窗口算法，选择搜索方法效率高，而且可以生成各种大小的候选框。

(2) 计算候选区域的特征：对每个候选区域的尺寸进行归一化并送入深度卷积神经网

络，计算该候选区域的特征。由于 CNN 中全连接层(FC)的存在，输入图像的尺寸必须相同。然而，所得的候选区域大小差异较大，因此 R-CNN 采用缩放操作，将所有候选区域变为统一的尺寸。在深度卷积神经网络方面，R-CNN 采用 AlexNet，为每一个候选区域生成一个 4096 维的向量。

(3) 判定候选框类别：将所得特征送入每一类 SVM 分类器，计算属于该类的得分。在分类方面，R-CNN 对于每一类设计了一个线性 SVM 分类器，用于判断是否属于该类。具体地，将第二步得到的特征与每一类的 SVM 权重相乘，得到属于每一类的得分。然后，对于每一类所有的候选区域，使用非极大值抑制算法剔除重叠度较大的边界框，保留得分较大的一些候选区域。

(4) 位置校正：使用回归器精细修正候选框位置。由于候选框的位置较为粗糙，R-CNN 进一步设计了线性的边界框回归器，对于给定的特征预测一个更加准确的边界框，作为该特征对应候选区域的最终边界框。

在模型参数训练方面，R-CNN 分为三步。首先，采用 ImageNet 分类数据进行 CNN 预训练。然后，将上述 CNN 的最后一层替换为 21 层的全连接层，随机初始化其参数，利用 PASCAL VOC 数据生成的候选区域进行参数微调。最后，保持 CNN 部分不变，使用 CNN 提取的 4096 维向量分别训练 SVM 分类器和边界框回归器。

虽然 R-CNN 成功地将深度学习应用于目标检测任务，并且极大地提高了检测精度，但是 R-CNN 存在一些缺点，具体如下。

(1) R-CNN 的训练分为多个步骤，逐个训练卷积神经网络、SVM 分类器、边界框回归器，过程较为烦琐。

(2) 时间复杂度和空间复杂度较高。选择搜索方法得到的边界框存在较多的重叠，重复地计算特征和得分，需要消耗大量的时间，而且存储每一个候选边界框的特征，需要占用较多的存储空间。

(3) 测试速度较慢。使用 VGG 网络在一张图像上进行目标检测需要 47s。

为了解决上述问题，研究人员提出了很多改进模型，Fast R-CNN 是其中的典型代表。如图 3-4 所示，Fast R-CNN 对整幅图只进行一次特征提取，通过原图与特征图的映射关

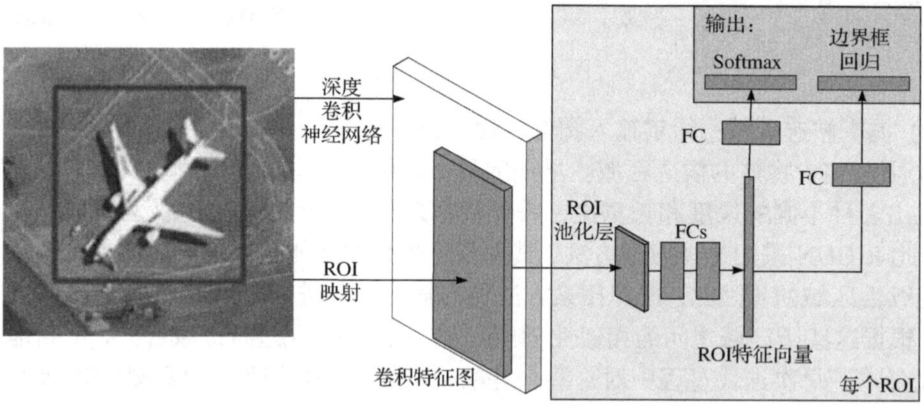

图 3-4　Fast R-CNN 框架图

系，确定特征图中候选框的位置，然后使用感兴趣区域池化层(region of interest pooling)将候选框内的特征转换为固定的空间尺寸 $H\times W$(如 7×7)，将结果输入后续的全连接层中。具体地，ROI 池化层对每一个通道单独处理，在一个通道上将感兴趣区域均匀地划分为 $H\times W$ 的网格，然后在每一个网格内选择数值最大的值作为输出网络的结果。Fast R-CNN 采用并行的两个全连接层，同时输出分类和边界框回归结果，不需要存储候选区域的特征，减小了所需占用的存储空间。针对 ROI 数量较多导致的全连接层计算速度慢的问题，Fast R-CNN 采用 SVD 方法对并行的全连接层进行分解，将每一个全连接层分解为两个规模较小的全连接层，降低了计算复杂度，加快了检测速度。

Fast R-CNN 实现了更加快速与精确的检测结果。Fast R-CNN 训练 VGG-16 网络的速度比 R-CNN 快 9 倍，测试时间缩短为原来的 1/214，不计算候选区域产生所需时间的情况下，检测一张图像仅需要 0～3s。其在 PASCAL VOC 2012 数据集上的 mAP 从 R-CNN 的 62%提升至 66%，但是仍然采用选择搜索方法寻找感兴趣区域，该方法速度较慢，严重影响整体目标检测的效率。

因此，Ross Girshick 等又提出了 Faster R-CNN，其使用深度学习提取候选框，称为候选区域网络(region proposal network, RPN)。首先，对于输入图像，使用 CNN 提取特征图。然后，使用 RPN 模型生成若干个候选框。具体地，如图 3-5 所示，在特征图上使用一个尺寸为 $n\times n$ 的滑动窗口(如 n=3)，每滑动到一个位置，将窗口内的特征映射为一个 d 维的特征向量。之后将这个特征向量分别输入分类器和边界框回归器，注意这里的分类器只判定是否为物体，而不是给出具体的类别。由于现实中物体的尺寸和长宽比具有较大的不同，因此 Faster R-CNN 为每一个滑动位置生成 k 个锚框(anchor)。每一个锚框中心点位于滑动窗口的中心，具有不同的尺寸和长宽比。在 Faster R-CNN 中，使用了三种尺寸和三种长宽比的候选框，总共生成 9 个锚框，即 k=9。对应地，分类器产生 $2k$ 个输出，表示每一个候选框是物体和不是物体的得分；回归器产生 $4k$ 个输出，编码 k 个边界框的位置。与 ROI 不同，这里共有 k 个分类器，每一个对应着一种不同的尺寸和长宽比。由

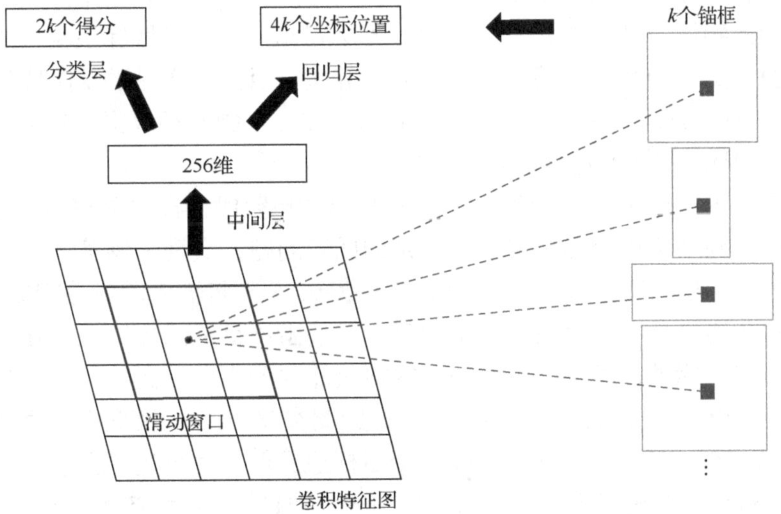

图 3-5　RPN 结构示意图

于滑动窗口生成的锚框仍然存在较多的重叠，因此可以使用非极大值抑制算法减少每幅图像的锚框数量。在得到锚框后，就可以采用 Faster R-CNN 的框架判断每一个锚框属于某个类别的分数和校正的边界框。

Faster R-CNN 的训练分为如下几个步骤。第一步，使用 ImageNet 数据对 RPN 进行预训练，并基于候选框生成任务进行微调。第二步，使用上一步中 RPN 生成的候选框训练 Faster R-CNN，同时使用 ImageNet 上的预训练模型进行初始化。第三步，用训练好的 Faster R-CNN 的检测网络重新初始化 RPN，并微调 RPN 部分，保持其他共享的卷积层不变。第四步，固定卷积层，微调 Faster R-CNN 的全连接层。

Faster R-CNN 通过设计候选框提取网络，有效提高了检测速度；但是，预先获取候选框的计算量仍然较大，难以达到实时的目标检测。表 3-1 对比了上述介绍的三种两阶段目标检测方法。

表 3-1 两阶段目标检测方法对比

方法	特征	测试时间/(s/图)	缺点
R-CNN	利用选择搜索方法生成候选区域，使用 CNN 计算候选区域特征	40～50	重复计算特征，训练包含多个步骤，测试速度较慢
Fast R-CNN	每张图只需要一次 CNN 提取特征	2	选择搜索较慢，计算量仍然很大
Faster R-CNN	使用 RPN 代替选择搜索策略	0～2	预先获取候选框，计算量仍较大

3.2.3 基于 CNN 的单阶段目标检测方法

3.2.2 节中的两阶段目标检测方法都需要生成候选框，然后将候选框区域的图像或者特征送入另一个网络中，判断具体类别并进行边界框修正。这些方法都需要两次处理图像，较为耗时，因此学者提出了单阶段目标检测方法，该方法只需要浏览一次图像就可以检测图像中的物体类别与位置。与两阶段方法相比，单阶段目标检测方法移除了候选区域产生阶段，是一种区域无关(region-free)的算法。目前，常见的单阶段目标检测方法包括 YOLO 系列、SSD、RetinaNet。由于 YOLO 在许多领域都取得了较大成功，因此本节以 YOLO 为例介绍单阶段目标检测方法。

YOLOv1 是 Joseph Redmon 等于 2015 年提出的单阶段目标检测模型，将目标检测转换成从输入图像到多个边界框位置及其类别的回归问题，实现了浏览一次图像就可检测所有目标位置。其基本流程如图 3-6 所示，YOLOv1 首先将输入图像分割成 $S \times S$ 的网格，每个网格负责预测一个中心落在该网格的目标，输出该目标的边界框位置，预测边界框的置信度和具体目标类别概率。这种一个网格只能预测一个目标的规则限制了目标不能靠得太近，对于密集目标检测可能存在漏检，因此在 YOLOv1 模型中，每个网格可以同时预测 B 个边界框，所以共产生 $S \times S \times B$ 个目标边界框，每个边界框包含边界框的坐标和其置信度。YOLOv1 模型假设每个网格只预测一类目标，最终产生 $S \times S \times (B \times 5 + C)$ 个向量。这些目标边界框存在一些冗余，即对同一个物体产生多个预测框，因此第三步进行后处理操作，使用置信度阈值去除可能性比较低的目标预测框，仅保留类别概率较大的目标预测框，再使用非极大值抑制去除冗余边界框。

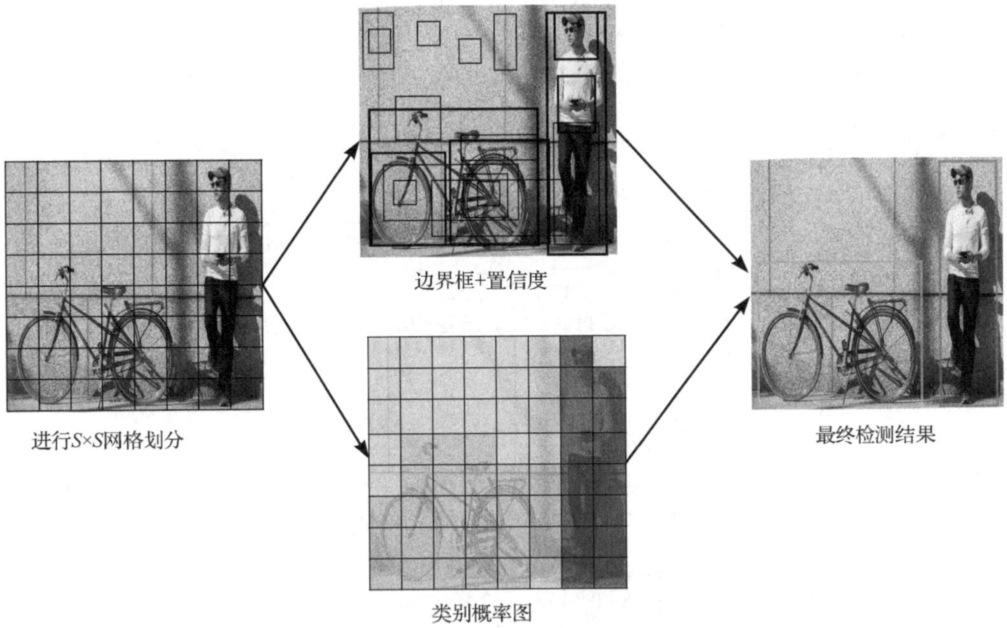

图 3-6　YOLOv1 模型基本流程

YOLOv1 模型的网络结构如图 3-7 所示，输入的图片为 448 像素×448 像素的彩色图像。首先，使用 24 个卷积层，产生一个 7×7×1024 的张量。然后，将该张量扁平化，用 2 个全连接层和 Reshape 操作，生成一个 7×7×30 的张量，其中，7×7 表示划分的网格数，每个网格输出 30 个数值，其表示 2 个边界框(即 B 实际设置为 2)和其类别(PASCAL VOC 数据集包含 20 个类别)，即 2×(4+1)+20=30。

在模型训练中，YOLOv1 首先在 ImageNet 数据集上对网络结构的前 20 个卷积层进行预训练，使其 Top-5 分类准确率达到 88%。然后，添加 4 个卷积层和 2 个全连接层，其参数采用随机初始化，除最后一个激活层采用线性激活函数外，其他层采用如下的修正激活函数：

$$\phi(x)=\begin{cases}x, & x>0\\ 0.1x, & x\leqslant 0\end{cases} \tag{3-10}$$

为了提高检测效果，将输入图像的分辨率调大为 448×448，接着在目标检测数据集上进行训练。由于该模型对一个网格预测多个边界框，在训练时希望与真实边界框较接近的预测边界框负责该物体，即将该边界框的位置和置信度作为该网格单元的预测。具体地，训练损失由边界框损失、类别损失和预测概率损失组成，可以表示为

$$L=L_{\text{coord}}+L_{\text{conf}}+L_{\text{pro}} \tag{3-11}$$

下面分别进行介绍。L_{coord} 表示边界框损失，可以表示为

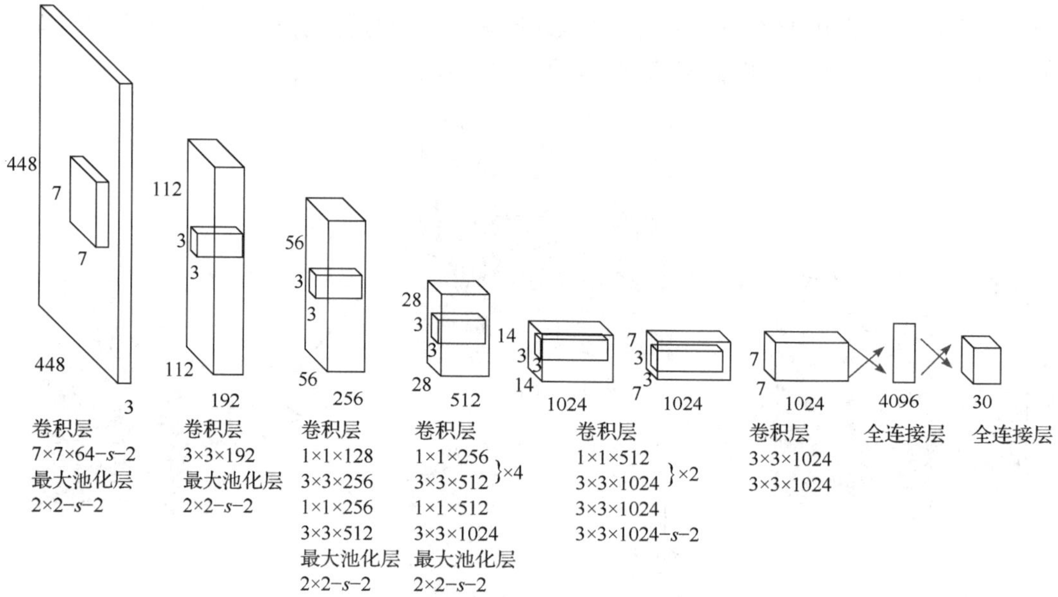

图 3-7 YOLOv1 模型的网络结构

$$
\begin{aligned}
L_{\text{coord}} = & \lambda_{\text{coord}} \sum_{i=0}^{S^2} \sum_{j=0}^{B} 1_{ij}^{\text{obj}} \left[(x_i - \hat{x}_i)^2 + (y_i - \hat{y}_i)^2 \right] \\
& + \lambda_{\text{coord}} \sum_{i=0}^{S^2} \sum_{j=0}^{B} 1_{ij}^{\text{obj}} \left[\left(\sqrt{w_i} - \sqrt{\hat{w}_i} \right)^2 + \left(\sqrt{h_i} - \sqrt{\hat{h}_i} \right)^2 \right]
\end{aligned} \tag{3-12}
$$

其中，1_{ij}^{obj} 表示第 i 个网格的第 j 个预测边界框是否对该目标位置预测负责；(x_i, y_i)、$(\hat{x}_i, \hat{y}_i)$ 分别表示预测和真实边界框的中心坐标；(w_i, h_i)、$(\hat{w}_i, \hat{h}_i)$ 分别表示预测和真实边界框的宽度和高度。为了便于训练，YOLOv1 模型采用图像的宽度和高度对边界框的宽度和高度进行归一化，将边界框的中心坐标表示为与网格坐标的偏移，即

$$
w = \frac{w_b}{w_I}，\quad h = \frac{h_b}{h_I}，\quad x = \frac{x_c}{w_I} S - x_{\text{grd}}，\quad y = \frac{y_c}{w_I} S - y_{\text{grd}} \tag{3-13}
$$

其中，(x_c, y_c) 表示非归一化预测边界框的中心坐标；w_b、h_b 分别表示其宽度和高度；w_I、h_I 分别表示图像的实际宽度和高度；$(x_{\text{grd}}, y_{\text{grd}})$ 表示网格坐标。为了平衡大边界框和小边界框的偏差，式(3-13)进一步使用边界框宽度和高度的平方根计算损失。

L_{conf} 表示类别损失，其采用式(3-14)计算：

$$
L_{\text{conf}} = \sum_{i=0}^{S^2} \sum_{j=0}^{B} 1_{ij}^{\text{obj}} \left(C_i - \hat{C}_i \right)^2 + \lambda_{\text{noobj}} \sum_{i=0}^{S^2} \sum_{j=0}^{B} 1_{ij}^{\text{noobj}} \left(C_i - \hat{C}_i \right)^2 \tag{3-14}
$$

其中，1_{ij}^{noobj} 表示第 i 个网格的第 j 个预测边界框不含物体；C_i 表示置信度，反映边界框是否含有物体和边界框预测准确度。具体地，其可以表示为 $C = p(\text{object})\text{IoU}_{\text{pred}}^{\text{GT}}$，如果网格内有物体 $p(\text{object}) = 1$，则置信度等于预测与真实边界框的 IoU(intersection over union)，

否则置信度 C 为 0。

L_{pro} 表示预测概率损失，其采用式(3-15)计算：

$$L_{\text{pro}} = \sum_{i=0}^{S^2} 1_i^{\text{obj}} \sum_{c \in \text{classes}} (p_i(c) - \hat{p}_i(c))^2 \tag{3-15}$$

其中，1_i^{obj} 表示目标出现在第 i 个网格；$p_i(c)$、$\hat{p}_i(c)$ 分别表示第 i 个网格的预测类别概率和真实概率。

由于大部分网格可能都没有物体，其置信度 C 是 0。此时，梯度被这些没有目标的网格主导，模型训练不稳定。为了解决这个问题，YOLOv1 在优化目标中设置了两个参数 λ_{coord} 和 λ_{noobj} 用以增加有目标边界框的损失和减小无目标边界框的损失，其具体值分别为 5 和 0～5。

由于 YOLOv1 模型去掉了候选框生成，其检测速度很快，标准版本每秒处理 45 张图像，极速版本每秒处理 150 张图像，基本达到了实时检测，而且具有较高的精度。但是，YOLOv1 模型一个网格只预测 2 个同一类的边界框，这导致难以检测距离较近的非同类目标，而且 7×7 网格划分导致对于小目标的检测效果欠佳。

针对上述问题，研究人员后续提出了一系列改进，形成了 YOLO 系列模型，显著提升了目标检测的精度和速度。YOLOv2 引入更深但计算量更小的网络结构(Darknet-19)、批归一化、高分辨率分类器、先验框(anchor box)和多尺度训练等技术，显著提升了目标检测性能，特别是对小目标的检测性能。YOLOv3 采用残差思想，将主干网络改进为 Darknet-53，使用更细粒度的先验框、Mosaic 数据增强、多尺度预测、基于逻辑回归分类器的多标签预测等技术。YOLOv4 引入跨阶段部分连接，将主干网络改造为 CSPDarknet-53，采用空间注意力机制、Mish 激活函数等增强网络性能，并采用更多的数据增强和正则化技术以及使用更大的 Batch Size 等，可以在普通的 GPU 上进行训练和使用。YOLOv5 是由 Ultralytics 团队基于 YOLOv3 模型开发的目标检测算法，分为多个复杂度不同的版本，能够部署到移动和低功耗设备。近两年来，YOLOv6～YOLOv10 等后续模型也被各团队开发出来，通过新的设计，有效提升了目标检测的效率、准确度等。

3.2.4 基于 Transformer 的目标检测方法

近年来，基于自注意力机制的 Transformer 在自然语言处理、计算机视觉、多模态等诸多任务上取得巨大成功。在目标检测方面，也涌现出了一系列基于 Transformer 的目标检测方法，如 DETR(detection transformer)、Deformer DETR、YOLOS、VitDet、DINO 等。本节以 DETR 为例，介绍基于 Transformer 的目标检测方法。

DETR 是 Facebook(现更名为 Meta)研究院于 2020 年提出的第一个使用 Transformer 的目标检测方法。与之前方法相比，DETR 将目标检测视作从图像到集合的预测问题，给定一组固定的学习目标查询，DETR 通过分析目标和全局图像上下文之间的关系，直接并行输出预测。DETR 消除了对非极大值抑制、锚框等人工设计组件的需求，成功实现了端到端的自动训练和学习，并取得了与 Faster R-CNN 相当的准确率和运行时间。

如图 3-8 所示，DETR 模型分为主干网络、编码器、解码器和预测头四个部分。DETR 使用 CNN 作为主干网络提取图像的特征，并将特征图拉直。在编码器部分，引入位置编码添加位置信息，将位置编码与上一步的序列特征相加，使用自注意力机制学习图像的全局特征。解码器接收来自编码器的输入和一组可学习的目标查询(object queries)，输出预测结果的集合。目标查询与当前输入图像无关，随机初始化，通过反向传播进行学习，因此其隐式地建模训练集上的统计信息。在 COCO 数据集上的检测框位置的统计结果说明，不同目标查询具有一定的位置倾向性。最后，预测头用于预测目标类别和边界框或者输出是非目标。可以看出，DETR 的主要架构就是一个 Transformer。

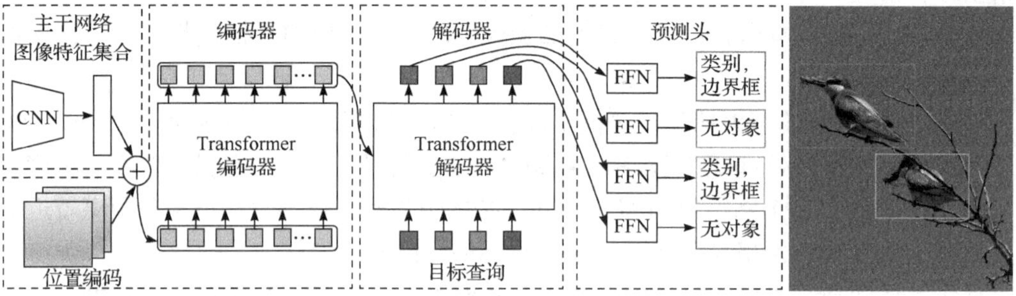

图 3-8　DETR 目标检测模型流程

如果用 $\hat{y}=\{\hat{y}_i\}_{i=1}^{N}$ 表示 N 个模型的预测结果，y 表示真实值。在计算损失或者评估预测结果时，需要在预测值和真实值之间寻找最优的双边匹配。寻求一个最优 $\sigma\in\Gamma_N$，其可以表示为

$$\hat{\sigma}=\underset{\sigma\in\Gamma_N}{\arg\min}\sum_{i}^{N}\mathcal{L}_{\text{match}}(y_i,\hat{y}_{\sigma(i)}) \tag{3-16}$$

其中，Γ_N 表示 $1,\cdots,N$ 的任意排序；$\mathcal{L}_{\text{match}}(y_i,\hat{y}_{\sigma(i)})$ 表示第 i 个真实值与第 $\sigma(i)$ 个预测值的匹配损失。匹配损失综合考虑类别预测准确率以及预测边界框与真实边界框之间的相似程度。如果将预测具体表示为 $y_i=(c_i,b_i)$，c_i 表示真实类别，其也可以是空集，表示没有目标，$b_i\in[0,1]^4$ 表示归一化的边界框中心坐标、宽度和高度。对于预测，可以使用 $\hat{p}_{\sigma(i)}(c_i)$ 表示类别 c_i 的预测概率，其边界框为 $\hat{b}_{\sigma(i)}$。因此，匹配损失可以表示为

$$-1_{\{c_i\neq\varnothing\}}\hat{p}_{\hat{\sigma}(i)}(c_i)+1_{\{c_i\neq\varnothing\}}\mathcal{L}_{\text{box}}\left(b_i,\hat{b}_{\hat{\sigma}(i)}\right) \tag{3-17}$$

其中，$1_{\{c_i\neq\varnothing\}}$ 表示当 c_i 为空集时，其值为 1；$\mathcal{L}_{\text{box}}\left(b_i,\hat{b}_{\hat{\sigma}(i)}\right)$ 表示两个边界框的匹配损失。

$$\begin{gathered}\mathcal{L}_{\text{box}}\left(b_i,\hat{b}_{\hat{\sigma}(i)}\right)=\lambda_{\text{IoU}}\mathcal{L}_{\text{IoU}}\left(b_i,\hat{b}_{\sigma(i)}\right)+\lambda_{L1}\left\|b_i-\hat{b}_{\sigma(i)}\right\|_1\\ \mathcal{L}_{\text{IoU}}\left(b_i,\hat{b}_{\sigma(i)}\right)=1-\left(\frac{\left|b_{\sigma(i)}\cap\hat{b}_i\right|}{\left|b_{\sigma(i)}\cup\hat{b}_i\right|}-\frac{\left|B\left(b_{\sigma(i)},\hat{b}_i\right)\setminus b_{\sigma(i)}\cup\hat{b}_i\right|}{\left|B\left(b_{\sigma(i)},\hat{b}_i\right)\right|}\right)\end{gathered} \tag{3-18}$$

其中，$|\cdot|$ 表示面积；$B(b_{\sigma(i)},\hat{b}_i)$ 表示包含 $b_{\sigma(i)}$ 和 $\hat{b}_i$ 的最大边界框。在有了匹配损失后，

DETR 使用匈牙利法高效地寻找最优匹配。

在获得最优匹配后，模型采用如下的损失函数进行参数训练：

$$\mathcal{L}_{\text{Hungarian}}(y,\hat{y})=\sum_{i=1}^{N}\left[-\log\hat{p}_{\hat{\sigma}(i)}(c_i)+1_{\{c_i\neq\varnothing\}}\mathcal{L}_{\text{box}}\left(b_i,\hat{b}_{\hat{\sigma}(i)}\right)\right] \tag{3-19}$$

其中，$\hat{\sigma}(i)$表示上一步获得的最优匹配。

DETR 舍弃了很多人工设计的模块，训练简单，而且无需后处理措施，实现相对简单。但是，DETR 收敛速度慢，训练时间长，而且直接使用全图自注意力机制，导致在高分辨率图像上，计算和内存复杂度剧增。另外，目标查询缺乏明确的物体意义。因此，后续许多工作开展了相关研究，围绕计算复杂度、目标查询等进行改进。Deformable DETR 提出了一种可变形注意力(deformable attention)模块，只关注参考点周围的一小组关键采样点，其收敛速度显著提升。同时，由于每个目标查询只需要对稀疏的键做聚合，模型的运算量和显存消耗显著下降，这使得可变形注意力模块能够在可控的计算消耗下利用图像的多尺度特征，解决了收敛速度慢和小目标检测性能弱的问题。针对目标查询，Anchor DETR 基于锚点设计目标查询，将锚点编码为目标查询，获得了更好的性能。DINO 则使用对比的去噪训练方法、锚点初始化的混合查询选择方法和两次前向方案的边界框预测，是端到端的目标检测模型，首次在 COCO 排行榜上获得了最好的效果。

3.3　无人机航拍运动目标检测方法

3.3.1　问题定义

近年来，随着人机交互系统的优化、大数据的普及以及机器视觉技术的高速发展，人工智能俨然成为当下一个热门的领域。视觉是人们获取外界信息的重要媒介，相较于人眼的局限性，机器视觉能够极大地丰富获取到的信息量，拓宽人们的视野。运动目标检测一直是视觉领域的热点研究内容，研究人员提出了很多应用在实际视觉系统中的先进检测算法。运动目标检测是从当前图像中分离出运动目标。

相较于针对普通视频的运动目标检测，从无人机获取的航拍视频信息中检测出运动目标是一个具有挑战性的任务。机载相机运动幅度大、运动目标的尺寸变化频繁、背景信息干扰严重、光照变化明显、背景区域动态变化，这些因素增大了检测的难度。此外，硬件设备的计算效率和存储资源有限，对算法计算量、实时性的要求更为苛刻。因此，基于无人机的运动目标检测算法研究极具挑战性，且拥有重要的理论、应用价值。

目前，运动目标检测一般分为两类，即静态背景下和动态背景下的运动目标检测，主流算法有帧差法、背景差法和光流法，本节将分别介绍这三种算法的基本思路，并阐述存在的问题。

3.3.2　帧差法

如图 3-9 所示，帧差法首先计算连续两帧图像的灰度值之差，然后设定阈值T，通过比较灰度值差值的绝对值与特定阈值来检测出运动目标。

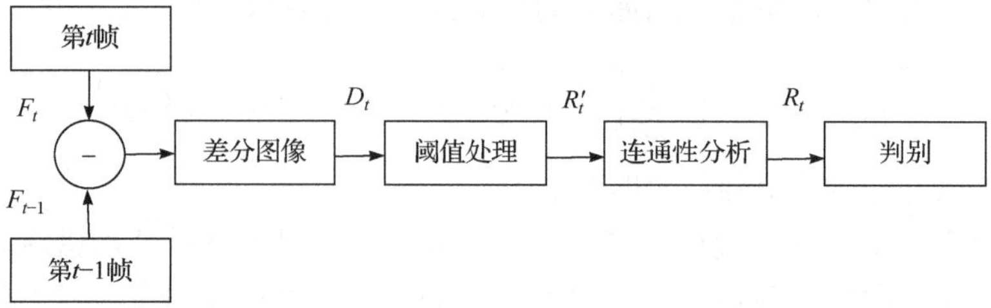

图 3-9 帧差法

设第 t 帧、第 $t-1$ 帧图像在点 (x,y) 处的灰度值分别为 $F_t(x,y)$、$F_{t-1}(x,y)$，按式(3-20)做差分运算，则差分图像 $D_t(x,y)$ 为

$$D_t(x,y)=|F_t(x,y)-F_{t-1}(x,y)| \tag{3-20}$$

遍历差分图像 $D_t(x,y)$ 中的每个像素点，根据阈值 T 对 $D_t(x,y)$ 进行二值化处理，则 $R_t(x,y)$ 为

$$R_t(x,y)=\begin{cases}255, & D_t(x,y)>T \\ 0, & \text{其他}\end{cases} \tag{3-21}$$

通过比较灰度值差值的绝对值与阈值的大小，来区分前景点和背景点。由于算法简单、测试速度快且具备很好的鲁棒性，因此帧差法作为快速判断运动目标的基本算法而被广泛使用。但是，当目标运动缓慢时，运动目标内部区域在连续两帧图像中相互重叠，导致空洞现象的产生。当无人机高速运动时，运动目标在连续两帧图像上的位置相差很大，导致帧差法无法有效提取运动目标。

基于帧差法进行视频目标检测的优点是算法复杂度低，不易受到光照变化或者背景运动的影响，且对运动目标具备较高的检测灵敏度。但图像噪声、静态目标的动态变化以及摄像头抖动造成的背景变化，都会自发地影响视频中的像素值，从而有可能改变实验结果，使程序无法有效识别出运动目标，因此帧差法在实际应用中并不适用于机载视频中的动态背景。

3.3.3 背景差法

背景差法是另一种适用于静态背景的检测方法，如图 3-10 所示，首先对视频序列的背景像素值建立数学模型，然后对当前视频帧图像与背景数学模型图像进行差值计算，并设置阈值对差分图像进行分割，将大于阈值的区域判断为运动区域，从而达到检测运动目标的目的。

背景差法的优点是算法简单、易于实现，解决了帧差法的空洞问题，但是背景差法的关键要素就是背景更新，倘若一直使用预先存储的背景图像，随时间推移会产生累计误差，导致目标检测失败。此外，该算法在目标运动慢、光照不稳定的情况下会失去有效性，且不能用于运动的摄像头，不适合逼真的无约束视频。

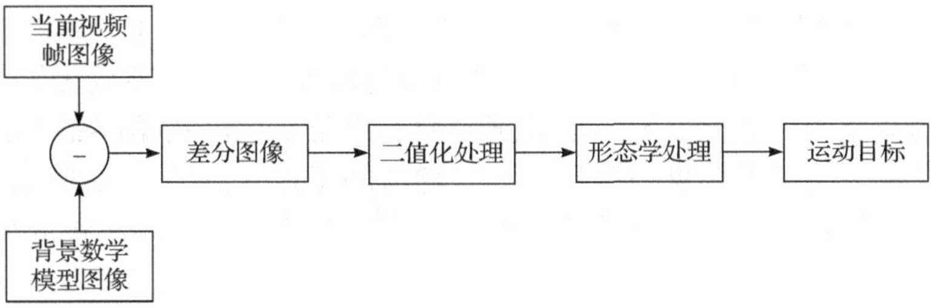

图 3-10　背景差法

3.3.4　光流法

在实际应用中，背景与运动目标之间都存在着相对运动。例如，在无人机上，利用拍摄云台对运动目标进行实时跟踪，除了进行不同程度的飞行运动和旋转操作外，也会产生由远及近的画面。随着时间的推移，所采集到的视频序列背景会不断地发生变化，从而增加了运动目标检测的难度，因此静态背景下的检测算法将不再适用，本节主要探讨动态背景下常用的基于匹配的光流计算方法。

常见的基于匹配的光流计算方法按照匹配模式可分为块匹配光流计算方法和点匹配光流计算方法，该类方法通过计算两帧图像之间的特征相关性，获取图像上特征的最佳匹配位置，从而获取光流矢量的估计。

块匹配光流计算方法(blocking matching algorithm, BMA)是将图像划分成相互之间不重叠的小区域，并对每一个块内的运动使用简单的参数模型加以特征化。在本质上，块匹配光流计算方法是一类基于模式的相关匹配方法，它将光流场定义为某点在某一时刻前后所产生的最佳拟合位移，假设块内各像素点位移一致，根据匹配准则在搜索区域找出匹配块，匹配块与当前块的相对位置决定了运动位移，如图 3-11 所示。

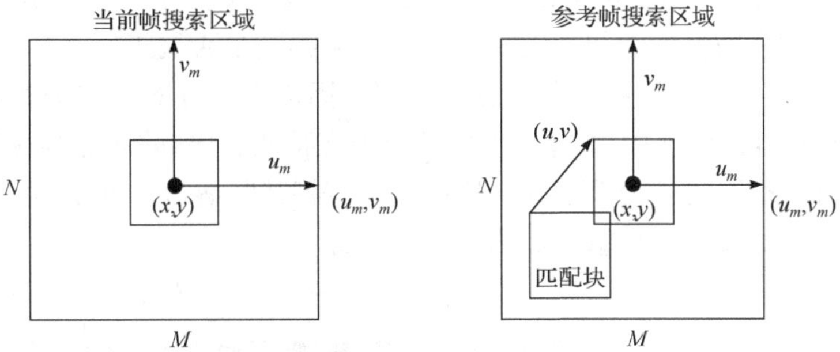

图 3-11　块匹配光流计算方法原理图

取当前帧图像内以 (x,y) 为中心的块，在参考帧图像中以 (x,y) 为中心进行块搜索，步长为 (u_m,v_m)，范围为 $(x-u_m,y-v_m)\sim(x+u_m,y+v_m)$。根据匹配准则计算所有块和当前块的相似程度，相似程度最高的块即为最佳匹配块，其中心点坐标与 (x,y) 的差即为此块中所有像素点的运动矢量。块匹配光流计算方法的优势在于算法简单，计算速度快；缺陷在于当发生遮挡时，图像中会存在匹配块漂移的问题。

与块匹配光流计算方法不同，点匹配光流计算方法是基于两帧图像之间局部不变特征点匹配获取的运动矢量场，主要研究集中在局部不变特征点提取算法和特征点局部不变特征描述上。由于图像中局部不变的特征点数量较少，因此计算较为简便；此外，特征点对位置的变化较为敏感，不容易受到光照、视角变化以及噪声变化的影响，因此点匹配光流计算方法可以提供一种局部的、稀疏的图像光流场。虽然该光流场丢失了部分图像的运动信息，但其较高的运算效率决定了其作为一种轻量级的算法更便于硬件实现。

上述两类特征匹配的光流场计算方法，均适用于光流辅助无人机导航控制领域。块匹配光流计算方法可以获取全局光流信息，虽然计算精度不如后者，但可以对运动场进行宏观估计，在视觉导航、避障等方面具有优势；点匹配光流计算方法获取的是图像局部精确的点位移信息，对无人机位姿估计、机载视频的运动目标检测、计算无人机相对位置等具有重要的意义。

3.4 无人机航拍弱小目标检测

3.4.1 问题定义

无人机航拍图像具有幅面大、场景多样和成像高度多变等特点，因而包含大量尺寸极其有限的目标。例如，在同一幅机场场景光学遥感图像中，飞机和车辆往往同时出现，而由于尺寸层面的天然差异，车辆目标往往仅占据几十个像素。遥感图像小目标检测，顾名思义，是专注于检测遥感图像中尺寸有限目标的一项基本视觉任务。迄今为止，学术界对于小目标检测中的尺寸并无明确且统一的定义，并且对于不同任务，其定义也往往不一致。具体说来，现有的光学遥感图像小目标检测数据集中往往采用面积定义。例如，SODA(small object detection dataset)中将面积≤1024 像素的实例视为小目标；SAR 图像与红外图像则常采用目标与图像的相对面积比来判断是否属于小目标。小目标检测作为通用目标检测的一项子任务，除了面临通用目标检测任务的一些固有问题(如类内差异、类间相似和精度速度折中)以外，小目标的内在特质和遥感图像的数据特性使得面向遥感图像的小目标检测任务变得更具挑战性。本节将其归纳为 3 个方面，即特征表示瓶颈、前背景混淆和回归分支敏感，如图 3-12 所示。

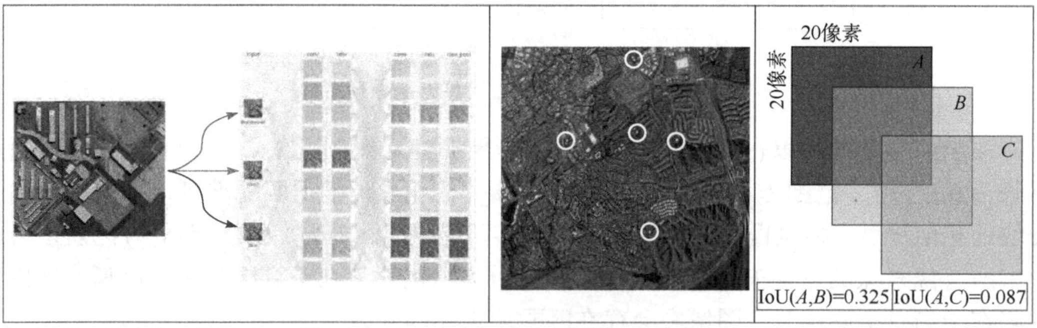

(a) 特征表示瓶颈　　(b) 前背景混淆　　(c) 回归分支敏感

图 3-12　无人机航拍弱小目标检测主要挑战

特征表示瓶颈：基于深度学习的目标检测算法依赖于主干网络获得的高维特征，即通过降低空间分辨率减少冗余，提升通道维度获得在高维空间可分的良好特征表示。这一范式已被证明在计算机视觉和自然语言处理等多个领域卓有成效。然而，具体到小目标检测任务，这种机制有着不可忽视的天然缺陷。如前所述，小目标区域较小，包含信息有限，因而经过主干网络的下采样操作之后，空间维度上信息损失较大。如图 3-12(a)所示，飞机和小车仅经过两个卷积层和池化层后，其特征响应就变得十分微弱。以 ResNet 为例，其主干网络的输出层相较原图的下采样倍数为 32，即目标在主干网络的输出特征图上仅占据 1 个像素点。凭借 1 个像素点所含信息进行后续的分类和回归任务，难度可想而知。与此同时，浅层特征虽然可以缓解空间信息损失，但对光照、亮度、噪声和形变等因素较为敏感，同样会干扰检测。因而，在避免深度网络造成信息损失的同时，保证良好的特征表达能力，是小目标检测面临的一个瓶颈问题。

前背景混淆：航拍图像往往幅面较大且覆盖区域广，因而场景内背景复杂问题突出。与此同时，小目标信息有限，尤其对于 SAR 图像和红外图像而言，由于缺乏色彩信息，目标成像仅具备结构和纹理特征，甚至只有点信息，很容易淹没在背景和噪声中。图 3-12(b)中油罐类目标(圆圈内)成像区域很小，极易淹没在复杂的背景中，由此带来的前背景混淆和漏检是小目标检测发展的一个关键挑战。

回归分支敏感：分类和回归是目标检测的两个基本任务，前者旨在识别目标类别，后者则使用边界框输出目标的位置信息，最终的性能指标使用真实标注框和预测框的交并比进行评估。然而，对于小目标而言，模型训练过程中预测框的轻微偏移都会带来 IoU 的剧烈波动。如图 3-12(c)所示，对于 1 个像素的目标而言，预测框对角线方向的偏移会使其与真实框的 IoU 急剧变化，6 个像素的偏移使 IoU 变为 32.5%，偏移量为 12 像素时，IoU 仅为 8.7%。回归分支的敏感性不仅影响着正负样本分配，也给网络的整体优化带来困难。

3.4.2　特征与空间对齐网络

基于深度学习的主流目标检测范式中，检测分支依靠主干网络输出的深度特征完成分类和回归。研究表明，深层特征图关注高层级的语义信息，浅层特征图则关注低层级的细节信息。高维表征对后续任务至关重要，但是深度增加导致的空间维度上的信息损失对小目标检测的弊病同样不可忽视。因此，研究者致力于融合不同阶段的特征图，以获得兼顾语义信息和细节信息的高效特征表示，从而在提升小目标检测精度的同时，保证其他尺度目标的检测准确率。Wu 等在 2022 年提出了特征与空间对齐网络(feature and spatial aligned network, FSANet)，该网络在邻接层特征图融合之前使用特征敏感的对齐模块对齐不同分辨率的特征，在光学遥感图像小目标检测任务上获得了可观的精度。

此外，人类的视觉系统在识别物体时可以利用周围环境或目标间的关系来辅助决策。同样，这种利用背景知识进行识别的模式也在视觉任务中大行其道。在光学遥感图像中，目标所在场景往往对识别目标本身是有益的，因此相关工作也将这一机制引入光学遥感图像小目标检测任务，利用背景信息弥合小目标区域有限的缺陷，促进小目标识别。例如，Ran 等在 2021 年结合多尺度上下文增强通道注意力(multiscale context and enhanced channel attention, MSCCA)设计了一种轻量级的检测模型，该模型通过融合多尺度的背景信息和增强的通道注意力来增强光学遥感图像中的小目标检测。

遥感图像往往尺寸较大，并且目标分布相比自然图像更为稀疏，采用一般的训练策略会带来不可忽视的时间与硬件资源开销，因此部分工作着重于设计适合遥感图像小目标检测的训练方式，提升模型对小目标的处理能力。一些工作在检测模型训练过程中的正负样本划分上做出了尝试。

接下来以特征与空间对齐网络为例进行讲解，分析其针对小目标检测做的改进。

该框架采用全卷积的单阶段目标检测器(FCOS)作为基线。FSANet 是一个无锚(anchor-free)的检测器，直接预测特征图上每个位置的对象类别和边界框。它由三个部分组成：用于特征提取的主干网络、用于特征融合的特征金字塔网络(feature prymid network, FPN)以及用于预测目标得分和位置的多个参数共享检测头。其选择由 ImageNet 预训练的 ResNet-50 作为主干网络，采用残差阶段 C3、C4、C5 构建水平为 P3、P4、P5 的特征金字塔。在此基础上，在 FPN 中嵌入了一个特征感知对齐模块(feature-aware alignment module, FA^{2}M)，它旨在捕获相邻阶段之间丰富的空间信息，并在聚合过程中对齐上下文特征。在检测阶段，开发了空间感知头(spatial-aware guidance head, SAGH)，它预测粗边界框并估计对应于特征图上所有位置的卷积偏移。最后，回归分支生成框偏移来更新最初预测的边界框，分类分支预测对象得分和中心度。

以往的基于 FPN 进行特征融合的方法只是简单地使用标准的最近邻采样或双线性插值来对空间进行上采样，而不考虑特征之间空间位置的语义对齐标准，这导致在将语义上的高级特征变换到低级特征时出现特征错位的问题。特别是对于微小的物体，随着网络的加深，位置信息会迅速下降，更多的空间信息需要从低分辨率恢复到高分辨率。为了缓解该问题，提出了特征感知对齐模块来学习隐式像素空间转换信息和对齐不同分辨率的特征。

FA^{2}M 包括两个主要的步骤：①编码像素-空间信息，并生成对应位置偏移流；②自适应地重新采样和对齐特征。第一步，给定来自主干网络的两个特征图 $F_l \in \mathbb{R}^{C_l \times H_l \times W_l}$ 和 $F_{l-1} \in \mathbb{R}^{C_{l-1} \times H_{l-1} \times W_{l-1}}$ 并将其作为输入，首先利用两个 1×1 卷积将通道维度压缩到相同大小，然后通过标准的双线性插值，对低分辨率特征上采样 2 倍以对齐大小，并将其与高分辨率特征连接起来。连接后的特征表示为 F_{cat}，公式如下：

$$F_{\text{cat}} = \text{Cat}\left(\text{Conv}_{1\times1}\left(F_{l-1}\right), \text{UP}\left(\text{Conv}_{1\times1}\left(F_l\right)\right)\right) \tag{3-22}$$

考虑 F_{cat} 包含丰富的像素上下文信息，我们设计了一个轻量级的偏移子网 φ 以生成相应的二维变换偏移流。首先创建一个跟 F_{cat} 同样大小的参考域(reference field) $p_r \in \mathbb{R}^{2 \times H_{l-1} \times W_{l-1}}$，然后利用子网络 φ 计算参考域上每个位置的变换偏移量。数学上，这个过程定义如下：

$$O = p_r + \varphi(F_{\text{cat}}) \tag{3-23}$$

其中，$O=\left(O_h,O_m\right)^{\mathrm{T}}\in\mathbb{R}^{2\times H_{l-1}\times W_{l-1}}$ 表示输出偏移流，显示相邻特征层之间的语义修改方向。对于子网的实现，采用一个内核大小为 3×3 的深度卷积来捕获每个采样位置周围的局部空间信息，并将其通过一个逐点卷积来生成二维偏移场。第二步，应用可微双线性插值对偏移流 O 引导的高级特征进行重采样，即分别在宽和高两个方向进行线性采样，公式如下：

$$M_l^{i,j}=\sum_{i=1}^{H_l}\sum_{j=1}^{W_l}F_l^{i,j}\times\max\left(0,1-\left|O_h-i\right|\right)\times\max\left(0,1-\left|O_w-j\right|\right) \tag{3-24}$$

其中，(i,j)表示 F_l 上的每个位置；$M_l^{i,j}$ 表示对应(h,w)位置的对齐输出值。然后，通过元素加法将对齐的特征 M_l 与高分辨率特征 F_{l-1} 聚合在一起。基于上述步骤，FA^{2}M 学习了一个可靠的偏移流来表示相邻特征层之间的语义迁移趋势，从而缓解了融合过程中的语义间隙问题，使微小对象的特征更具区分性。此外，将 FA^{2}M 嵌入 FPN 中，以构建更坚固的结构。FPN 融合后的特征图将输入检测子网中。如前所述，小目标检测的另一个具有挑战性的问题是位置灵敏度，其中位置的轻微移动会导致 IoU 评分发生显著变化。然而，传统的检测器没有考虑小目标的特性，有以下缺点。一方面，它们使用标准卷积来构建共享层或并行的全卷积分支以提取特征并预测分类概率和定位结果，忽略了使特征适应于特定形状的物体并导致检测性能不佳。另一方面，对于小目标，基于锚点的检测器采用基于 IoU 的分配规则，面临前景和背景的极端不平衡导致网络的训练和收敛困难。为了解决这些问题，作者提出了空间感知头(spatial-aware guidance head, SAGH)，其利用物体的几何信息动态调整卷积特征，并以粗到细的方式更新边界框回归结果；此外，SAGH 基于无锚范式构建，避免了锚框上的操作，并以逐像素的方式预测结果。具体内容将在以下部分介绍。

(1) 渐进式预测(progressive predictor)：渐进式学习算法是一种用于网络优化的有效策略，因此将其整合到网络设计中。以回归分支为例，SAGH 通过多阶段迭代优化预测，提高了定位精度；根据 FCOS 回归子网在特征映射的每个空间位置输出一个四维边界框向量(l,t,r,b)来描述预测的边界框的形状，编码了从位置到边界框四条边(即左、上、右和下)的距离。在初始阶段，SAGH 首先通过 3 层堆叠的 3×3 卷积预测粗边界框向量 $\boldsymbol{V}_p^i=\left(l_p^i,t_p^i,r_p^i,b_p^i\right)$。在细化阶段，其提出了精心设计的形状引导可变形卷积来优化先前的预测，即在每个位置生成相应的边界框偏移向量 $\Delta\boldsymbol{V}=\left(\Delta l,\Delta t,\Delta r,\Delta b\right)$；然后，在目标定位损失的驱动下，网络学习更新自己的参数，得到更精确的结果。数学上，精细化的边界框回归向量 $\boldsymbol{V}_p^{\mathrm{re}}$ 可以写成

$$\boldsymbol{V}_p^{\mathrm{re}}=\left(l_p^i+\Delta l,t_p^i+\Delta t,r_p^i+\Delta r,b_p^i+\Delta b\right) \tag{3-25}$$

普通卷积核使用规则网格在特征映射上采样和计算特征，但它不足以模拟几何变换，因此引入 SG-DCN，以网络在每个位置预测的形状为指导，增强特征的表示能力。标准的卷积运算表示如下：

$$y(p)=\sum_{p_k \in R} \omega(p_k)\cdot x(p+p_k) \tag{3-26}$$

其中，x 和 y 分别表示输入和输出特征映射；ω 表示求和的计算权值；p 表示采样位置；R 表示规则网格，对于核为 3×3、空洞系数为 1 的卷积，其实例化为 $\{(-1,-1),(-1,0),\cdots,(1,1)\}$。特别地，使用可学习偏移量 Δp_k 将规则网格变形为不规则形状，该不规则形状使用 1×1 卷积层从每个位置的预测边界框转换而来。这样，卷积可以根据估计的形状信息灵活地调整接收野，进一步提高解码定位的能力。形状指导的可变形卷积表达式如下：

$$y(p)=\sum_{p_k \in R} \omega(p_k)\cdot x(p+p_k+\Delta p_k) \tag{3-27}$$

其中，$\Delta p_k=\{(x_k,y_k)|k=1,2,\cdots,9\}$。与使用自己的特征来学习每个采样位置的卷积偏移的原始可变形卷积相比，本节所用的 SG-DCN 在严格的监督下直接使用预测的粗边界框作为参考，后者使用自己的特征来学习每个采样位置的卷积偏移量。换句话说，本节生成的卷积偏移量是从几何信息映射的，允许更准确的预测并促进网络的收敛。

(2) 高斯中心(Gaussian centerness)：根据 FCOS，设计了一个额外的中心(centerness)分支，该分支与分类分支并行，用于抑制低质量检测，如图 3-13(a)所示。中心代表目标的空间分布，由当前位置到目标中心的归一化距离来测量。给定预测位置的回归目标 (l^*,t^*,r^*,b^*)，FCOS 中使用的中心(cross-star centerness, C.C.)定义如下：

$$\text{C.C.}^*=\sqrt{\frac{\min(l^*,r^*)}{\max(l^*,r^*)}\times\frac{\min(t^*,b^*)}{\max(t^*,b^*)}} \tag{3-28}$$

权重分布如图 3-13 所示，颜色越亮表示权重越高。

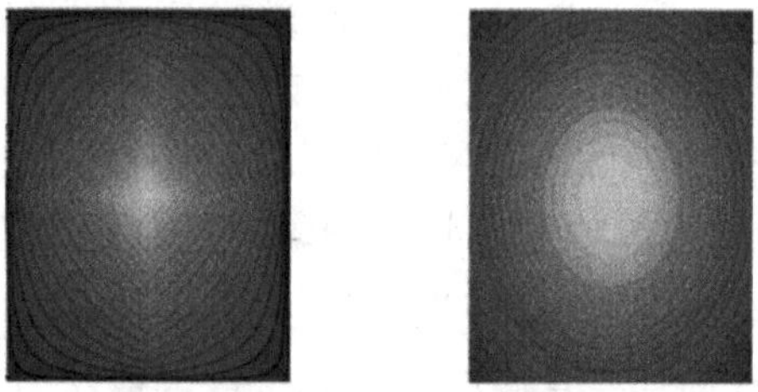

(a) FCOS方法中使用的中心　　(b) 改进的高斯中心

图 3-13　不同形式的中心

然而，我们发现 C.C.沿中轴线对称分布(即水平和垂直)，并且当位置远离中轴线时，权重迅速下降。这种分布集中在 cross-star 位置上，与实际情况不相符，因此提出高斯中心来缓解上述问题。具体来说，利用高斯核计算归一化欧氏距离，表示如下：

$$\text{G.C.}^*=\exp\left(-\left(\left(\frac{l^*-r^*}{l^*+r^*}\right)^2+\left(\frac{l^*-r^*}{l^*+r^*}\right)^2\right)\right) \tag{3-29}$$

如图 3-13(b)所示，分布从物体的中心向外扩散，高权重点集中在中心区域，这与 C.C.

不同。此外，损失在训练过程中稳步下降，在实验中取得了更好的收敛性能。

3.5　无人机目标实例分割方法

无人机技术的迅猛发展使其在多个领域中展现出巨大的潜力，包括但不限于环境监测、精准农业、城市规划、交通管理、灾害响应以及军事侦察等。作为一种能够提供灵活、低成本、高效的空中观察手段，无人机不仅能够获取大量高分辨率的图像和视频数据，还能够通过搭载先进的感知系统对周围环境进行自动化分析。在这种背景下，高效且精确地从无人机捕获的图像中提取有用信息，成为无人机自主化和智能化研究的关键课题。

在无人机感知任务中，传统的计算机视觉技术如目标检测和语义分割，已经能够有效识别图像中的物体或对物体进行分类。然而，随着应用场景的日益复杂化，任务的精细化需求也逐步增加。例如，在灾害响应任务中，无人机可能需要精确分割出被毁坏的建筑物；在农业应用中，则需要将不同种类的作物与杂草分离出来；在交通监控中，还须区分不同类型的车辆并为每辆车单独分配像素标签。这些应用场景下，对图像中不同个体的精确识别与分割成为至关重要的问题。

为了解决这一问题，实例分割(instance segmentation, IS)技术应运而生。实例分割不仅结合了目标检测和语义分割的优势，还能够在像素级别区分同类物体的不同实例。这种能力使得实例分割技术在需要高精度、多目标识别的任务中展现出巨大价值，尤其是在无人机感知应用中，它能够为无人机提供更为精细和全面的环境理解。

近年来，深度学习的快速进步，特别是卷积神经网络和 Transformer 等先进网络结构的引入，为实例分割技术的发展注入了强大动力。Mask R-CNN 作为基于卷积神经网络的经典实例分割方法，首次将目标检测与像素级分割完美结合，使得这一任务的精度得到了显著提升。与此同时，随着 Transformer 在视觉任务中的应用逐渐普及，新的基于查询的实例分割方法(如 Mask2Former)展现出了更高的效率和灵活性。

然而，尽管实例分割技术在理论上取得了显著进展，但其在无人机实际应用中仍然面临着一系列挑战。无人机飞行环境的多变性和复杂性，常常导致图像中出现物体的部分遮挡、视角的剧烈变化以及目标的尺度差异，这些因素给实例分割方法带来了更高的鲁棒性要求。此外，实时性也是无人机任务中的关键要求之一，现有的实例分割方法由于计算复杂度较高，往往难以满足无人机的实时处理需求，因此在保证分割精度的前提下提高算法的效率，成为当前实例分割研究的热点问题。

本节旨在对无人机感知任务中的实例分割技术进行全面探讨。首先，将对实例分割的基础概念、关键任务以及当前面临的主要挑战进行系统性总结。接着，将详细介绍近年来深度学习方法在实例分割中的应用，特别是基于卷积神经网络和 Transformer 的经典和前沿技术。最后，将结合实际应用场景，分析实例分割技术在无人机任务中的应用前景，并展望未来研究的方向。通过这一系统的讨论，希望能够为无人机领域的研究者提供清晰的理论指导，同时为实例分割技术的实际应用提供借鉴与参考。

3.5.1 实例分割基础

实例分割是计算机视觉中的一项核心任务，其目标是对图像中的每个物体实例进行精确的像素级别的分割。与目标检测和语义分割相比，实例分割可以视为两者的结合体：不仅需要识别出图像中的所有物体，还要对每个物体进行像素级别的分割，确保每个像素属于正确的物体实例。

目标检测的任务是识别图像中所有的目标物体，并为每个目标生成一个边界框，从而确定物体的大致位置和类别。然而，目标检测无法细致到物体的轮廓和形状，而仅提供矩形框的粗略位置信息。

语义分割则要求对图像中的每一个像素进行分类，即为每个像素分配一个类别标签(如“汽车”、“人”或“背景”)。语义分割的目标是确定哪些像素属于同一类，但它并不区分同一类别中不同的个体。例如，同一图像中两辆汽车在语义分割的结果中会被视为同一类物体，无法对它们分别标记。

与以上两者不同，实例分割不仅需要识别出每一个物体的类别，还要区分出图像中每个单独的物体实例。这意味着实例分割不仅要标记出每个像素的类别，还要在同类物体中区分不同的个体。这样一来，每个物体实例的轮廓和区域都能精确地分割出来。这使得实例分割可以为场景理解提供更细粒度的信息，在无人机感知、自动驾驶、医疗影像分析等领域中具有广泛的应用价值。

3.5.2 实例分割技术挑战

尽管实例分割的目标清晰明确，但在实现这一任务时存在诸多技术挑战，尤其在无人机感知领域，由于无人机的高动态性和复杂的工作环境，挑战尤为突出。以下是实例分割中面临的几大主要挑战。

(1) 小目标与遮挡处理：无人机拍摄的图像常常包含大量的小目标，如远处的车辆、行人、树木等。由于这些目标在图像中占据的像素较少，传统的实例分割方法可能无法精确地检测并分割出这些小目标。此外，遮挡问题也是实例分割中的一大难点。物体之间的相互遮挡、复杂的背景或重叠的物体实例都会干扰算法对目标的准确识别和分割。例如，在交通监控场景中，一辆车可能部分遮挡住另一辆车，这要求算法能够在复杂的场景下仍然保持对每个物体实例的精确分割。

(2) 计算复杂度与实时性要求：高精度的实例分割方法往往需要处理大量的计算和数据，尤其是在处理高分辨率图像时，这种计算需求更加显著。无人机通常需要在飞行过程中实时处理拍摄的图像并做出相应的决策，这意味着实例分割方法必须具备较高的处理速度，以满足实时应用的需求。然而，许多现有的实例分割方法在处理复杂场景时，其计算量往往超出无人机的处理能力，这给算法的应用带来了挑战。

(3) 环境适应性：无人机的工作环境通常是动态且多变的。例如，无人机可能会在不同的天气条件、光照条件以及视角下进行图像采集。这些变化会对实例分割方法的鲁棒性和适应性提出较高的要求。传统的实例分割模型在这些多变的环境中可能表现不佳，算法需要具备较强的泛化能力，能够在不同环境中保持较好的分割精度。

(4) 数据标注与迁移学习：实例分割任务需要大量标注数据进行训练，尤其是像素级别的标注，标注过程费时费力且成本高昂。无人机的应用场景往往需要不同领域的数据(如交通监控、农业监测、环境评估等)，而这些场景下的标注数据不一定充足或具备通用性。此外，不同场景下的数据分布可能存在差异，利用有限的标注数据进行有效的模型训练成为一大难题。因此，迁移学习和自监督学习等技术逐渐受到关注，通过将模型从一个领域迁移到另一个领域，可以在减少标注需求的同时提升模型的适应能力。

无人机感知中的实例分割任务作为计算机视觉的复杂应用场景，融合了深度学习、图像处理以及目标检测等多个领域的前沿技术。为了实现高精度、鲁棒且高效的实例分割，在无人机感知场景中需要结合特定的算法设计、优化策略和硬件加速等多方面的技术支持。以下将详细探讨无人机感知中实例分割的几项关键技术。

3.5.3　基于卷积神经网络的实例分割模型

卷积神经网络作为图像处理领域的核心技术，广泛应用于实例分割任务中。CNN 的多层卷积结构能够从图像中提取不同层次的特征，进而实现目标的检测和分割。在无人机感知场景下，使用基于 CNN 的实例分割模型是提升分割精度的关键。

Mask R-CNN 是目前实例分割任务中最具代表性且应用广泛的模型之一。它是在 Faster R-CNN(用于目标检测的经典框架)基础上发展而来的，通过在检测网络上额外增加一个分割分支来完成实例分割任务。Mask R-CNN 的整体结构包括三个主要部分：特征提取网络(通常使用 ResNet 或 ResNeXt 等深度卷积网络)、候选区域网络和掩码预测分支。具体框架如图 3-14 所示，描述如下。

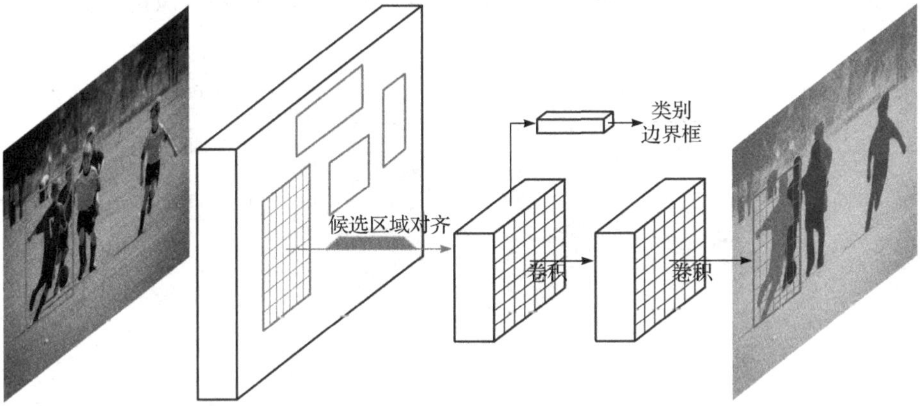

图 3-14　用于实例分割的 Mask R-CNN 模型框架图

(1) 特征提取与区域提议：在 Mask R-CNN 中，首先通过特征提取网络对输入图像进行特征提取，生成特征图。随后，候选区域网络对特征图进行处理，生成一系列候选区域，这些候选区域可能包含感兴趣的物体。

(2) 分类与边界框回归：候选区域经过对齐处理后，通过一个并行的分支进行目标分类和边界框回归，从而确定每个目标的类别和其对应的边界框位置。

(3) 实例分割掩码生成：最后的掩码分支专门为每个区域生成二进制分割掩码，即在像素级别上区分物体实例的前景和背景。通过该掩码分支，Mask R-CNN 能够生成每个物体的分割掩码，实现实例级的精确分割。

Mask R-CNN 的优势在于其能够有效完成目标检测和实例分割任务，且其框架结构清晰，易于扩展和改进。在无人机感知中，Mask R-CNN 广泛应用于交通监控、环境监测等场景中，能够完成高动态场景下的多目标分割任务。

3.5.4 基于 FPN 的多尺度特征融合

无人机飞行时常会遇到不同尺度的物体。例如，高空俯瞰时，地面上的车辆、行人可能呈现为小尺寸目标。因此，在不同尺度下进行目标检测和分割，是无人机实例分割任务中的一个关键问题。基于特征金字塔网络的多尺度特征融合技术为解决该问题提供了有效的解决方案。具体框架如图 3-15 所示，描述如下。

(1) 自底至上的路径(bottom-top pathway)：如图 3-15 左半部分所示，自底至上的路径指特征提取网络自底至上逐层传递和整合特征的过程。其中，底层对应特征提取网络中的浅层，该部分包含较浅层次的图片信息特征，如边缘等；较高的层则反映较深层次的图片信息特征，如物体轮廓、类别等。

(2) 自顶向下的路径(top-down pathway)和横向连接(lateral connections)：如图 3-15 右半部分所示，自顶向下的路径是指从网络结构的最高层(深层)开始，逐步向低层(浅层)传递和融合特征的过程。其中，引入了横向连接，如图 3-15 放大部分所示，将上采样得到的特征图与来自自底至上路径的相应层次的特征图进行融合。这一过程的目的是在保留高层次语义信息的同时，恢复低层次的空间细节，从而构建出多尺度的特征金字塔。

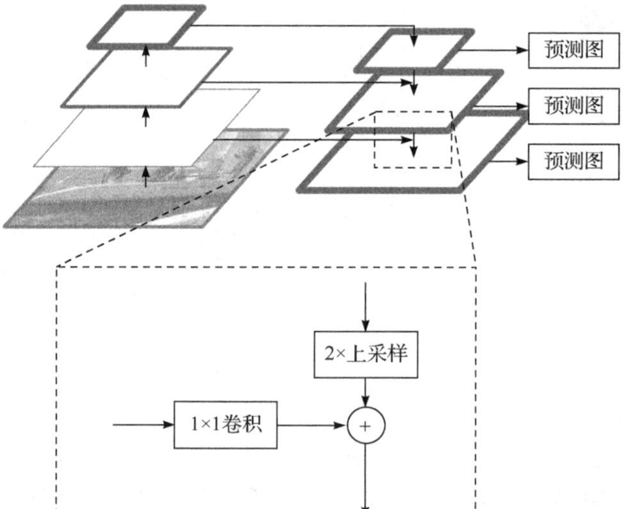

图 3-15 特征金字塔网络的模型框架图

FPN 通过在深层卷积网络的基础上构建一个自上而下的特征金字塔结构，能够有效融合不同层次的特征信息，生成多尺度的特征表示。通过这种多尺度特征融合，模型能够同时处理大尺寸和小尺寸目标，在无人机感知中对不同距离和视角下的物体都能保持良好的分割效果。

3.5.5 基于注意力机制的实例分割方法

随着深度学习的发展，注意力机制(attention mechanism)以及 Transformer 架构在自然语言处理和计算机视觉中取得了显著的进展。它们能够在复杂的场景中有效捕捉全局依赖关系，尤其在无人机感知中，这些技术有助于提升实例分割的准确性和鲁棒性。

自注意力机制通过计算不同特征之间的依赖关系，使得模型能够在全局范围内更好地捕捉图像中的关键信息。相比于传统的卷积操作仅能关注局部区域，自注意力机制可以在大范围内进行信息交互，因此在处理复杂场景(如无人机拍摄的图像)时，自注意力机制能够显著提升模型对长距离依赖关系的感知能力。在实例分割任务中，自注意力机制可以用于生成更加精准的物体边界和形状信息。例如，CBAM(convolutional block attention module)通过结合空间注意力和通道注意力，使模型能够更好地关注目标物体的关键区域和重要特征，从而提升实例分割的质量。

Vision Transformer(ViT)作为 Transformer 架构在视觉任务中的应用，已经展现出其在图像分类、目标检测、实例分割等任务上的潜力。与传统的卷积神经网络不同，Transformer 通过全局的自注意力机制来建模图像中的上下文信息。

在实例分割任务中，基于 Transformer 的模型(如 DETR)引入了端到端的目标检测和分割框架，它不再依赖于候选区域网络或锚框机制，而是通过 Transformer 直接生成目标的位置信息和分割掩码。DETR 的优势在于其简化了目标检测与分割的流程，同时通过全局自注意力机制提高了对复杂场景中物体的捕捉能力，尤其适用于无人机等场景多变、视角复杂的任务。

Mask2Former 是 Cheng 等在 2021 年提出的，它采用 Transformer 架构来实现实例分割。与传统的基于卷积神经网络的方法不同，Mask2Former 通过可学习的查询向量来直接生成分割掩模，实现了端到端的实例分割流程。

Mask2Former 将实例分割问题转化为序列到序列的预测问题。它首先通过主干网络提取图像特征，然后生成一系列可学习的查询向量。这些查询向量在 Transformer 解码器中与图像特征进行交互，并逐步更新以生成精确的分割掩模。其框架如图 3-16 所示，关键技术描述如下。

(1) Transformer 解码器：Mask2Former 的核心是 Transformer 解码器，它接收可学习的查询向量作为输入，并通过自注意力机制和交叉注意力机制与图像特征进行交互。在解码过程中，查询向量逐渐学习到目标对象的特征，并最终生成对应的分割掩模。

(2) 掩码注意力机制：为了限制每个查询向量的注意力范围，Mask2Former 引入了掩码注意力机制。如图 3-16 右半部分所示，在每个解码层中，只有查询向量对应的预测掩模区域内的图像特征会用于更新该查询向量。这种机制有助于模型更专注于目标对象本身，减少背景信息的干扰。

(3) 像素解码器：为了提供丰富的上下文信息，Mask2Former 还引入了像素解码器来增强图像特征。像素解码器通常采用卷积神经网络构建，用于融合多尺度特征并生成高分辨率的特征图供 Transformer 解码器使用。

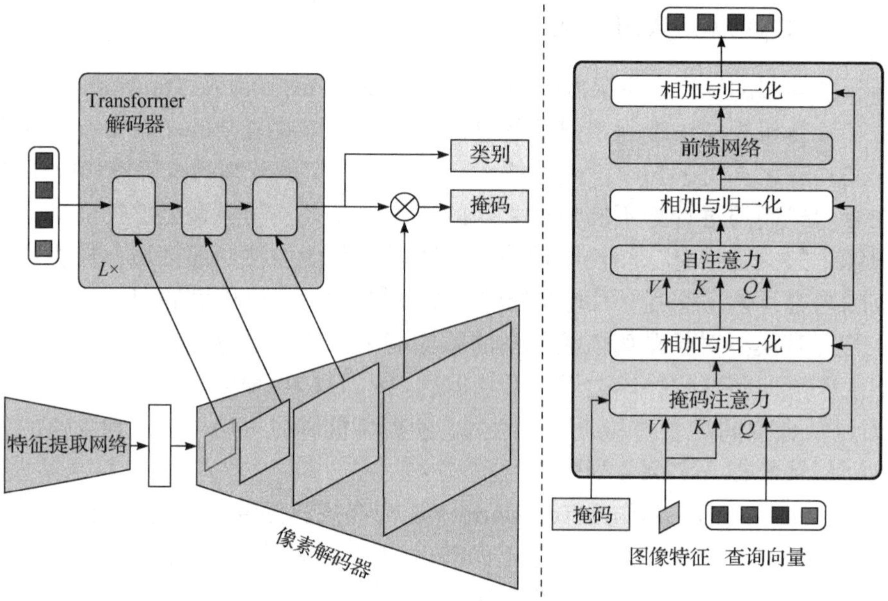

图 3-16 Mask2Former 模型框架图

FastInst 是 He 等在 2023 年提出的，旨在解决实时实例分割问题。它基于 Mask2Former 的架构进行了优化和改进，通过引入实例激活引导的查询、双路径更新策略和真实掩模引导学习等技术来提高模型的速度和精度。FastInst 的核心思想是通过优化查询向量的生成和更新过程来提高模型的推理速度，同时保持分割精度。它利用实例激活信息来引导查询向量的生成，并通过双路径更新策略来加速查询向量和像素特征的融合过程。其模型框架如图 3-17 所示，关键技术描述如下。

(1) 实例激活引导的查询：如图 3-17 左半部分所示，与随机初始化或可学习的查询向量不同，FastInst 通过实例激活信息来选取具有高语义信息的像素嵌入作为初始查询向量。这些初始查询向量包含丰富的目标对象信息，有助于减少 Transformer 解码器的迭代次数和计算量。

(2) 双路径更新策略：如图 3-17 右半部分所示，在 Transformer 解码器中 FastInst 采用一种双路径更新策略，其中查询向量和像素特征交替更新。这种策略增强了像素特征的表示能力并加速了查询向量的收敛过程，减少了对解码器层数的依赖。

(3) 真实掩模引导学习：为了解决掩码注意力机制可能导致的次优查询更新问题，FastInst 引入了真实掩模引导学习技术。在训练过程中，它使用最后一层的真实掩模来替换预测掩模并重新前向传播给 Transformer 解码器层以提供更准确的监督信号。

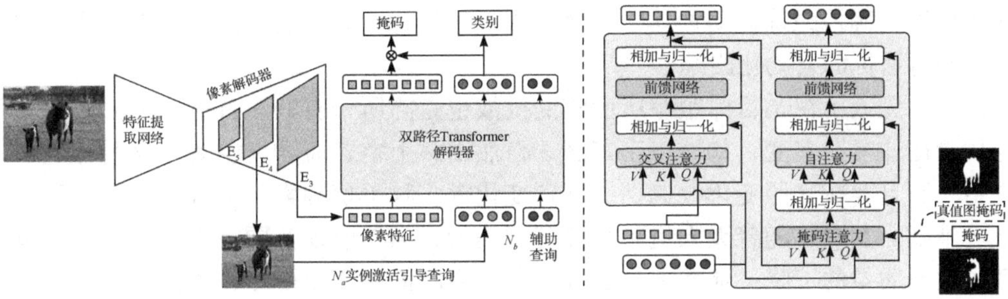

图 3-17　FastInst 模型框架图

FastInst 以其高效的推理速度和准确的分割性能在实时实例分割任务中展现了巨大的潜力。在无人机感知领域，它可以应用于实时监测和识别飞行途中的目标对象(如行人、车辆等)，从而为无人机的自主避障和路径规划提供支持。同时，FastInst 的轻量化设计也使其适合部署在资源受限的无人机平台上。

随着无人机技术的快速发展，实例分割技术在无人机感知中的应用展现出广泛而深远的潜力。通过实例分割技术，无人机能够在复杂的环境中对不同类别的目标进行精准识别和分割，实现像素级的感知精度。这种技术在智能交通监控、环境保护、精准农业、灾害管理、安全监控等多个领域展现了其独特的优势，为自动化决策、智能监控和实时响应提供了关键的数据支持。

尽管实例分割技术在无人机感知中取得了显著进展，但仍面临诸多挑战，如实时处理、低功耗计算、多样化场景适应性等问题。未来，随着深度学习算法的进一步优化和硬件计算能力的不断提升，实例分割技术在无人机中的应用将更加广泛和成熟，为各个行业带来更加智能和高效的解决方案。

总体来说，实例分割技术在无人机感知中的应用前景广阔，不仅能够推动无人机感知能力的提升，还将引领各行各业的智能化和自动化变革。

3.6　目标跟踪介绍

步入 21 世纪，随着科学技术的飞速进步与智能化技术的蓬勃发展，集传感技术、自动控制技术、人工智能算法等先进技术于一身的无人机也在飞速的发展与更新换代，逐渐从专业应用领域向更广阔的民用及军事领域渗透。小巧灵活、部署迅速、视野开阔且能够执行复杂任务的独特优势，使无人机在如环境监测、灾害救援、农业植保、交通监控以及军事侦察等多个方面展现出了巨大的应用潜力和价值。特别是在搜索侦察任务中，无人机凭借其高空视角和快速响应能力，成为执行目标跟踪任务的首选工具。目标跟踪作为搜索侦察过程中的核心环节，要求系统能够准确、实时地锁定并持续跟踪移动中的目标对象，无论这些目标是车辆、行人还是其他复杂场景中的动态实体，因此使用无人机对目标进行精确追踪成为近年来非常热门的研究方向。利用无人机上的传感器、摄像头等设备，无人机可以获取目标的位置、速度、方向等信息；同时通过实时监测和定位，无人机可以精确地跟踪运动物体、车辆、人员等目标，并对目标的运动轨迹进行预测，从而实现对目标的自动化跟踪。

然而，无人机视觉目标跟踪所面临的挑战也是前所未有的。首先，无人机视觉目标跟踪场景往往复杂多变，如城市密集区、自然山林上空、海洋上空等。这些环境不仅背景复杂，而且存在光照变化、遮挡、视角变化等多种干扰因素，极大地增加了目标特征提取的难度。其次，随着无人机飞行高度的增加，虽然监视范围得以扩大，但这也直接导致了成像质量的下降。地面上的目标对象会在画面中变得微小、模糊，其独特的纹理特征和细节信息变得难以捕捉。这不仅增加了特征提取的难度，还使无人机难以对目标进行跟踪。除此之外，运动目标本身也呈现出高度的多变性，尤其是在速度变化、方向改变、形态变形等方面。这些动态特性要求跟踪系统必须具备高度的灵活性和鲁棒性，以应对各种不可预测的情况。最后，从硬件资源的角度看，无人机作为一种轻量型的飞行器，受限于其便携性和续航能力的需求，往往只能搭载有限的计算资源。这使得其难以支撑过于复杂或计算密集型的跟踪算法。

因此，有效提取目标的显著特征，并在此基础上构建简洁稳定可靠的跟踪模型，成为提升无人机视觉目标跟踪性能的关键。这不仅需要深入研究图像处理、机器学习、深度学习等前沿技术，还需要不断优化算法设计，提高计算效率，以确保在复杂多变的实际环境中，无人机能够准确、快速地完成目标跟踪任务，为后续的决策支持提供有力保障。目前，计算机视觉和机器学习领域已经出现了许多先进的目标检测和跟踪算法，这些算法可以在无人机上实时运行，实现对目标的快速、准确检测与跟踪。

无人机视觉目标跟踪作为计算机视觉领域的一项核心研究课题，专注于在视频序列的连续帧中追踪和定位某一特定帧中已明确标识的感兴趣物体。这一过程不仅要求精确捕捉目标的空间位置变化，还需对目标外观特征(如形状、颜色等)进行持续性监测。当前，无人机单目标跟踪(single object tracking, SOT)需要解决三个方面的核心问题：无人机如何找到并定位目标、无人机如何对目标特征进行提取、无人机如何在后续帧中对目标进行持续跟踪。

(1) 找到：无人机如何找到并定位目标?

假设无人机在上一帧中已经成功找到目标，那么如何在后续帧中进行持续跟踪呢?考虑无人机目标跟踪的特定高空环境和条件，无人机通常利用一个基本原则：在同一视频序列中，相同物体在相邻帧间的尺寸和位置变化通常是微小的且可预测的。举个简单的例子，假设地面上的人上一帧是在广场中心，那么下一帧地面上的人一定不会在公交车里。基于这一逻辑，可以优化搜索过程，通过在预期区域内生成一系列候选位置(即候选框)，来缩小搜索范围。这一过程即为目标跟踪任务中的一个关键环节——候选框生成。通过聚焦于更有可能包含目标的区域，无人机能够更高效地在当前帧中定位目标的位置。

候选框生成的基本方法为：前一帧(即第 n 帧)中预测得到的目标位置作为输入进入模型，随后模型基于这一输入信息，输出当前帧(即第 n+1 帧)中一系列可能的候选框。这些候选框不仅考虑了目标可能的位置变化，还涵盖了尺度(大小)的变化以及可能的旋转情况。这样的设计旨在全面覆盖目标在连续帧间可能发生的各种变化，从而提高跟踪系统的准确性和鲁棒性。经典的候选框生成算法有概率采样、滑动窗口、循环移位等。

(2) 感兴趣区域：无人机如何对目标特征进行提取？

在无人机目标跟踪的情境中，目标之所以能被识别，是因为其具备一系列独有的特征，如高度、长度、颜色、形状等。在人脑中，这些特征被高度抽象，能够迅速将目标与其他物体区分开来。对于无人机而言，如果目标缺乏明确的特征，那么目标会与图像中的背景或其他任何物体并无本质区别，因此为了使无人机能够准确地跟踪目标，首先需要解决的是如何有效地表达或提取这些特征，即特征表达、提取。这一过程是无人机目标跟踪中的核心环节之一，它要求无人机从拍摄到的图像中提取出能够代表目标物体独特性的信息，从而在复杂的图像数据中识别并锁定目标对象，以便后续进行匹配和跟踪。

在无人机目标跟踪领域，颜色特征、纹理特征、形状特征、HOG(方向梯度直方图)特征等通常被无人机提取表达以进行后续跟踪。颜色特征具有旋转不变性，且不受目标大小和形状变化的影响。纹理特征则描述了目标表面的纹理信息，如粗糙度、方向性等。与颜色特征相比，纹理特征在目标形状和大小发生变化时仍能保持较好的稳定性。形状特征描述了目标的几何形状信息，如轮廓、边缘等，可以用于进一步确认目标身份，并在目标发生部分遮挡时提供有用的信息。HOG 特征是无人机目标跟踪领域最常用的特征。随着深度学习技术的发展，卷积神经网络等深度学习模型广泛应用于目标特征提取中。这些模型能够从大量数据中自动学习目标的特征表示，并具有较高的识别准确率和鲁棒性。

(3) 匹配：无人机如何在后续帧中对目标进行持续跟踪？

在无人机后续跟踪目标时，有效利用前一帧中的信息来在当前帧中精准地鉴别出目标对象是需要解决的核心问题。这不仅要求在每一帧中都能独立地完成目标跟踪，更强调对连续帧间上下文关系的深刻理解和利用。直观而言，解决问题的策略显得直接而明确：在当前帧中寻找与前一帧跟踪结果最为相似的物体。这就需要做出正确的决策制定。作为跟踪流程中的核心环节，决策制定不仅是最受研究人员关注的方面，也是决定跟踪性能高低的关键因素。具体而言，决策制定主要聚焦于匹配问题的解决，即在当前帧的众多候选对象中，通过比较它们与前一帧跟踪结果的相似度，选出最为匹配的物体作为当前帧的跟踪结果。这一过程不仅考验算法对目标特征的精准捕捉能力，也要求算法具备高效、准确的匹配策略。

3.7　无人机单目标跟踪

无人机单目标跟踪是指无人机在复杂环境中，通过搭载的摄像头、红外传感器、雷达等传感器设备对单一目标进行持续识别和跟踪的过程。

早在 2001 年，Kumar 等提出了集成式空中视频监控系统(AVS)[8]，该系统作为国际上首个使用的无人机对地目标检测跟踪系统并成功部署，采用了运动补偿、运动目标提取以及轨迹关联与跟踪等技术方法。该系统将航拍视频分离为与场景相对应的三个自然组件，分别是静态背景几何图形、移动对象以及场景的静态和动态组件。为了将视频划分为这些场景组件，采用实时图像处理技术，用于2D/3D帧到帧对齐、变化检测、摄像机控制以及在杂乱场景中跟踪独立移动的物体。视频和跟踪对象的地理位置是通过将视频配准到受控参考影像、高程图和场地模型来估计的。最后，可以构建静态、动态和重新投影的图像，用于压缩、增强可视化和映射应用。早期无人机对地目标检测跟踪如图3-18所示。

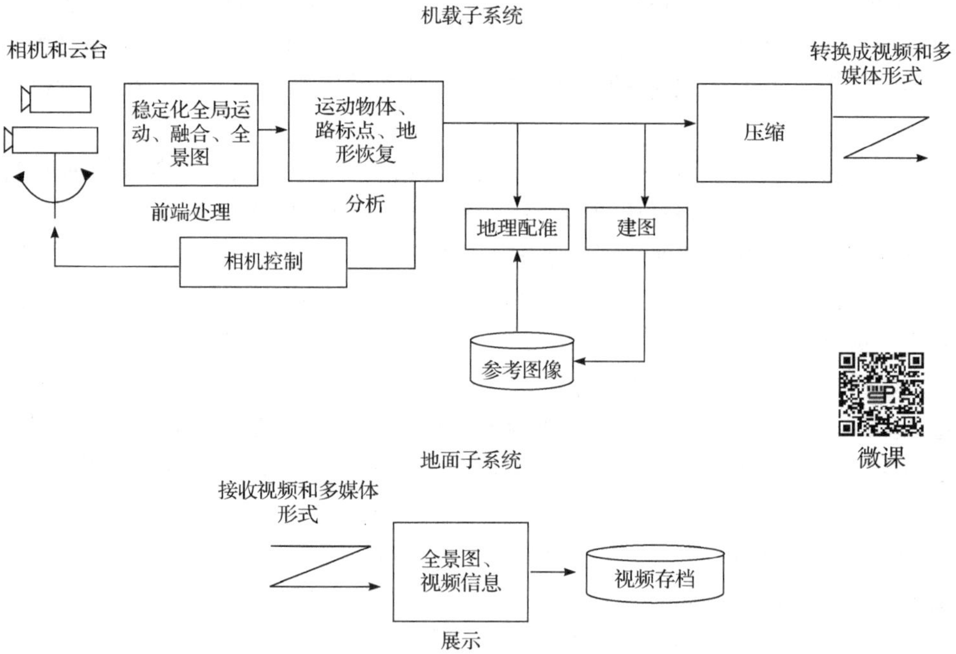

微课

图 3-18　早期无人机对地目标检测跟踪

近年来，国内外也对无人机单目标跟踪进行了许多研究。2013年，Kim及其团队提出了一种基于视觉的四旋翼飞行器目标跟踪系统[9]。该算法采用候选目标的颜色以及目标距图像帧的偏移量控制无人机对目标进行跟踪，取得了良好的跟踪性能。2017年，Thomas团队提出了一种创新性的目标跟踪算法[10]。该方法通过巧妙地融合相机所获取的视觉信息和机载惯性测量单元提供的运动数据，实现了对目标的稳定跟踪。该策略能够计算出更为平滑的跟踪轨迹，显著提升了目标跟踪的稳定性和效率。2019年，Chen等提出了一种目标跟踪算法[11]，该算法通过单目摄像机采集跟踪目标的图像，并采用卡尔曼滤波(Kalman filter, KF)算法对运动目标进行预测和校正，确定搜索跟踪目标的大小和方向。双目摄像机采集无人机前进方向的实时图像信息，并获得可靠视差值和空间深度信息以确定目标的距离。通过基于SIFT的光流方法可以获得障碍物在每个时刻相对于摄像机的移动速度。该方法能有效引导无人机连续准确跟踪目标物体，并在跟踪过程中避开前方障碍物。

进入2020年，Bhagat等利用深度学习网络的TF-DQN算法[12]，该算法通过训练框架可以使无人机在存在障碍物和不可见环境下持续跟踪目标并避开障碍物。与此同时，Altan 等提出了一种基于 Hammerstein 模型的 MPC 算法[13]，该算法可以在无人机受到外界干扰的情况下，仍然保证无人机准确地跟踪目标。2021 年，Li 等提出了一种基于 DDPG 的改进方法 MN-DDPG[14]，该算法通过引入一种混合噪声来辅助无人机进行目标跟踪，使无人机可以感知环境并自主避障。2023 年，Tan 等基于帧间融合和轨迹置信度机制，提出了一种基于 SOT 目标一致性算法的强干扰运动目标跟踪方法[15]。其通过融合前一帧对当前帧进行跟踪轨迹修正，从前一帧中再次学习更新模型，并根据跟踪时长调整跟踪轨迹。该方法在背景杂波、摄像机运动和视点变化的情况下仍然可以保证无人机进行精确跟踪。

国内对于无人机单目标跟踪的研究起步较晚，但随着近几年无人机等相关技术的快速发展，也在该领域取得了很多优秀的研究成果。2016 年，南京航空航天大学联合浙江大学，采用传统的目标跟踪算法，实现了对具有特定颜色与形状目标的跟踪[16]。2018 年，浙江大学设计并实现了基于双目摄像机的目标跟踪算法[17]。其核心在于采用跟踪-学习-检测(tracking-learning-detection, TLD)算法框架，并通过将跟踪特征点替换为 Harris 角点，有效提高了算法的速度与精度，为无人机在复杂环境中的目标跟踪提供了强有力的技术支持。2020 年，梁栋等针对无人机与相机快速相对运动造成的运动模糊问题[18]，提出了改进的多层特征金字塔的分类和目标框回归器并将其作为目标检测器。在跟踪过程中，引入对观测场景纹理自适应的相机运动补偿策略实现目标重定位，提高了无人机在极端复杂场景下跟踪目标的鲁棒性。2022 年，刘芳等针对无人机视频跟踪过程中出现的目标占比较小且易受复杂背景信息干扰等问题，提出了一种基于自适应融合网络的无人机目标跟踪算法[19]，该算法有效提升了无人机目标跟踪性能。2023 年，王法胜等在相关滤波算法的基础上提出了全天实时多正则化相关滤波算法(all-day real-time multi-regularized correlation filters, AMRCF)[20]，提高了夜间无人机目标跟踪性能。进入 2024 年，谌海云等提出一种基于轻量级 Transformer 的孪生网络 SiamLT，同时其采用多监督策略训练网络以获取更准确的目标位置，有效地平衡了跟踪精度和跟踪速度。

无人机单目标跟踪是一项关键的计算机视觉任务，尤其在无人机自主飞行和空中监控等应用中有着广泛的应用，其核心在于在连续的视频帧中对指定目标进行实时定位和跟踪。为了实现这一目标，研究者提出了多种不同的跟踪框架，其中光流跟踪、相关滤波跟踪以及以深度学习和孪生网络为主流的其他跟踪方法是较为常见的。无人机单目标跟踪方法分类如图 3-19 所示。

光流跟踪是一种基于像素运动估计的方法，用于估计目标在图像序列中的运动向量。通过计算图像中各像素点的光流，可以跟踪目标的位移和形变。光流法在处理短时平滑运动时非常有效，但对光照变化和背景复杂的场景可能不够鲁棒。

相关滤波跟踪通过构建相关滤波器来匹配目标的特征模板，通过学习滤波器，在后续帧中快速定位目标，将滤波器与待跟踪图像进行相关运算，找到响应最大的区域即为目标位置，从而跟踪目标的位置。该方法以其较高的计算效率和较好的跟踪精度而著称，能够在实时性要求较高的应用中广泛应用，在处理目标的遮挡、尺度变化和旋转等问题

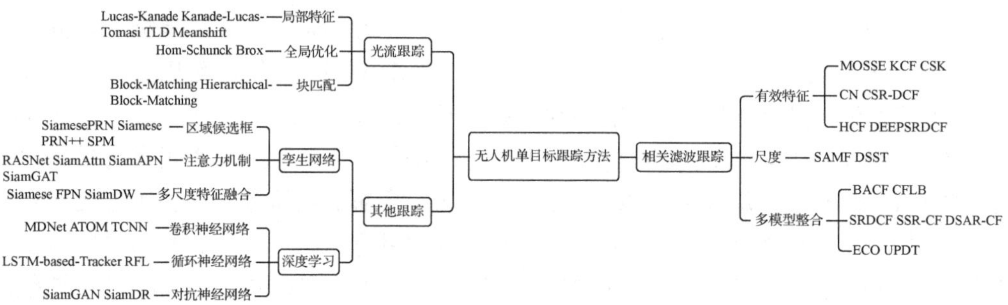

图 3-19 无人机单目标跟踪方法分类

时表现出色。

随着计算能力的提升和深度学习技术的快速发展，以深度学习和孪生网络为主流的其他跟踪方法与传统的光流法、均值漂移(meanshift)等经典方法相比，在目标跟踪的精度、鲁棒性以及复杂场景的处理能力方面表现出更大的优势，在无人机图像处理领域得到了广泛的关注和应用。

传统无人机单目标跟踪方法的发展经历了从简单到复杂，从单一特征到多特征融合的过程，主要依赖于图像特征的提取和匹配。早期的算法主要依赖于颜色直方图、模板匹配等简单特征，但随着技术的进步，出现了基于光流法、均值漂移、TLD 等更复杂的算法，这些算法能够更好地应对目标的形变、遮挡等问题。然而，传统算法在处理复杂场景时仍存在局限性，如对光照变化、快速运动、背景干扰等较为敏感。随着深度学习的兴起，基于深度学习的目标跟踪算法逐渐成为主流，它们能够提取更深层次的特征，提高跟踪的准确性和鲁棒性。

3.7.1 基于光流法的无人机单目标跟踪方法

研究人员还对基于传统光流法的无人机单目标跟踪方法进行了许多研究。2015 年，Jabar 等提出了一种基于尺度不变特征变换(SIFT)和光流(KLT)跟踪器的半自动目标跟踪方法，如图 3-20 所示。

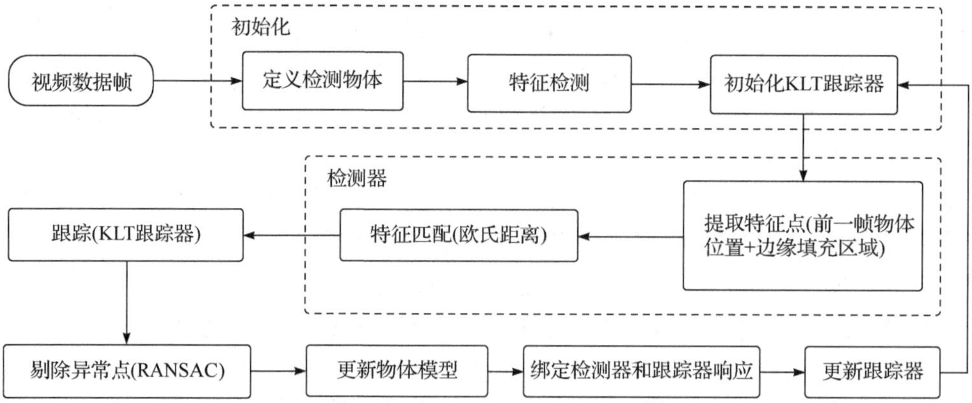

图 3-20 基于 SIFT 和 KLT 跟踪器的无人机单目标跟踪方法框架

在该方法中，用户指定感兴趣的区域，然后检测兴趣点，跟踪器用于在连续帧中跟踪指定的对象。为了避免相机视图中物体外观的快速变化、遮挡或消失，采用了前向后误差补偿，如图 3-21 所示，其给出了整个框架。

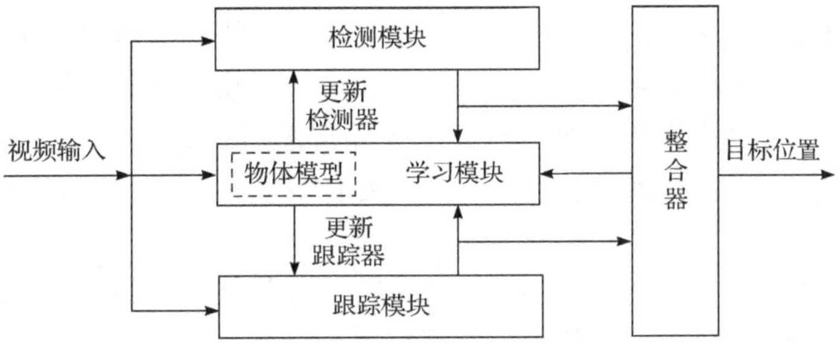

图 3-21　TLD 算法整体框架

初始化模块：整个算法的输入为无人机航拍视频帧，在初始化阶段，定义要检测的物体对象，选择图像中的感兴趣区域，以缩小特征提取和跟踪的范围，使用 SIFT 算子进行特征提取，并对 KLT 跟踪器进行初始化。

检测模块：为了减少每次迭代中的处理时间并在后续帧中定位对象位置，在前一帧中最后检测到的前一个对象位置的邻近区域周围执行对象扫描。为了准确地完成此过程，对于每个新位置，都会执行匹配以确定最相似的特征。在当前帧中提取特征后，与前一帧中的特征进行匹配，匹配的目标是找到当前帧中与前一帧中的特征点最相似的点。计算当前帧中的每个特征点描述符与前一帧中所有特征点描述符之间的欧氏距离。欧氏距离越小，两个特征点的相似性越高。

跟踪部分使用 KLT 跟踪器来跟踪目标：KLT 跟踪器通过计算位移矢量来跟踪并生成一对图像之间相应对象特征的轨迹，当前的位移矢量可以添加到先前的位移矢量中，以生成连续的轨迹。

由于 KLT 跟踪器依赖于对象检测结果，这里采用 RANSAC 来获得可靠的识别并删除异常点。RANSAC 方法从包含异常值的数据集中检查数学模型的分布，因此不适合对象模型的离群特征被删除，删除异常值后，对象模型将更新，这意味着在每个新帧中，检测器都会检测到对象，然后将当前对象模型重新定义为初始对象模型。

集成检测器和跟踪器响应来更新跟踪器，检测器响应是相应的对象特征点，跟踪器响应是前一帧中跟踪的对象点。特征跟踪器可能会因光照变化和平面外旋转而消失，因此需要定期更新点以长时间跟踪对象。为了实现这一点，来自检测器的物体特征位置和来自跟踪器本身的跟踪点被组合起来，根据当前对象特征的位置，跟踪器预测下一帧中对象特征的位置。

该算法使用 SIFT 检测目标，并使用光流跟踪器估计目标位置，通过使用快速扫描技术实现了鲁棒的目标跟踪，其中包括更新每帧中的对象外观。在形状相似、背景杂乱、光照变化和面外旋转的情况下，该方法表现更好。

3.7.2 跟踪-学习-检测目标跟踪算法

在基于传统的无人机目标跟踪方法中，跟踪-学习-检测目标跟踪算法是最经典的一种单目标长时间跟踪算法，旨在解决长时间的鲁棒跟踪问题。它通过将跟踪(tracker)、检测(detector)和学习(learning)三个模块结合，增强了对目标的持续跟踪能力。跟踪模块根据目标的局部运动信息进行短期跟踪；检测模块通过外观模型重新识别目标，检测过程中可能发生的错误；学习模块则不断更新目标的外观模型，适应其外观变化。跟踪-学习-检测算法特别适合处理目标遮挡、丢失和外观变化等复杂情况，具备自我纠错和目标重检测的能力。

跟踪模块通过分析相邻帧的差异确定目标的运动方向。在 TLD 算法中，跟踪模块的核心算法是中值流跟踪算法，其利用矩形框来表示目标，并通过估计矩形框在连续帧之间的运动来实现对目标的跟踪。首先，TLD 算法基于前一帧目标框生成候选区域。在检测模块结束后，TLD 算法利用中值流跟踪算法，采用金字塔光流法这一经典算法，对视频中选定的若干特征点进行逐帧运动估计，利用这些特征点的运动来预测目标在当前帧中的位置。中值流跟踪算法的跟踪效果依赖于目标的可见性，当目标不可见时，跟踪将中断。跟踪失败检测通过计算特征点移动的残差来判定。

检测模块首先利用滑动窗口方法生成一系列候选框。在检测模块中，通过方差检测筛选出的图像块会被送入随机森林中的每一棵树。每棵树通过其节点上的决策桩对图像块进行特征切割，最终每棵树输出一个固定长度的二进制编码。随机森林由多棵决策树组成，每棵决策树通过随机选取输入图像块中的两个像素点位置上的值进行比较来构建其节点。

为了进行决策，系统利用已知的正样本和负样本来学习这些二进制编码对应的后验概率 $P(y|X)$，其中 y 是样本的类别(正类或负类)，X 是树输出的二进制编码。后验概率的计算基于正样本数(pN)和负样本数(nN)的比例。

在决策阶段，系统计算输入图像块经过所有树后得到的后验概率之和，并将这个总和与预设的阈值进行比较。如果总和超过阈值，则决策为正类(如目标存在)；否则，决策为负类(如目标不存在)。

最近邻分类器实际上就是在线的模板匹配。在分类过程中，输入的图像块首先通过仿射变换调整至统一的尺寸(如 15 像素×15 像素)，并进行 0 均值化处理以消除亮度或整体偏移的影响。随后，这个处理过的图像块与当前在线存储的正样本模板集合和负样本模板集合进行匹配，计算它们之间的相关相似度和保守相似度。最近邻分类器的训练过程，实质上是对这些在线模板集合进行动态更新的过程。

学习模块作为 TLD 算法的核心，通过分析跟踪模块产生的误差生成训练样本，并利用这些样本对检测模型进行增量式更新。学习过程类似于感知机，即当系统犯错时(漏检或误检)，会相应地调整正样本数或负样本数，从而更新后验概率，以提高未来的决策准确性。跟踪-学习-检测算法的学习模块采用了一种半监督的机器学习方法，即 P-N 学习(positive-negative learning)。这种方法通过处理跟踪和检测过程中产生的正负样本来更新检测器的目标模型，从而适应目标外观的变化。整体学习过程是实时性的。

之后，TLD 算法进行正负样本生成。正样本通常来源于跟踪模块成功跟踪到的目标区域，这些区域被认为包含目标物体的正确位置。负样本则可能来源于检测模块中误检的区域，即那些被错误地识别为目标但实际上不是的区域。

得到正负样本后，TLD 算法会进行样本评估。通过对跟踪和检测的结果进行评估，无人机可以识别出哪些是正确的跟踪和检测，哪些是错误的。这通常通过比较跟踪和检测的结果与实际目标位置的一致性来实现。根据评估结果，学习模块会生成新的训练样本，并用于更新检测器的目标模型。具体来说，对于检测错误的区域，学习模块会将其添加到负样本集中，以便在后续的检测过程中避免类似的错误。同时，对于跟踪成功的区域，学习模块也会将其视为正样本，用于更新检测器的目标模型，以便更好地适应目标外观的变化。

TLD 算法通过跟踪模块、检测模块、学习模块相互合作实现了良好的目标跟踪。近年来，TLD 算法也广泛地应用于无人机目标跟踪中，提高了目标跟踪的稳定性与鲁棒性。

3.7.3　基于均值漂移跟踪算法的无人机跟踪方法

均值漂移算法在目标跟踪中的应用原理主要基于密度梯度上升的非参数方法，通过迭代运算来找到目标位置，实现目标跟踪。均值漂移算法的核心思想是通过计算均值，将一个点移动到密度最大的地方。在目标跟踪中，“密度”通常指的是目标的颜色、纹理等特征的分布密度。在基于均值漂移的目标跟踪算法中，算法首先进行目标初始化，即通过相关目标检测算法或手工标记选取目标的初始外接框。随后，计算初始目标区域(即初始帧中设定的外接框内区域)像素的特征值(如颜色、纹理等)的核函数加权搜索窗口直方图分布，构建出目标模型。然后，用同样的方法计算第 N 帧的搜索窗口直方图分布，进行相似度比较。

为了确定哪个候选模型最接近初始帧中的目标模型，算法采用相似函数来度量目标模型与每个候选模型之间的相似性。相似函数的设计旨在反映出两个模型在特征分布上的接近程度。通过比较所有候选模型的相似度得分，算法选择出得分最高的候选模型，这个模型被认为是最接近当前帧中目标真实状态的。接下来，算法计算从当前候选模型(即被认为最接近目标的模型)指向目标模型的 meanshift 向量，这个向量代表目标从当前候选位置向其真实位置移动的方向和距离。meanshift 算法收敛速度较快，不断迭代计算 meanshift 向量，并相应地更新候选区域的位置，算法能够逐渐逼近并最终收敛到目标的真实位置，从而实现稳定的目标跟踪。在基于均值漂移的无人机目标跟踪算法中，目标的新估计位置可表示为

$$y_N = \frac{\sum_{i=1}^{m} x_i w_i g\left(\left\|\frac{y_{N-1} - x_i}{h}\right\|^2\right)}{\sum_{i=1}^{m} w_i g\left(\left\|\frac{y_{N-1} - x_i}{h}\right\|^2\right)} \tag{3-30}$$

其中，y_N 为目标在第 N 帧中的估计位置；m 为直方图的区间个数；h 为核函数窗口大小，决定权重分布；w_i 为权重。

2016 年，Kemsaram 等利用机载自主视觉跟踪系统的均值漂移视觉跟踪算法连续跟踪地面移动目标。机载自主视觉跟踪系统包含云台相机、惯性导航系统/全球定位系统、图像跟踪软件、微型飞行器制导法、相机控制法和自动驾驶仪。图像跟踪软件中采用了均值漂移算法，该算法根据地面移动目标的 2D 色彩空间直方图来识别和跟踪地面移动目标；同时开发了基于图形用户界面的工具，用于使用 MATLAB 进行仿真和测试具有均值漂移算法性能的自主视觉跟踪。实验结果表明，meanshift 算法非常准确地识别和跟踪地面移动目标。

均值漂移算法根据 2D 色彩空间直方图识别和跟踪地面移动目标，主要分五步进行，具体如下。

(1) 获取图像帧：从视频序列中提取当前帧图像。通常，这一步涉及从视频文件或实时视频流中读取图像数据，确保图像帧的分辨率和颜色深度符合处理要求，该图像帧将作为后续目标跟踪处理的基础数据。

(2) 计算颜色直方图概率分布：对目标区域的颜色信息进行处理，计算其颜色直方图的概率分布。颜色直方图是描述图像中不同颜色分布的统计工具，它将颜色空间划分为若干份，并计算每份中的像素数量。

(3) 选择搜索窗口的大小：初始窗口大小可以基于目标区域的实际尺寸进行设定，或者根据场景的具体要求进行调整。确定搜索窗口的大小，用于在后续图像帧中寻找目标。搜索窗口的大小应该能够覆盖目标的可能范围，同时尽可能减少背景干扰。

(4) 选择搜索窗口的初始位置：如果在第一帧中手动选择目标，初始位置将基于用户输入的目标区域；对于后续帧，初始位置通常设置为上一帧中计算得到的目标位置。

(5) 计算搜索窗口质心：在当前图像帧的搜索窗口内，计算每个像素点的颜色直方图概率。通过加权平均计算窗口内所有像素的中心位置，这个位置就是质心。将质心位置作为目标的当前位置，进行下一帧的跟踪。

将搜索窗口移动到图像帧的质心，质心位置是根据颜色直方图的概率分布计算得到的，表示在当前搜索窗口内目标的加权平均位置。将搜索窗口的中心坐标更新为计算得到的质心位置。如果搜索窗口的大小在步骤(3)中已经确定，那么可以通过调整搜索窗口的中心坐标来完成移动。确保搜索窗口在新位置上能够覆盖目标区域，避免目标在搜索窗口之外的情况发生。

检查搜索窗口中心是否收敛到图像帧的质心或小于预设阈值，检查搜索窗口中心与目标质心的距离是否小于预设阈值，或者搜索窗口中心在连续帧之间的移动距离是否小于阈值。如果满足其中一个条件，则认为搜索过程已经完成。

在此，自主视觉跟踪系统的仿真实现了 meanshift 算法。为了测试系统的性能，在空中拍摄的跟踪视频上应用了这一系统，meanshift 算法能够非常准确地识别和跟踪目标。

3.7.4 基于相关滤波的无人机单目标跟踪方法

近年来，随着计算机视觉技术的快速发展，基于相关滤波的无人机单目标跟踪方法成为无人机目标跟踪领域重点的研究方向。基于相关滤波的无人机单目标跟踪方法中最经典的便是于 2010 年提出的 MOSSE 算法。相关滤波作为一种在线学习方法，无人机单目标相关滤波跟踪的实时性有效应对了目标在飞行过程中可能遭遇的外观变化、姿态调整或环境干扰等挑战。这种在线学习的能力，确保了跟踪系统的稳健性和准确性，即便在复杂多变的空中环境中也能持续锁定目标。相关滤波目标跟踪方法还巧妙地利用了傅里叶变换等数学工具，将原本复杂的空间域计算转换至频率域进行，这一创新举措极大地简化了计算流程，降低了方法的时间复杂度。在无人机平台上，这一优化不仅意味着跟踪速度的大幅提升，使得无人机能够近乎实时地响应目标动态，还显著减少了计算资源的消耗，尤其是 CPU 的负载。这种低功耗的特性，不仅延长了无人机的续航时间，还为无人机系统预留了更多的电能用于执行其他关键任务或辅助功能，如高清图像传输、环境感知、自主避障等，从而极大地提升了无人机的整体效能和应用潜力。基于相关滤波的无人机单目标跟踪方法因其卓越的精度与速度，在无人机目标跟踪领域内取得了显著进展，并在公开数据集中展示了优异的性能。下面将依次介绍相关滤波的框架，以及一些更先进的方法用于基于相关滤波的无人机单目标跟踪方法改进。

1. 基于相关滤波的无人机单目标跟踪方法框架

使用基于相关滤波的无人机单目标跟踪的基本方法是，给定一个目标区域训练滤波器模板，将设计好的相关滤波器作用于提取的特征图，通过相关运算得到响应图，响应图中的最大值所在位置即为当前帧目标的位置。根据响应图的最大值位置，无人机可以确定当前帧目标的具体位置，并输出相应的目标框(如矩形框)。无人机还利用当前帧的跟踪结果，对滤波器模板进行更新。这一步骤是为了使滤波器模板能够适应目标外观的变化，提高跟踪的稳定性和准确性。同时，无人机根据跟踪效果，对算法中的相关参数进行适当调整，以进一步优化跟踪性能。

基于相关滤波的无人机单目标跟踪以无人机实时航拍得到的图像或视频帧序列为输入，以目标在图像或者视频帧序列的位置为输出，在当前帧对相关滤波器进行更新并循环迭代。基于相关滤波的无人机单目标跟踪方法整体框架如图 3-22 所示。在视频帧序列中的每一帧重复迭代以下四步操作，可以实现对目标的稳定跟踪。

(1) 目标区域：鉴于相邻视频帧间目标物体的移动距离相对有限，可以基于第 $t-1$ 帧的跟踪结果 A_{t-1} 适度扩展这一结果所覆盖的区域，以此划定目标在第 t 帧中的搜索区域。随后，在视频第 t 帧图像的这一特定搜索区域内进行候选框生成，得到目标的初始可能位置集合。

(2) 特征提取：在得到目标的初始可能位置后，可以采用 SIFT 等算法对目标特征进行提取，并得到特征图 H 以便后期进行目标检测与定位。

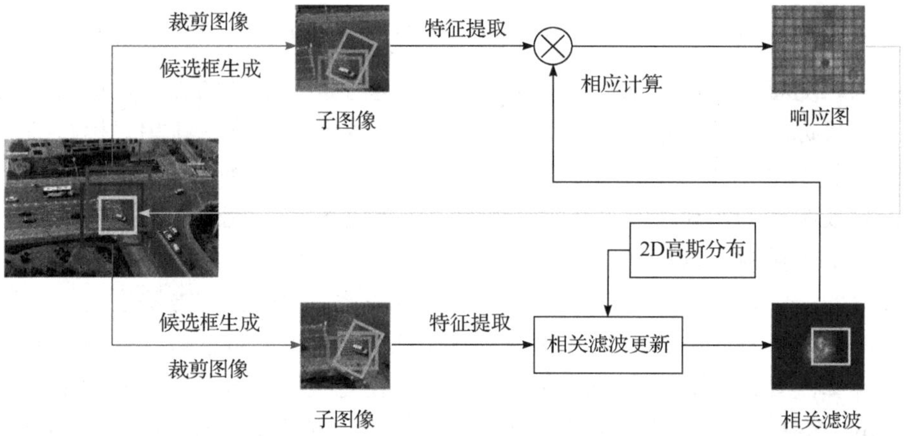

图 3-22 基于相关滤波的无人机单目标跟踪方法整体框架

(3) 目标检测与定位：相关滤波大多根据响应判断目标所在位置。相关滤波器通过与特征图进行循环卷积操作，得到响应图。通过寻找响应图中最大值所对应的坐标位置，可以确定当前视频帧图像上目标物体的中心位置 $C=FH$，其中，C 为得到的响应，F 为相关滤波器，H 为特征。

(4) 相关滤波更新：基于当前的跟踪结果，以确定的目标中心点为基准，从当前帧图像中截取子图像。随后，进行类似于步骤(2)中的操作，对子图像进行特征提取，从而得到新的特征图 H_{new}。之后，可以求解相关滤波器 F，这通常涉及优化问题，可以使用快速傅里叶变换求解。

在得到当前帧的目标位置后，在图片集或视频帧序列中重复迭代上述步骤，可以得到每张图片或每一帧中目标的位置，实现对目标的稳定跟踪。在这一基本大框架下，无数国内外研究学者在此基础上进行改良创新，实现了良好的目标跟踪效果。当前，基于相关滤波的无人机单目标跟踪算法主要聚焦于两大方向：一是采用更为高效和强大的特征提取技术来增强无人机对目标跟踪的精确度与适应性；二是设计更为稳健的滤波器学习模型，以提升算法在复杂场景下对目标跟踪的鲁棒性。

2. 特征提取优化

在最经典的基于相关滤波的无人机单目标跟踪方法 MOSSE 中，Bolme 等仅使用单通道的灰度特征便实现了较为准确的无人机单目标跟踪。然而，在实际应用中，单一特征往往难以应对复杂多变的跟踪场景，容易丢失目标而造成目标跟踪失败。为了解决这一问题，研究人员主要通过利用多通道特征以及融合多尺度特征来提高相关滤波对于复杂环境的适应能力。这些特征可以分为传统手工特征和深度特征两大类。下面对这两类特征在基于相关滤波的无人机单目标跟踪方法中的应用分别进行介绍。

1) 传统手工特征

传统手工特征可以包括颜色、纹理、形状、统计量等多种类型，各种特征也可以在不同的空间中进行提取以得到多通道特征。传统手工特征通常具有较低的维度和较简单的计算方式，这使得它们即使在深度学习等自动特征学习技术日益成熟的今天仍然保持着重要的地位。

Danelljan 等最早全面评估多种颜色空间(包括 RGB、LAB、YCbCr、RG 以及 HSV 等)中提取的特征在目标跟踪任务中的性能表现，提出了基于多通道颜色名称(color names, CN)的特征。随着多特征融合技术的发展，HOG 特征与 CN 特征集成在一起进行目标特征提取的无人机目标跟踪算法逐渐增多。HOG 特征是一种在计算机视觉和图像处理中广泛使用的特征描述符，特别是在目标检测和目标跟踪领域。利用梯度方向直方图来构成特征，对光照变化和几何形变具有一定的鲁棒性。HOG 特征和 CN 特征可以从多维度对目标进行描述以实现互补，从而更精准地定位目标，提高了目标跟踪的准确性与稳定性。

Lin 等提出的 BiCF 算法便使用了多种特征来表达目标。其通过融合 HOG、CN 等特征，利用多种特征找到存在反映相同外观变化的误差并用响应图来测量。通过抑制不一致误差，BiCF 可以有效地学习外观变化，实现良好的无人机对地目标跟踪。

通过求解得到最小的不一致误差，基于相关滤波的目标跟踪器不仅可以前向预测物体的位置，还可以反向定位其在前一帧中的位置，同时消除在目标外观变化时跟踪过程中存在的基于响应的错误，实现稳定准确的无人机目标跟踪。

除了 BiCF 算法外，还有许多算法也通过融合多尺度特征来进行特征提取从而增强目标跟踪效果。Li 等提出了 BASCF 算法，提取目标的 HOG 和颜色特征来构建并训练出更具判别性的目标模型。Wang 等则将 HOG 特征、颜色特征与地理信息系统结合在一起，实现了对目标的快速定位与跟踪。近年来，深度学习的迅猛进步促使深度神经网络提取的深度特征在相关滤波目标跟踪算法中得到了广泛的应用与推广，逐渐超过传统手工特征并成为目标跟踪领域最热门的特征优化提取研究方向，下面将介绍深度特征在基于相关滤波的无人机单目标跟踪方法中的应用。

2) 深度特征

在深度学习技术快速发展的今天，深度特征因其强大的特征表示能力、自动特征学习能力以及强抗噪能力备受无人机目标跟踪领域研究人员的青睐。Li 等不仅将传统的 HOG 特征与颜色特征相结合，同时还利用牛津大学视觉几何组的修改(visual geometry group-modified, VGG-M)网络将深度特征引入特征提取。在深度特征提取网络中，包含 5 个卷积层和 3 个全连接层，每层的输出后面跟着一个整流线性单位。对于关键帧，滤波器断断续续地学习上下文信息，并且总是受最后一个关键帧滤波器的限制。对于非关键帧，滤波器训练受到当前关键帧滤波器的限制。一帧上的滤波器根据特征大小由两个维度不同的滤波器组成，从而在检测阶段生成两个响应图。物体的最终位置和大小是基于融合响应图确定的。传统手工特征相关滤波器以及深度特征相关滤波器生成的两个响应图可以进行加权融合成最终的响应图。

有研究尝试将 VGG 网络替换为更先进的网络架构，如 GoogLeNet 或 ResNet，以期望从中提取更优质的深度特征来增强跟踪性能。然而，这一尝试并未如其他领域研究中所示，带来显著的跟踪性能提升。这是因为深度特征在追求平移和尺度不变性的同时，牺牲了对目标精确位置定位的能力，导致其在定位准确性上表现不佳。相比之下，浅层特征(常指手工设计的特征)在表示和建模纹理、颜色等底层视觉信息方面表现出色，能够保留较高的空间分辨率，这对于实现精确的像素级目标定位至关重要。然而，这类特征在面对目标的旋转或变形时，其鲁棒性显著下降，难以有效应对这些复杂变化。在未来，结合传统手工特征和深度特征的无人机目标跟踪仍将是主要的发展方向。相信随着计算机视觉相关技术的发展，未来一定能做到对目标特征的更精细提取，提高无人机对目标跟踪的准确性。

3. 模型优化

在最经典的 MOSSE 算法中，其核心优化目标是最小化滤波器输出与目标响应之间的平方误差。具体来说，MOSSE 通过求解包含 m 个训练样本的最小二乘问题来实现这一目标，从而得到最优的滤波器模板。这种方法通过增加训练样本的多样性和数量，有助于提高滤波器在目标跟踪过程中应对各种变化(如光照变化、姿态变化等)的能力。MOSSE 还设计了一种在线更新滤波器模板的方法，但如果更新策略过于激进或不合理，可能会导致模板过拟合于当前帧的目标外观，从而在未来的帧中无法准确跟踪目标。除此之外，MOSSE 一般使用固定的标签函数来处理所有先前的样本，这容易导致过拟合和滤波器性能下降等问题，尤其在复杂的无人机场景中。针对 MOSSE 算法的这些缺点，研究人员已经提出了多种改进方法。

1) 核化方法

当前，许多基于相关滤波的无人机目标跟踪算法在核化方法上进行学习过程优化，其中由 Henriques 等提出的核相关滤波器(kernelized correlation filters, KCF)算法是一种非常经典的核优化方法。KCF 算法通过将目标区域表示为特征向量，并使用核函数将特征向量映射到高维空间中，然后在高维空间中使用相关滤波器来学习目标的运动模式。通过使用核技巧，将原始特征映射到高维空间中，非线性关系可以在高维空间中变为线性关系，从而 KCF 算法能够高效地在高维空间中进行计算，进而提高了跟踪的准确性和效率。原空间中的向量 $\boldsymbol{\omega}$ 可以表示为对偶空间中基向量的线性组合，即 $\boldsymbol{\omega}=\sum_i \alpha_i \boldsymbol{\phi}(x_i)$。

定义核函数为向量之间的点积：$\boldsymbol{\varphi}^{\mathrm{T}}(x)\boldsymbol{\varphi}(x')=k(x,x')$。

其中，所有样本对之间的点积用 $n\times n$ 核矩阵 $\boldsymbol{K}$ 表示：$\boldsymbol{K}_{i,j}=k(x_i,y_j)$。综上，核函数可以定义为

$$f(z)=\boldsymbol{\omega}^{\mathrm{T}}z=\sum_{i=1}^{n}\alpha_i k(z,x_i) \tag{3-31}$$

之后，KCF 在高维特征空间中，使用训练样本来学习相关滤波器，即学习目标区域的表示与其位置之间的相关性。对于每一帧图像，提取目标候选区域的特征，并通过学习得到的相关滤波器来评估候选区域与目标之间的相似度。最后根据评估结果，选择得分最高的候选区域作为目标的位置，并将该位置作为下一帧的跟踪目标。

为了进一步提高无人机目标跟踪系统的准确性与稳定性，Wei 等将 KCF 与卡尔曼滤

波联系起来，提出了一种跟踪器切换模型进行无人机目标跟踪。该模型利用 KCF 来判断视觉系统的信息是否仍然足够可靠，以引导无人机。当目标丢失时，利用卡尔曼滤波预测目标的运动轨迹，控制无人机的运动，使无人机沿虚拟轨迹运动，直到目标再次出现，系统再次处于正确的跟踪状态。假设算法切换的阈值条件为 ThS，当置信度分数>ThS 时，可以依靠 KCF 进行跟踪。当置信度分数⩽ThS 时，KCF 不足以被信任并用于控制无人机运动进行目标跟踪。其中，置信度分数可以用 PSR 来衡量：

$$\mathrm{PSR}=\frac{g_{\max}-\mu_s}{\sigma_s} \tag{3-32}$$

其中，$g_{\max}$ 为相关响应的峰值；μ_s 为副瓣的平均值；σ_s 为副瓣的标准差。当目标丢失时，PSR 将迅速下降到一个非常低的值。然后，由于跟踪系统将背景噪声作为目标，因此 PSR 将逐渐上升。当固定检测时间段内的 PSR 值过低时，系统视无人机对目标跟踪失败，切换到 KF 算法进行目标跟踪。

然而，一些外部条件(如无人机距离目标太远、天气不好等)可能会导致置信度分数在 ThS 周围来回摆动。在这种情况下，系统状态会在 KCF 算法与 KF 算法之间快速切换。这种混沌控制状态是非常不利的，因此研究人员又引入双阈值 ThL 与 ThH。只有当 PSR<ThL 与 PSR>ThH 时，系统才进行 KCF 与 KF 之间的转换。

2) 尺度估计

由于跟踪的目标在视频序列中往往会经历尺度的变化，因此，仅确定目标在图像中的中心位置是不足够的，还需要准确地估计目标的实际尺度大小。因此，在相关滤波目标跟踪算法的优化过程中，尺度估计是一个至关重要的环节。国内外也在尺度估计上对基于相关滤波的无人机目标跟踪算法做了许多改进。

Li 等提出了一种经典的无人机目标跟踪尺度自适应方案，即 SAMF 算法。该算法在 KCF 算法的基础上进行了改进，通过双线性插值将图像表示从离散的整数空间扩展到连续的浮点空间。假设模板的尺寸为 $s_T=(s_x,s_y)$，定义一个缩放池 $S=\{t_1,t_2,\cdots,t_k\}$，假设在原始图像空间中目标窗口的大小为 s_t。在处理当前帧时，在 $\{t_is_t\mid t_i\in S\}$ 中采样 k 个不同尺寸的窗口，以便找到最合适的目标尺寸。最终的响应可以通过以下公式计算：$\arg\max F^{-1}\hat{f}(z^{t_i})$。其中，$z^{t_i}$ 表示大小为 t_is_t 的样本块，其大小会被重新调整为 s_t。

由于响应函数生成的是一个向量，因此需要使用最大化操作找到其中的最大值。同时，由于目标的运动信息隐藏在响应图中，因此需要对位移 t 进行调优，以获得目标的实际运动偏差。在滤波器的更新过程中，由于模板大小是固定的，因此只需更新对偶空间中的系数 α 以及基本的数据模板 $\tilde{\boldsymbol{x}}$。新旧滤波器可以通过以下公式进行融合：$\bar{T}=\theta T_{\text{new}}+(1-\theta)\bar{T}$。其中 $T=[\boldsymbol{\alpha}^{\mathrm{T}},\tilde{\boldsymbol{x}}^{\mathrm{T}}]^{\mathrm{T}}$ 为待更新的模板。通过尺度自适应方案，所提出的跟踪器能够处理尺度变化。

SAMF 巧妙地通过仅学习一个滤波器，就实现了在目标跟踪过程中同时解决位置平移和尺度估计两个关键问题的目标。这一特点不仅有效地降低了算法的复杂度，还显著提高了跟踪的精度和鲁棒性。正是由于 SAMF 算法在尺度估计方面的出色表现，以及其简单有效的设计思想，它在后续的研究和实践中得到了广泛的关注和应用。例如，Wang 等在 SAMF 基础上提出了一种上下文和显著性感知的无人机视觉目标跟踪相关滤波器(CSCF)。在相关滤波器中引入感兴趣目标周围的上下文信息，增强了相关滤波器(correlation filters, CF)的判别能力，降低了边界效应和背景的影响。然后将目标的显著性特征图与 CF 相结合，增强从复杂背景中提取感兴趣目标的能力。在后续的工作中，尺度估计仍将是基于相关滤波的无人机目标跟踪的重点研究方向之一。

3) 边界效应

边界效应是指当目标物体的边界在平移过程中发生循环移动时，会生成大量并不符合实际情况的训练样本。这些非真实的样本会干扰模型的训练过程，从而降低模型对真实世界数据的判别能力。基于相关滤波的无人机目标跟踪在一般场景下的跟踪任务中取得了较好的效果，但使用循环移位这种密集采样方法产生的边界效应会大大降低目标跟踪精度，特别是在无人机跟踪场景中。

为解决边界效应这一问题，Yuan 等在基于相关滤波的无人机目标跟踪框架中学习一种自适应时空上下文感知(adaptive spatiotemporal context awareness, ASTCA)模型，实现了稳定准确的无人机目标跟踪。整体来说，ASTCA 模型通过学习时空上下文权重，可以精确区分无人机跟踪场景中的目标和背景，之后再利用学习得到的相关滤波器通过卷积来对目标位置进行预测。相比传统的相关滤波算法，Yuan 等提出的模型有效地解决了边界效应问题，缓解了背景干扰，实现了无人机对目标的准确鲁棒追踪，在一些标准无人机数据集上甚至优于最先进的一些目标跟踪方法。

除了 Yuan 等提出的方法外，还有很多研究人员也针对边界效应问题在传统的相关滤波算法上进行改进，Lin 等提出的 ReCF 便是其中之一。ReCF 的核心创新在于其巧妙地利用了时间信息，在滤波器的训练过程中实现了更加灵活和智能的样本选择与权重分配。该方法利用了滤波器训练中的时间信息，超越了传统的响应一致性要求，通过构建当前样本的辅助标签来增强滤波器的判别能力，减轻了边界效应对目标跟踪的影响。它还学习前后滤波器之间的通用关系，从而实现了自我调节的滤波器更新，提高了无人机目标跟踪的鲁棒性和精度。国内的梁栋等则提出全天实时多正则化相关滤波(AMRCF)算法以跟踪无人机目标。该算法通过引入多种正则化项，不仅有效抑制了噪声和干扰对滤波器学习过程的负面影响，还增强了滤波器对目标特征的表征能力和泛化能力，有效地减轻了边界效应对目标跟踪的影响。除此之外，这种多正则化的设计使得 AMRCF 能够在夜间场景下更加鲁棒地学习和更新滤波器参数，从而保证对目标进行稳定跟踪，提升了夜间条件下目标跟踪的稳定性和准确性。

4) 连续卷积

现阶段的无人机目标跟踪中，前面提到的 BiCF 算法、ReCF 算法都或多或少地加入了连续卷积的思想。基于相关滤波的连续卷积方法是 Danelljan 等最早提出的，其超越了传统的 CF 框架，并引入了新的公式来训练连续卷积滤波器。该算法采用隐式插值模型，在连续空间中提出了学习问题，能够有效融合多分辨率的深度特征图，在多个目标跟踪数据集中都取得了良好的效果。特征映射由输入 RGB 补丁以及预训练深度网络的第一个和最后一个卷积层组成。每一层的连续卷积输出被整合到目标的最终连续置信度函数中。样本由从图像块中提取的特征映射构成。每个样本包含 D 个特征通道，这些通道均从同一图像块中提取。特征通道 $x^d \in \mathbb{R}^{N_d}$ 可以看作由离散空间变量 $n \in \{0,\cdots,N_d-1\}$ 所索引的函数。样本空间表示为 $x = \mathbb{R}^{N_1},\cdots,\mathbb{R}^{N_d}$ 。为了在连续空间中定义学习问题，算法引入了训练样本的隐式插值模型，将连续区间作为特征映射的空间支持。标量 T 表示支撑区域的大小，但实际上 T 是任意的，因为它代表了坐标系的尺度。对于每个特征通道 x^d ，定义插值算子：

$$J_d\{x^d\}(t) = \sum_{n=0}^{N_d-1} x^d[n] b_d\left(t - \frac{T}{N_d} n\right) \tag{3-33}$$

可以看出插值样本被构造为插值函数移位版本的叠加，特征值作为每个移位函数的权重并对特征映射进行了周期性扩展。

在每个特征通道进行插值后，与对应的滤波器进行卷积。算法的整体目标是学习一个线性卷积算子，该算子将样本映射到定义在连续区间[0, T]上的目标置信度函数。注意，为了更高精度的目标定位，该算法的置信度是在连续的空间域中定义的。

综上所述，开发高性能特征与构建优化模型已成为基于相关滤波的无人机目标跟踪算法发展的两大核心方向。近年来，基于相关滤波的无人机目标跟踪算法在性能上的显著提升，主要归功于采用了更加富有表现力的特征和构建了更为复杂的模型。这一趋势明显体现在从简单的单通道灰度特征，逐步发展到多通道梯度特征、颜色特征，直至目前广泛应用的深度特征，这些变化显著增强了算法的特征提取能力。同时，为了进一步提升跟踪效果，研究者还不断优化模型设计，包括改进滤波器的更新策略、完善尺度估计方法以及采取措施缓解边界效应等问题。

相信在未来，基于相关滤波的无人机目标跟踪算法会出现更多的创新，提高无人机目标跟踪的精准度与稳定性。

3.8 无人机多目标跟踪

3.8.1 多目标跟踪介绍

目标跟踪问题是目前深度学习中研究的热点问题，主要用在安防监控和自动驾驶上，其中目标跟踪问题又分为单目标跟踪问题和多目标跟踪(multi object tracking, MOT)问题。

单目标跟踪是指在视频的初始帧上框出单个目标，然后预测后续帧中该目标的大小和位置。单目标跟踪典型算法有均值偏移、跟踪-学习-检测算法、核相关滤波器算法。多目标跟踪不像单目标跟踪一样先在初始帧上框出单个目标，而是追踪多个目标的大小和位置，且每一帧中目标的数量和位置都会有变化。多目标跟踪典型算法有简单在线实时追踪(simple online and realtime tracking, SORT)、深度简单在线实时追踪(deep simple online and realtime tracking, DeepSORT)。图 3-23 和图 3-24 所示分别为单目标跟踪和多目标跟踪示例。

图 3-23 单目标跟踪示例

图 3-24 多目标跟踪示例

多目标跟踪的主要任务是给定一个图像序列，找到图像序列中运动的物体，并对不同帧的运动物体进行识别，也就是给定确定准确的 ID，这些物体可以是任意的，如人、车辆、各种动物等。

1. 单目标跟踪和多目标跟踪的区别

单目标跟踪和多目标跟踪是计算机视觉和视频分析领域中两种关键的技术，分别用于处理单一目标和多个目标的跟踪任务。它们在多个方面存在显著的区别，具体包括以下几点。

1) 目标数量

单目标跟踪：专注于追踪一个特定的目标。这种方法在处理过程中只需关注一个目标的运动轨迹和状态，忽略其他可能出现的干扰因素，适用于目标相对简单、背景干扰较少的场景。

多目标跟踪：涉及同时追踪多个目标，这些目标可能会互相接触或重叠，也可能彼此独立。对于每个目标，系统需要识别并维持其独特的身份，确保在整个视频序列中正确跟踪所有目标。

2) 算法复杂性

单目标跟踪：由于任务的范围较小，单目标跟踪的算法相对简单，主要关注如何准确预测目标的运动轨迹并进行跟踪。常见的算法包括基于模板匹配的跟踪方法、卡尔曼滤波器等。这些方法通常计算量小，实时性较好。

多目标跟踪：需要处理更多的信息，算法复杂度显著增加。它需要精确的数据关联(data association, DA)技术来识别和分配观测数据到正确的目标。涉及的数据关联技术包括匈牙利算法、数据关联矩阵等，这些方法旨在解决目标的重叠、遮挡及身份混淆等问题。复杂度的增加也意味着需要更多的计算资源和优化技术。

3) 数据关联方法

单目标跟踪：数据关联相对直接。跟踪过程通常依赖于目标的预测位置和实际观测来进行匹配，目标的状态更新较为简单。

多目标跟踪：数据关联是核心挑战之一，需要采用复杂的数据关联方法来处理每个观测数据与多个目标之间的匹配问题。常见的数据关联方法包括基于预测的卡尔曼滤波器、多重假设跟踪(multiple hypothesis tracking, MHT)和联合概率数据关联(joint probability data association, JPDA)等。这些方法帮助系统解决目标遮挡、目标相似性以及目标身份维持等问题。

4) 实际应用场景

单目标跟踪：广泛应用于需要跟踪单一目标的场景，如监控摄像头对特定个体的跟踪、体育赛事中对运动员的跟踪、无人机中的单目标识别等。应用中，算法通常需要实时处理，且对准确性的要求较高。

多目标跟踪：应用场景更为广泛，如交通监控(识别并跟踪多个车辆)、视频监控中的行为分析(监控人群中的多个个体)、体育比赛中的队员追踪等。它需要在复杂环境中处理多个目标的动态变化和相互作用。

5) 资源消耗

单目标跟踪：由于仅须处理一个目标，计算资源消耗相对较低。算法实现简单，实时处理要求较易满足。

多目标跟踪：处理多个目标涉及更多的数据和计算，资源消耗显著增加，需要更强的计算能力来执行复杂的目标关联、运动预测及状态更新等任务。高效的算法设计和优化对于实际应用的性能至关重要。

6) 跟踪准确性

单目标跟踪：由于只关注一个目标，跟踪的准确性通常较高。然而，如果目标发生丢失或遮挡，恢复目标可能比较困难，尤其是在目标与背景相似或环境复杂的情况下。

多目标跟踪：在多目标场景中，跟踪准确性可能会受到多个因素的影响，包括目标之间的相互干扰、遮挡以及相似性问题。尽管多目标跟踪算法可以处理复杂情况，但在高密度目标环境下，跟踪的准确性和稳定性仍然面临挑战。

单目标跟踪和多目标跟踪各自有其优劣势，适用于不同的应用场景和需求。单目标跟踪的算法简单、资源消耗低，但在目标丢失时恢复困难。多目标跟踪能够处理复杂的目标交互和遮挡问题，但算法复杂度高、资源消耗大。选择合适的跟踪方法需要根据具体应用场景和需求综合考虑。

2. 多目标跟踪的问题与挑战

在实现多目标跟踪的过程中，研究人员面临着一系列复杂的问题，需要处理和解决这些问题，以确保跟踪系统的准确性和鲁棒性。以下是多目标跟踪中常见的几个核心问题，以及这些问题在实际应用中的挑战和解决方法。

1) 处理新目标的出现和已有目标的消失

在动态环境中，新目标可能随时进入场景，而已有的目标也可能离开视野。这就要求跟踪系统能够灵活地处理这些变化，确保在目标进入场景时及时检测到它们，并在目标离开时正确地从跟踪列表中移除。

挑战：如何准确区分新目标的出现与已有目标的暂时消失？尤其是在目标密集、场景复杂的情况下，容易导致误判。

解决方法：一种常见的做法是结合目标检测器与跟踪器。检测器能够检测新目标，跟踪器则负责目标的持续跟踪。如果某个目标在多帧中都没有被检测到，那么该目标可能会被认为已经消失，并从跟踪列表中移除。反之，如果检测器在新的位置发现了一个未被跟踪的目标，则会将其添加到跟踪列表中。

2) 跟踪目标的运动预测和相似度判别

在多目标跟踪中，为了在连续的帧之间保持目标的一致性，系统需要预测目标的运动轨迹，并通过相似度判别来匹配不同帧中的目标。这一步骤对跟踪的准确性至关重要。

挑战：目标在运动过程中可能会发生速度和方向的变化，同时，光照、背景等环境因素也会影响目标的外观，这增加了运动预测和相似度判别的难度。

解决方法：常用的解决方法包括基于卡尔曼滤波或粒子滤波的运动预测方法，它们可以根据目标的历史轨迹预测未来的位置。同时，深度学习方法广泛应用于相似度判别，通过卷积神经网络提取的特征来计算目标的相似度，从而实现更精确的匹配。

3) 跟踪目标之间的重叠和遮挡处理

在复杂场景中，多个目标之间可能会发生重叠或遮挡，导致目标的部分或全部信息丢失。在目标发生重叠和遮挡时仍能准确跟踪它们，是多目标跟踪中的一个重大挑战。

挑战：当多个目标发生重叠或遮挡时，跟踪系统容易混淆目标的身份，甚至将不同目标合并为一个目标。

解决方法：解决这个问题的方法包括使用多摄像头协同跟踪，以从不同角度获取目标信息；或者通过深度学习方法，利用语义信息对目标进行分割，从而区分重叠和遮挡的部分。此外，数据关联算法如匈牙利算法、网络流算法等，也能够在目标发生遮挡时，结合历史信息来保持对目标的连续跟踪。

4) 跟踪目标丢失一段时间后再重新出现的再识别

在一些复杂场景中，目标可能暂时离开摄像头视野或被完全遮挡，这会导致跟踪目标的丢失。在目标重新出现时准确地识别它并恢复跟踪，是多目标跟踪中的另一个难题。

挑战：目标在丢失和重新出现之间，可能会发生显著的外观变化，如衣物改变、光照变化等，这使得再识别变得困难。

解决方法：再识别通常依赖于目标的独特特征，如外观特征、运动模式等。近年来，基于深度学习的再识别方法取得了显著进展，尤其是通过训练深度神经网络来提取目标的全局和局部特征，再结合历史信息，能够有效地处理目标的再识别问题。这些方法在大规模数据集上表现出色，显著提升了再识别的准确性。

多目标跟踪是一个复杂且充满挑战的任务，需要综合处理目标的出现和消失、运动预测和相似度判别、重叠和遮挡处理以及目标再识别等问题。随着技术的不断进步，尤其是深度学习的应用，多目标跟踪的精度和鲁棒性有了显著提升，但仍有许多问题等待解决。未来，随着算法的优化和计算资源的提升，多目标跟踪将在更多复杂场景中展现出更高的性能。

3. 多目标跟踪的类型

1) 点目标跟踪

点目标跟踪(point object tracking, POT)是多目标跟踪领域中最早期的一种类型。它的基本假设是“小目标”，即每个目标都是独立存在的、体积较小的点状物体。这种方法主要用于跟踪在图像或信号中表现为离散点的目标，且目标之间没有相互关联或扩展。

(1) 核心假设。

目标独立性：每个点目标视为一个独立的实体，不与其他目标产生相互作用。这种假设简化了跟踪问题，因为不需要考虑目标之间的关系，只需跟踪每个独立目标的运动轨迹。

点目标模型：在点目标跟踪中，目标被建模为一个点而不是具有复杂形状或结构的物体。这个点可以代表一个物体的质心或在雷达和图像中的特征点。由于目标被简化为一个点，跟踪的重点集中在目标的空间位置，而不是其形状或大小。

单一测量对应：在每一个时间周期内，每个点目标最多只能产生一个测量数据。也就是说，每个目标在每一帧中都会有一个对应的观测点，这使得数据关联过程相对简单，因为不需要处理多重测量的复杂性。

(2) 应用场景。

相机检测：在视频监控中，点目标跟踪可以用于检测和跟踪多个物体，如行人或车辆。尽管这些物体在实际中可能有复杂的形状和结构，但在某些应用中，特别是在远距离监控中，它们可以简化为点目标。通过跟踪这些点目标，可以监控物体的移动路径、速度和其他动态信息，如图 3-25 所示。

航天雷达监视：在航天领域，雷达系统通常用于跟踪远距离的物体，如卫星、飞机或空间碎片。这些物体在雷达信号中通常表现为点目标，因为它们距离较远，雷达无法

图 3-25　点目标跟踪应用场景

分辨其具体形状。通过点目标跟踪，雷达可以精确监控这些物体的位置和运动轨迹，以防止碰撞或其他危险情况。

2) 扩展目标跟踪

扩展目标跟踪(extended object tracking, EOT)是一种用于跟踪较大目标的技术。这种方法尤其适用于目标尺寸较大、超出传感器最小分辨率的情况。在这些场景下，每个目标在同一时刻可能会被检测到多个点或“量测”，因为目标的大小使得它占据了传感器的多个检测单元。

(1) 特点与应用。

多点检测：在扩展目标跟踪中，每个目标不再是一个简单的点，而是可以被多个检测点捕捉到。这意味着在每一帧中，系统会接收到多个与同一目标相关的观测数据。

目标形状的变化：扩展目标的形状通常是未知的，并且可能会随着时间发生变化。例如，一辆汽车在传感器中可能会有不同的形状表现，具体取决于它的方向、距离和环境条件。扩展目标跟踪需要动态地更新和估计目标的形状，这增加了系统的复杂性。

(2) 应用场景。

自动驾驶：在自动驾驶中，车辆需要检测并跟踪路上的其他车辆、行人或障碍物。由于这些目标通常比传感器的分辨率大，扩展目标跟踪可以更准确地描述和预测它们的运动，如图 3-26 所示。

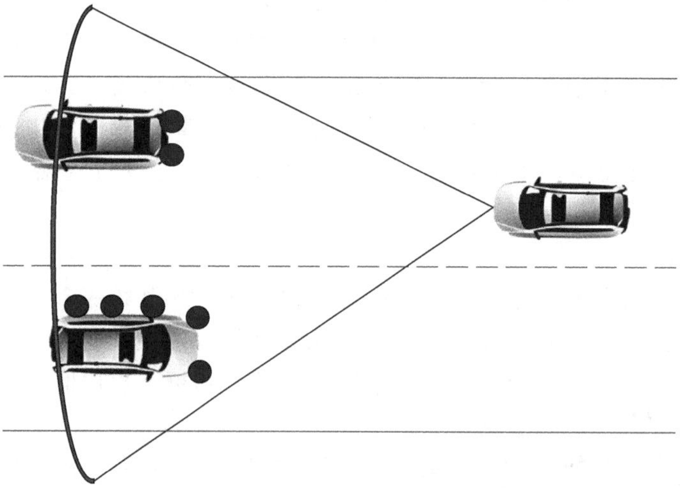

图 3-26　扩展目标跟踪示例

高分辨率雷达：在使用高分辨率雷达的场景中，如监控、国防等，目标往往会在雷达中显示为多个反射点，扩展目标跟踪技术可以帮助识别和跟踪这些目标。

扩展目标跟踪是一种更为复杂的跟踪方法，适用于处理大型目标的情况。它不仅能够跟踪目标的位置，还可以动态地估计目标的形状。虽然技术上更具挑战性，但在自动驾驶、高分辨率雷达等领域具有广泛的应用前景。对于初学者来说，理解这种技术的基本概念有助于更好地了解现代目标跟踪系统的复杂性和多样性。

3) 目标群跟踪

目标群跟踪(group object tracking, GOT)专注于同时跟踪多个相互关联的目标，这些目标通常组成一个群体或团队。与单独跟踪每个目标不同，目标群跟踪的目标是识别和跟踪目标群体整体的运动和行为模式，而不是单独关注每一个个体。

(1) 特点。

群体关系：在目标群跟踪中，目标之间存在一定的关联或关系。例如，一群人或车辆可能以特定的方式移动，保持一定的相对距离。系统需要识别这些关系并跟踪整个群体的动态。

动态变化：群体中的目标可能会随时间变化，如目标可能会加入或离开群体，或者群体的形状和组成会发生变化。跟踪系统需要能够处理这些动态变化，确保对整个群体的准确跟踪。

整体行为分析：目标群跟踪不仅关注每个个体的运动，还分析群体的整体行为。例如，在交通监控中，系统可能需要跟踪整个车队的运动模式，而不仅仅是每辆车的路径。

(2) 应用场景。

交通监控：在交通监控中，目标群跟踪可以用于跟踪车队或群体。例如，多辆车在高速公路上行驶时，系统需要监控车队的整体运动以及可能的变化，如车队的合并或分离。

视频监控：在视频监控中，目标群跟踪可以用来分析群体行为，如商场中的人群、体育赛事中的球队等。系统可以帮助识别群体的移动模式和行为特征。

军事和安防：在军事和安防领域，目标群跟踪可以用于跟踪敌方部队或特定区域的人员活动。系统需要精确地跟踪目标群体，并识别任何异常行为。

3.8.2　多目标跟踪算法的一般工作流程

如图 3-27 所示，多目标跟踪算法一般工作流程如下。

(1) 输入视频帧：算法首先接收视频流中的原始帧。这些帧可能包含多个运动目标，如行人、车辆等。输入的视频帧是后续处理的基础，所有的目标检测和跟踪操作都将在这些帧上进行。

(2) 目标检测：在每一帧中，使用目标检测算法对视频中的目标进行检测。常见的检测算法包括 Faster R-CNN、YOLO 等。这些算法通过分析视频帧中的像素信息，识别出所有潜在的目标，并生成目标的边界框。这些边界框标识出每个目标在当前帧中的位置

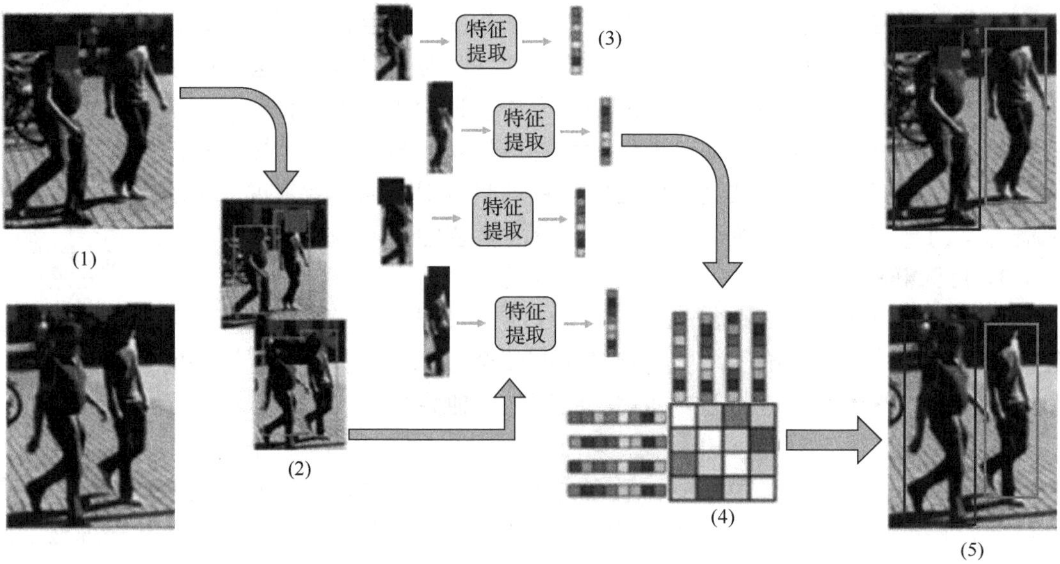

图 3-27 多目标跟踪算法一般工作流程

大小，这是后续跟踪步骤的基础。

(3) 特征提取：在检测出目标后，算法会从每个边界框中提取目标的特征。这些特征可以包括表观特征(如颜色、纹理等)和运动特征(如速度、方向等)。特征提取是一个关键步骤，因为它直接影响目标在不同帧之间的匹配精度。常用的特征提取方法包括使用深度学习中的卷积神经网络来提取高维特征。

(4) 相似度度量：在特征提取完成后，算法会计算前后两帧之间目标的相似度。这通常是通过计算前一帧中的目标与当前帧中所有检测到的目标之间的距离来实现的。距离越小，两个目标越可能是同一个目标。相似度度量的准确性直接影响跟踪的连续性和准确性。

(5) 目标匹配与关联：在相似度度量的基础上，算法使用数据关联方法为每个目标分配唯一的 ID。这一步骤通常使用匈牙利算法等优化算法，以最小化误匹配的可能性。通过数据关联，算法能够在每一帧中持续跟踪多个目标，即使在目标之间发生短暂遮挡或混淆时，系统也能够正确识别并跟踪目标。

(6) 结果可视化与输出：最终，算法将每个目标的跟踪结果(包括目标的位置、运动轨迹、ID 等)输出到视频流中，用户可以直观地看到每个目标的跟踪情况。跟踪结果通常以带有 ID 标签的边界框形式叠加在原始视频帧上。

多目标跟踪算法的工作流程从视频帧的输入开始，经过目标检测、特征提取、相似度度量以及目标匹配与关联等一系列步骤，最终生成每个目标的连续跟踪结果。这一流程在理论上较为复杂，但通过合理的算法设计和优化，可以在实际应用中实现高效、准确的目标跟踪。当前，随着深度学习技术的进步，多目标跟踪的准确性和鲁棒性有了显著提升，尤其在复杂场景下的表现更加出色。

3.8.3　多目标跟踪算法的分类

1. DBT 和 DFT

如图 3-28 所示，多目标跟踪算法包括基于检测的多目标跟踪(detection-based tracking, DBT)以及无需检测器的多目标跟踪(detection-free tracking, DFT)。在单目标跟踪中，往往基于给定的初始框对视频帧中的物体进行位置预测。然而在多目标跟踪中，大部分都是不考虑初始框的，原因是目标的频繁消失与产生问题。

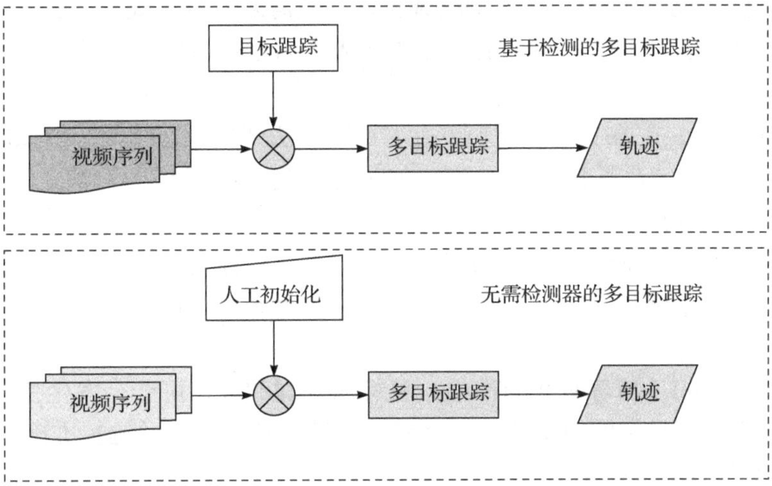

图 3-28　多目标跟踪算法分类

在多目标跟踪领域常用的跟踪策略是基于检测的多目标跟踪(tracking-by-detecton, TBD)，也可称为 DBT，即对每一帧进行目标检测，再利用目标检测的结果来进行目标跟踪，这一步也称为数据关联。无需检测器的多目标跟踪常用于需要人工标定视频的第一帧图像中的目标，之后边检测边跟踪，常用于单目标跟踪，因为 DFT 目标需要人工标定，无法处理非第一帧出现的目标或者中间帧消失的目标。表 3-2 展示了 TBD 和 DFT 的区别。

表 3-2　TBD 和 DFT 方法比较

对比项	基于检测的多目标跟踪	无需检测器的多目标跟踪
形式	自动	手动
目标	变化	固定
应用	检测器能够识别的特定目标	各类目标
优点	能够自动处理目标数量的变化问题	不需要预训练检测器
缺点	跟踪性能依赖检测器性能	不能解决目标的消失问题

基于检测的多目标跟踪方法是完全自动化的，无须手动初始化目标，每一帧中的目标都是通过检测器识别的，因此跟踪的目标可以动态变化。不过，这种方法的跟踪效果

高度依赖于检测器的性能。相比之下，无需检测器的多目标跟踪方法需要在开始时手动初始化多个目标，虽然它不依赖预训练的检测器，但在处理目标消失问题时存在一定的局限性。

1) TBD 的基本步骤

(1) 检测(detection)：利用检测算法(如基于深度学习的目标检测算法，如 Faster R-CNN、YOLO、SSD 等)在图像或视频帧中定位和识别目标。这些算法能够在图像中找到目标的位置，并用边界框来表示目标的位置和大小。

(2) 初始化(initialization)：一旦检测到目标，就需要初始化跟踪器，以便在后续帧中追踪该目标。初始化通常包括确定目标的初始状态(位置、速度等)以及选择合适的跟踪算法。

(3) 跟踪(tracking)：在目标被检测到后，跟踪算法开始在连续的图像帧中追踪目标的位置和运动。这通常涉及更新目标的状态(如位置和速度)以适应图像帧之间的变化，如目标的运动、变形或遮挡。

(4) 重新检测(re-detection)：在跟踪过程中，如果目标由于遮挡、光照变化或其他因素而丢失，则需要重新进行检测以重新定位目标。重新检测通常定期执行，以确保跟踪的准确性和鲁棒性。

(5) 更新(update)：随着时间的推移，目标的外观和运动可能会发生变化，因此跟踪器可能需要定期更新目标的模型或特征表示，以适应这些变化并维持准确的跟踪。

2) DFT 的基本步骤和原理

(1) 初始化：与 TBD 类似，DFT 也需要在初始时对目标进行初始化。这可能包括手动选择目标或使用一些自动初始化技术。

(2) 特征提取：在每个图像帧中，从目标周围提取特征，这些特征可以描述目标的外观和运动特性。常见的特征包括颜色直方图、纹理特征、光流等。

(3) 相似度计算：使用提取的特征来计算当前图像帧中目标与前一帧中目标的相似度。这可以通过比较特征向量之间的距离或相似性度量来完成。

(4) 跟踪：根据相似度计算的结果，更新目标的位置和状态。通常使用运动模型来预测目标的位置，并根据实际观测值(提取的特征)进行校正和更新。

(5) 遮挡处理：当目标被遮挡时，跟踪器可能会失效。在 DFT 中，通常使用一些技术来处理遮挡。例如，更新目标外观模型或使用上下文信息来推断被遮挡目标的位置。

(6) 持续更新：持续地重复上述步骤，以在连续的图像帧中跟踪目标，并根据需要更新目标的状态和特征表示。

DFT 方法原理如图 3-29 所示。

2. 在线跟踪和离线跟踪

如图 3-30 所示，多目标跟踪包括在线跟踪和离线跟踪。在线跟踪即使用当前帧与过往帧，也就是说，视频中的第 3 帧只能使用视频之前的第 2 帧和第 1 帧的目标的信息来进行跟踪，在线跟踪不允许修改以往的跟踪结果。离线跟踪没有在线跟踪只能使用过往帧的局限，而是可以使用整个视频的信息，更容易获得全局最优解。

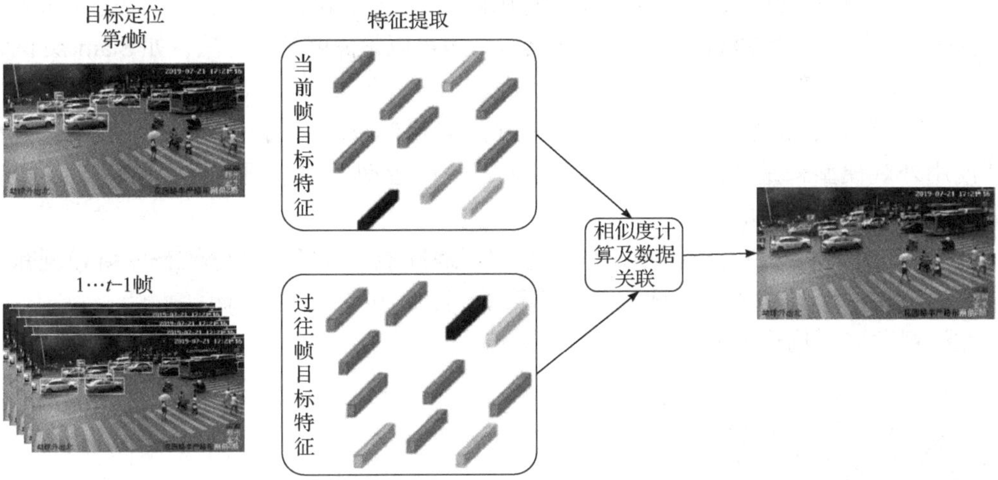

图 3-29　DFT 方法原理

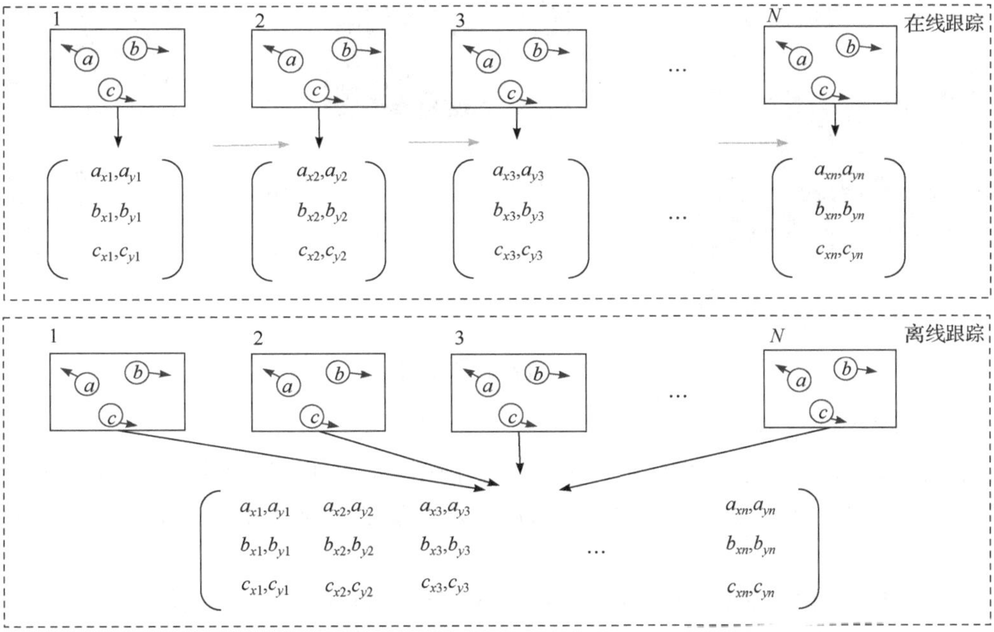

图 3-30　在线跟踪和离线跟踪方法

1) 在线跟踪具体步骤

(1) 目标检测：在每一帧中，使用目标检测算法检测出图像中的目标。常用的检测算法包括 Faster R-CNN、YOLO、SSD 等。检测器会输出目标的位置信息，其通常表示为边界框。

(2) 数据关联：将当前帧中检测到的目标与过往帧中的目标进行关联，以确保每个目标都能被正确地跟踪。数据关联通常涉及确定每个检测目标与已知轨迹中的哪个目标最匹配。

(3) 目标跟踪：对于已关联的目标，使用跟踪算法来跟踪它们的运动。跟踪算法可以是基于特征的，如卡尔曼滤波器、粒子滤波器等，也可以是深度学习方法，如 Siamese 网络、简单在线实时追踪等。

(4) 遮挡处理：处理目标之间的遮挡是在线多目标跟踪中的一个重要挑战。一些方法包括使用外观模型来重新识别被遮挡的目标、使用运动模型来预测目标的轨迹以及使用上下文信息来推断目标的位置。

(5) 状态更新和删除：根据目标的状态和跟踪性能，对目标进行状态更新和删除。如果一个目标在一段时间内无法被检测到或跟踪到，则可能会被删除。

在线跟踪应用场景如图 3-31 所示。

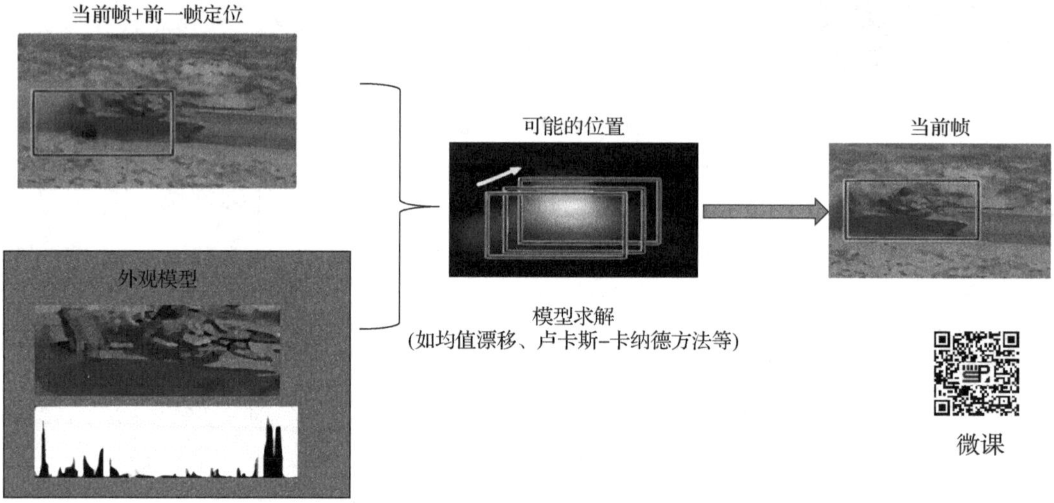

微课

图 3-31　在线跟踪应用场景

2) 离线跟踪具体步骤

(1) 目标检测：与在线跟踪类似，首先需要使用目标检测算法在视频的每一帧中检测目标。不同之处在于，在离线模式下，可以使用更复杂和计算密集的检测算法，因为不需要实时处理。

(2) 轨迹初始化：在整个视频序列中，对检测到的目标进行轨迹初始化。这可以通过为每个目标分配唯一的标识符并将其视为单独的轨迹来实现。

(3) 数据关联：通过匹配不同帧中的目标检测结果，建立目标轨迹。这通常涉及在帧之间匹配相同目标的位置、外观或其他特征。数据关联可以采用各种算法，包括基于最小成本匹配的方法、图匹配方法等。

(4) 目标跟踪：一旦建立了目标轨迹，就可以对轨迹进行跟踪。在离线模式下，可以利用整个轨迹的历史信息来更准确地估计目标的运动和状态。

(5) 轨迹后处理：在跟踪阶段之后，可以对跟踪结果进行后处理，以改善轨迹的连续性、准确性和稳定性。这可能涉及消除轨迹中的错误匹配、光滑轨迹以及减少噪声等。

3. 传统方法和基于深度学习的方法

如图 3-32 所示，第三种常见的分类方式是基于深度学习和基于传统方法的分类。

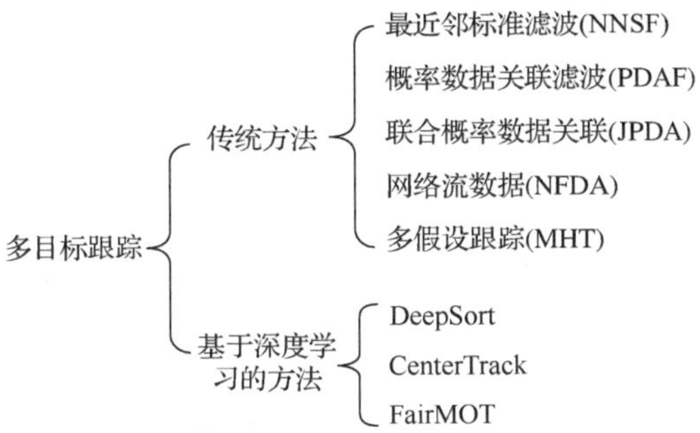

图 3-32 多目标跟踪任务的传统方法和基于深度学习的方法

基于传统方法的目标跟踪的核心是数据关联，常见方法有最近邻标准滤波(nearest neighbor standard filter, NNSF)、概率数据关联滤波(probabilistic data association filter, PDAF)、联合概率数据关联(JPDA)、多假设跟踪(multiplehypothesis tracking, MHT)等。

(1) 最近邻标准滤波是实际跟踪系统中广泛使用的一种数据关联算法，基于以下五个基本假设：①真实目标存在且总能被检测到。②距离观测预测最近的观测值来源于目标。③其他观测源于杂波。④目标运动特性遵循线性高斯统计特性。⑤在观测中，只有统计距离与预测的观测距离最近的观测被认为源于目标的观测。

(2) 概率数据关联滤波是一种结合概率数据关联方法与卡尔曼滤波技术的数据处理方法，旨在提高目标跟踪的精度和可靠性。概率数据关联滤波主要应用于处理多目标跟踪问题，特别是在存在目标遮挡、观测噪声和数据关联不确定性的复杂场景中。它通过全面考虑相关波门内所有候选回波的作用，提供目标状态的概率估计，对不确定性进行建模，并能够处理观测缺失和错误关联的情况。这种方法适用于杂波环境下的单目标及相关波门不相交的多目标跟踪问题，具有较高的跟踪精度和较小的丢失目标可能性。

PDAF 近似基于 7 条假设，具体如下。

① 单目标存在：被跟踪目标总是存在的且没有其他目标存在。

② 目标运动模型：该模型遵循线性高斯统计特性。

③ 目标单观测：感兴趣的目标只能产生一个观测。

④ 传感器观测模型：观测噪声为高斯白噪声。

⑤ 目标以一定的概率 P_d 被检测到。

⑥ 杂波模型：所有非目标产生的观测都来自杂波；杂波在空间上服从均匀分布，在时间上服从泊松分布。

⑦ 只有落入有效波门内的观测被处理。

(3) 联合概率数据关联是一种数据关联算法，适用于多目标跟踪情形。如图 3-33 所示，JPDA 算法是在单目标跟踪的概率数据关联(probability data association, PDA)算法的基础上发展而来的，由 Bar shalom 提出。它的主要特点是一个目标最多只与跟踪门中的一个测量相关，以总关联代价(或总距离)为关联评价标准，选择总关联代价或总距离最小的关联对作为正确的关联对。这种算法需要在目标检测的基础上寻找最优的关联对。

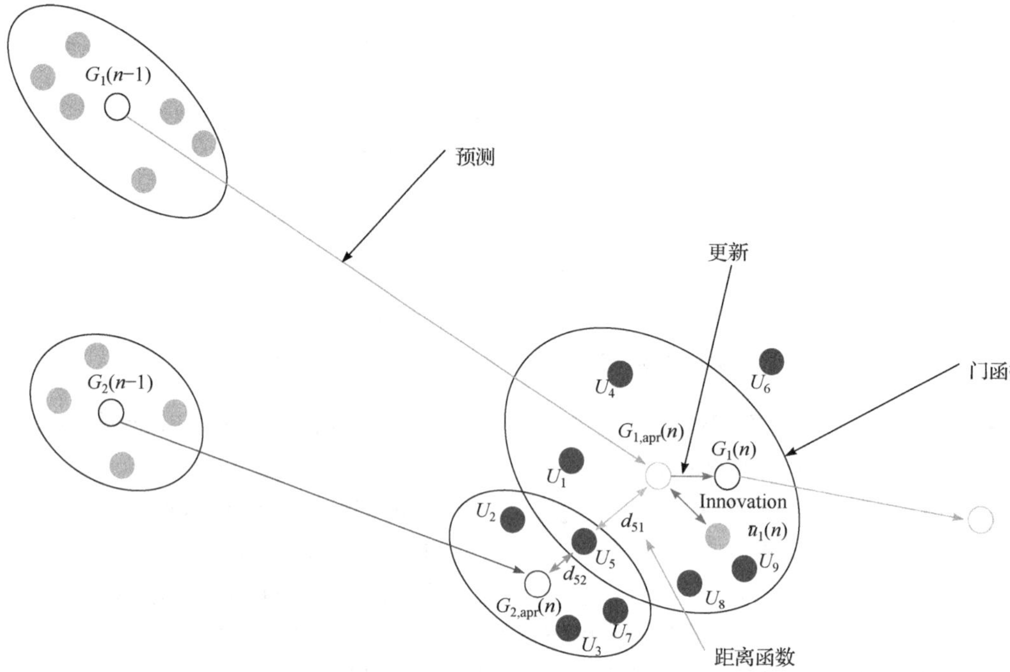

图 3-33 联合概率数据关联

JPDA 算法通过考虑观测误差和目标运动的不确定性，以及观测与目标的关联可能性，对每个时刻的传感器观测进行关联概率的计算，进而更新和修正目标状态。这种算法在处理多目标跟踪问题时，能够提供一种概率性的解决方案，适用于需要处理不确定性和随机性的复杂环境中的多目标跟踪任务。

(4) 多假设跟踪是一种目标跟踪方法，旨在通过考虑多个可能的目标轨迹来提高跟踪的准确性和鲁棒性。如图 3-34 所示，MHT 方法的基本思想是维护一个假设集合，其中每个假设都代表一个可能的目标轨迹。在每个时间步中，MHT 根据当前的观测数据和先前的假设，生成新的假设，并对假设进行评估和更新。通过计算每个假设的概率或权重，并根据一定的准则(如最大后验概率或最大似然概率)选择最优的假设集合。这种方法可以处理多目标、交叉、遮挡等复杂情况，显示出较好的鲁棒性。然而，由于需要考虑多个假设，MHT 方法在计算和存储复杂度上相对较高，对计算资源和存储空间要求较高。

MHT 通过考虑多个可能的目标轨迹来克服传统目标跟踪方法中的局限性，这些局限性包括目标的运动可能受到噪声、遮挡、交叉等因素的影响，导致单一轨迹的假设不准确。MHT 方法适用于复杂的目标跟踪场景，特别是在需要处理多目标、交叉、遮挡等复杂情况时，显示出其优越性。

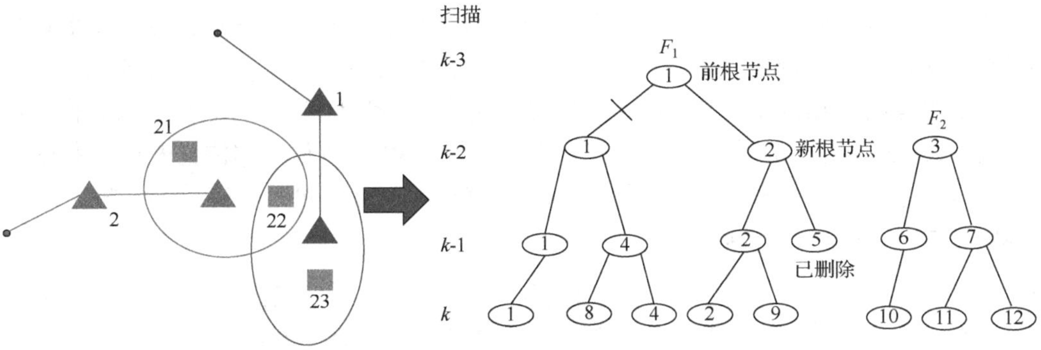

(a) 三个检测和两条轨迹的关联假设　　(b) 由三层假设形成的两个轨迹树

图 3-34　多假设跟踪

基于深度学习的方法使用复杂的神经网络来提取和处理目标的特征，通常能提供更高的准确性和鲁棒性。相比传统方法，深度学习方法能够自动从数据中学习到有用的特征，而不需要手动设计特征。这些方法通常使用卷积神经网络等深度学习架构来识别和跟踪目标。它们能够处理更复杂的场景，如遮挡、目标的外观变化等，并且在处理大规模数据时表现出色。代表方法有 DeepSort、中心点跟踪(center point tracking, CenterTrack)、FairMOT。

(1) DeepSort 是一种多目标跟踪算法，结合了目标检测和目标跟踪。如图 3-35 所示，DeepSort 算法的主要思想是将目标检测和目标跟踪两个任务相结合。它利用深度学习模型将检测到的目标与跟踪目标进行匹配，在匹配过程中会考虑目标的特征相似度、运动一致性等因素，以确定目标的身份和轨迹。DeepSort 的关键贡献之一是使用了强大的外观特征描述符，可以准确地区分不同目标之间的相似度。此外，DeepSort 还通过处理目标的消失和重新出现等复杂情况，实现了对长期跟踪的支持。

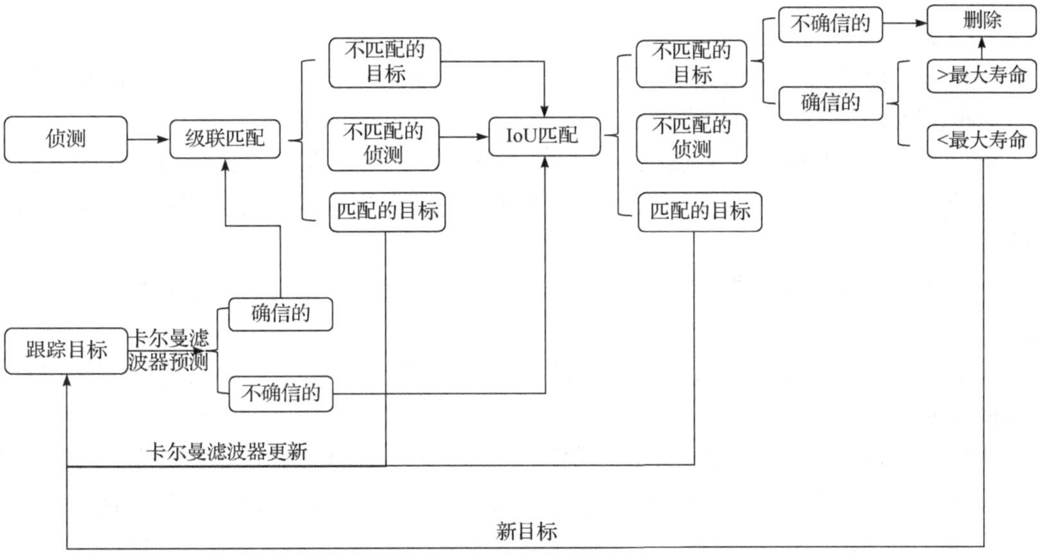

图 3-35　多目标跟踪算法 DeepSort

(2) CenterTrack 是由清华大学计算机科学与技术系研究团队开发的目标跟踪项目，基于深度学习技术，旨在提供一种高效且准确的目标跟踪方法。该项目能够应用于多个领域，如视频监控和自动驾驶，满足各种复杂场景下的跟踪需求。CenterTrack 采用了一种名为“center point tracking”(中心点跟踪)的创新方法，将目标的位置表示为中心点，并通过预测这些中心点来实现目标跟踪。CenterTrack 示意图如图 3-36 所示。相比传统的目标跟踪方法，CenterTrack 具备以下优点。

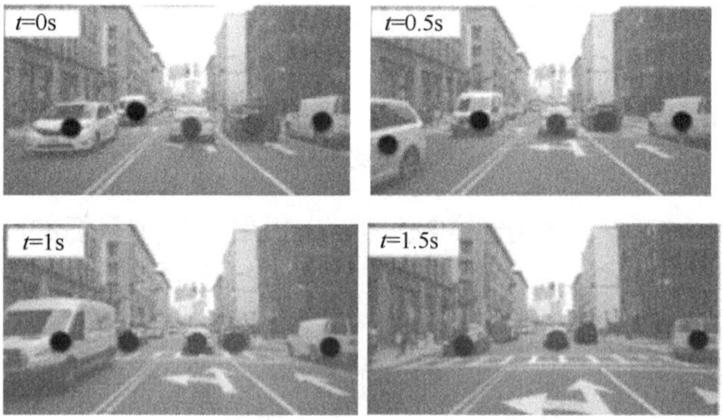

图 3-36　CenterTrack 示意图

更快的处理速度：CenterTrack 使用基于深度学习的预测模型，在保持高精度的同时显著提升了处理速度。

更准确的定位：中心点跟踪方法能够更好地应对目标形状变化和遮挡等复杂情况，提高了跟踪的准确性。

CenterTrack 可以广泛应用于各种场景，主要功能如下。

目标检测：对视频中的目标进行检测，并输出目标的位置和大小信息。

目标跟踪：在视频中持续跟踪目标，提供精确的位置信息和尺寸数据，适用于监控等应用场景。

多目标跟踪：同时跟踪多个目标，并为每个目标提供精确的位置信息和尺寸数据。

CenterTrack 具有以下显著优势。

高效性：采用高效的预测模型，在保持高精度的同时，实现了更快的处理速度。

准确性：利用中心点跟踪方法，能够更好地处理目标形状变化和遮挡，提高跟踪的准确性。

可扩展性：支持多种数据集和模型，具备良好的定制开发能力，能够根据不同场景进行灵活调整。

CenterTrack 凭借其在高效性、准确性和可扩展性方面的优势，为目标跟踪领域提供了一种强大的解决方案。

(3) FairMOT 是一种先进的多目标跟踪算法，由研究团队为解决多目标跟踪中的公平性问题而设计。它在速度和精度之间达到了理想的平衡，可以同时执行目标检测和目标跟踪任务。FairMOT 的目标是提供一种简洁、高效的多目标跟踪方法，广泛应用于视频监控、智能交通等领域。FairMOT 的核心思想是通过使用同一个网络同时执行目标检测和目标关联，以确保跟踪的准确性和一致性。该方法的主要特点如下。

公平性：FairMOT 通过设计一个同时进行检测和回归的联合任务网络，避免了不公平的目标检测结果对跟踪性能的影响，确保所有目标都能得到同样的关注。

高精度：FairMOT 使用了一种无锚点的检测方法，这种方法不仅简化了模型的设计，还提升了对小目标的检测和跟踪精度。

高效性：FairMOT 采用了轻量化的网络结构，在保持高精度的同时，能够在较低的计算资源下实现实时处理。

FairMOT 的功能主要体现在多目标跟踪领域，具体如下。

目标检测：能够在视频中准确检测出所有目标，并输出每个目标的位置信息。

多目标跟踪：FairMOT 能够持续追踪多个目标的运动轨迹，保证跟踪的连续性和一致性。

实时处理：在保障精度的同时，FairMOT 能够高效处理实时视频流，非常适合应用于监控和交通管理等需要实时响应的场景。

FairMOT 的优势在于其高效性和精确性，它通过创新的网络设计，实现了公平性、实时性和准确性的平衡。FairMOT 不仅适用于常见的多目标跟踪任务，还能够应对复杂场景中的小目标跟踪挑战，为多目标跟踪领域提供了一种高效的解决方案。FairMOT 模型如图 3-37 所示。

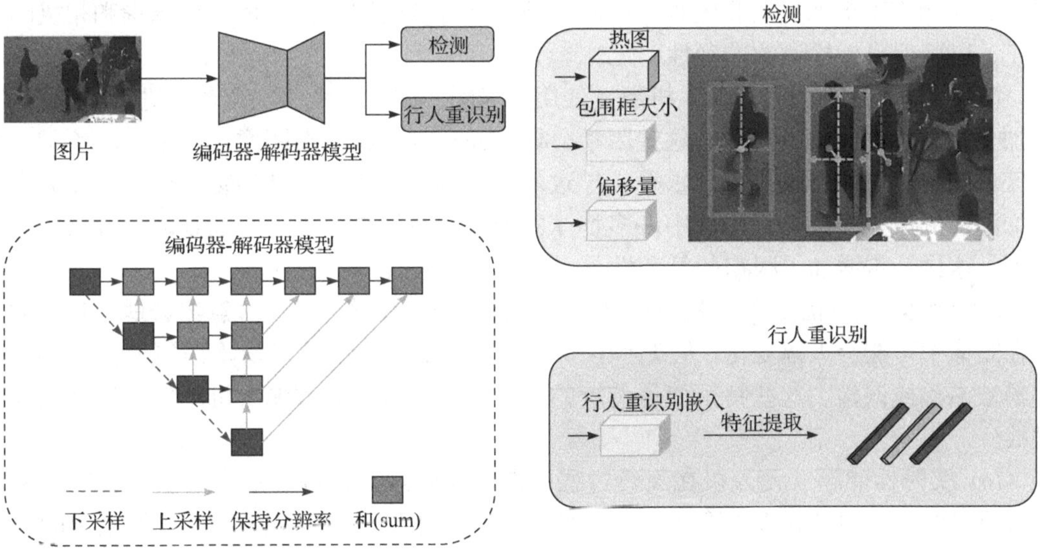

图 3-37　FairMOT 模型图

3.8.4　多目标跟踪的应用

1. 无人机航拍多目标跟踪

无人机航拍多目标跟踪是多目标跟踪技术的一个重要应用领域，具有广泛的应用前景。通过无人机搭载的摄像设备，能够对地面多个目标进行实时检测、识别和跟踪，获取目标的运动轨迹及其相关信息。这一技术在军事、交通监控、环境监测、搜救、农业等方面都展现出巨大潜力。无人机航拍如图 3-38 所示。

图 3-38 无人机航拍

无人机航拍多目标跟踪相比于一般多目标跟踪，面临着一系列独特的挑战。

(1) 图像退化问题：由于无人机的重量、体积和功率受到限制，图像采集设备的性能也受到一定影响。此外，外部环境的快速变化，如光线变化、天气条件(云、雾、雨)以及高速飞行或相机旋转，都会导致图像模糊和嘈杂，从而降低图像质量。这种图像退化使得目标检测变得更加复杂和困难，因此必须进行有效的图像预处理，如降噪和相机畸变校正，以确保目标检测的准确性。

(2) 物体强度不均匀：无人机通常使用大光圈、固定焦距和广角镜头进行图像采集，再加上无人机的灵活机动性，这些因素会导致捕捉到的物体在图像中的密度不均匀。某些区域的物体可能密集排列并重叠，导致重复检测，而其他区域的物体可能稀疏分布，增加漏检的风险。此外，图像中许多物体的像素数量较少，使得它们难以从背景中分离出来，这进一步增加了跟踪的复杂性。

(3) 物体尺寸问题：无人机可以在不同的高度进行图像采集，这意味着地面物体的尺寸在图像中可能会大幅变化。尤其是小于 32 像素×32 像素的地面物体，往往特征不明显，容易被漏检或误检。这些特征使得传统的深度学习方法在处理无人机图像时面临更大的挑战。

(4) 实时性问题：无人机在飞行过程中需要实时跟踪视频中的多个目标，这就要求系统具备快速且准确的处理能力。与一般的多目标跟踪任务相比，无人机航拍中的实时处理性能显得尤为重要，因为延迟可能导致目标丢失或跟踪失败，从而影响任务的整体效果。

无人机航拍多目标跟踪示例如图 3-39 所示，常用的处理方法是基于检测的多目标跟踪。这种方法首先在当前帧中检测所有相关的目标，然后将这些检测结果与前一帧中的数据进行关联，从而实现对目标的跟踪。TBD 的一个显著优点是它能够识别并跟踪整个视频中出现的新目标，因此在无人机航拍场景中非常有效。

然而，TBD 方法的跟踪效果高度依赖于检测的精度。如果检测结果包含噪声、误报

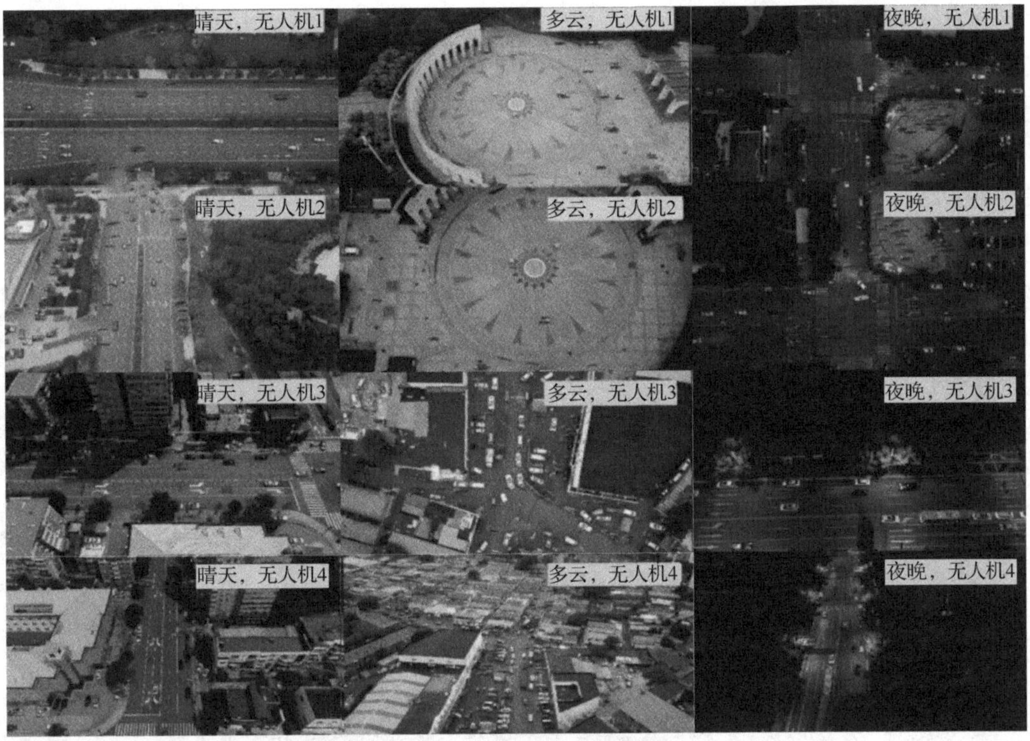

图 3-39　无人机航拍多目标跟踪示例

或漏检，跟踪的准确性就会受到严重影响。特别是在无人机飞行过程中，由于运动变化和不可避免的抖动，检测结果经常会出现这些问题，因此在应用 TBD 方法之前，对无人机视频进行预处理是非常必要的。这些预处理步骤通常包括图像稳定、去噪、相机畸变校正等，以减小由无人机运动和环境光变化导致的检测误差。

此外，随着目标在视频中的快速移动，TBD 方法可能会面临匹配困难的问题。在这种情况下，除了传统的基于检测的多目标跟踪方法外，还可以引入一些基于深度学习的技术来改进数据关联。近年来，研究者提出了许多新颖的基于深度学习的数据关联方法。例如，利用深度网络流解决数据关联问题，或通过四胞胎卷积神经网络学习跨帧的数据关联。这些方法能够更好地处理快速移动的目标，提高了跟踪的稳定性和准确性。

另一种值得注意的优化方法是孪生网络，这种方法通过测量目标的相似性来进行跟踪，特别适用于类别较多但每类目标数量较少的情况。这些基于深度学习的数据关联方法在无人机航拍的 MOT 任务中显示出了很高的潜力和应用价值。

总之，无人机航拍的多目标跟踪需要结合 TBD 方法与深度学习技术，并通过有效的图像预处理来应对飞行过程中的各种挑战。通过这种方式，能够在动态和复杂的环境中实现更为准确和稳定的目标跟踪。

2. 自动驾驶中的多目标跟踪

自动驾驶中的多目标跟踪是实现车辆自主导航和安全驾驶的关键技术之一。它的主要任务是实时识别并持续跟踪车辆周围的多个动态目标，如行人、其他车辆、自行车等，以确保车辆能够在复杂的交通环境中安全行驶。MOT 不仅能帮助车辆理解周围环境，还能预测潜在的危险和做出相应的反应。例如，当自动驾驶车辆检测到行人横穿马路时，多目标跟踪系统可以预测行人的运动轨迹，并在必要时采取制动或转向等安全措施，如图 3-40 所示。此外，多目标跟踪还支持车道保持、自动变道、紧急避让等功能，确保车辆在各种复杂场景下的平稳驾驶。

图 3-40　自动驾驶中的多目标跟踪

自动驾驶场景中，MOT 面临许多独特的挑战。首先，交通环境复杂且动态变化，如快速行驶的车辆、突然出现的行人、不同的天气和光照条件等，都会对跟踪算法提出高要求。其次，自动驾驶系统需要在实时性和准确性之间取得平衡。车辆必须在极短的时间内做出反应，因此 MOT 系统不仅要保证高精度，还必须具备极快的计算速度。此外，目标的遮挡、相似目标的区分、目标的外观变化等问题也是 MOT 面临的难点。例如，当两辆颜色和形状相似的车辆在视野中接近时，系统需要精准区分并持续跟踪它们各自的轨迹。最后，雨雪天气、夜间行驶等复杂光照环境，也会对目标检测和跟踪的稳定性提出挑战。

为了应对这些挑战，自动驾驶中的多目标跟踪通常采用融合多种传感器数据的方法。激光雷达、摄像头等传感器的数据被整合在一起，以提供更加丰富和精确的环境信息。通过融合多种数据源，系统可以在各种条件下维持对目标的稳定跟踪，即使在单一传感器无法正常工作的情况下，也能通过其他传感器的补充来保持系统的可靠性。在算法方面，深度学习技术的引入大大提升了自动驾驶中的多目标跟踪能力。现代跟踪算法不仅依赖于传统的基于检测的多目标跟踪方法，还结合了深度神经网络来提取目标的高级特征。这些特征可以更好地捕捉目标的形状、运动模式和其他重要信息，从而提高系统的跟踪精度和鲁棒性。例如，基于卷积神经网络的算法在复杂场景中表现出色，可以在保持实时性的同时，准确跟踪多个目标。自动驾驶系统如图 3-41 所示。

图 3-41　自动驾驶系统

多目标跟踪在自动驾驶系统中的作用至关重要，它为车辆的自主导航和决策提供了关键支持。虽然面临着复杂环境和高实时性的挑战，但通过多传感器数据融合和深度学习技术的应用，当前的 MOT 技术正在不断进步，逐步满足自动驾驶系统的高要求，为实现完全自动化的安全驾驶奠定了基础。

3.8.5　目标跟踪的评价指标

1. 无人机单目标跟踪的评价指标

单目标跟踪主要关注单个目标在视频序列中的位置和尺度变化。常用的评价指标如下。

(1) 精度图(precision plot, PL)：以不同的位置误差阈值为横轴，以成功跟踪的视频序列比例为纵轴绘制的曲线。其中，中心位置误差为预测的中心位置与真实中心位置之间的欧氏距离，即

$$\mathrm{CLE}=\sqrt{(x_p-x_g)^2+(y_p-y_g)^2} \tag{3-34}$$

其中，(x_p, y_p)为预测的中心位置；(x_g, y_g)为真实的中心位置。

(2) 成功图(success plot, SP)：以不同的 IoU 阈值为横轴，以成功跟踪的视频序列比例为纵轴绘制的曲线。其中交并比为预测框与真实框的交集面积与并集面积的比值，即

$$\mathrm{IoU}=\frac{A\cap B}{A\cup B} \tag{3-35}$$

其中，A 为预测框的面积；B 为真实框的面积。

2. 无人机多目标跟踪的评价指标

如图 3-42 所示，多目标跟踪除了要考虑单个目标的跟踪精度，还要考虑多个目标之间的身份关联和跟踪稳定性。常用的评价指标如下。

(1) 多目标跟踪准确度(multi-object tracking accuracy, MOTA)：首先需要了解的是，分片错误(fragmentation)是在第 t 帧当中发生的 ID 分配(ID switch)错误。也就是说，如果在真实数据(ground truth)第 j 个轨迹的第 t 帧之前，跟踪器(tracker)把该轨迹的 ID 都预测正确，但是第 t+1 帧预测错误，那么 ID switch 的个数增加 1。值得注意的是，即使第 t+1 帧之后跟踪器仍然把该轨迹的 ID 预测错误，但是错误的 ID 为同一个，那么 ID switch 个数不会增加。举个直观一点的例子，假设 A 在第 1 帧的时候走入镜头，在第 100 帧的时候走出镜头，跟踪器的 bounding box 一直能够跟上，但是在第 50 帧的时候把 A 识别成了 B，那么这 100 帧内 ID switch 的个数为 1。假设第 t 帧中 ID switch 的个数为 Φ_t，那么所有帧的个数为 $\Phi=\sum t\Phi_t$ 。

假阳性(false positive)：在第 t 帧中，跟踪器检测到的 bounding box，但是在 ground truth 中却不存在 bounding box 的个数。

假阴性(false negative)：在第 t 帧中，跟踪器漏检的 bounding box，但是在 ground truth 中存在 bounding box 的个数。

真值(true positive)：在第 t 帧中，跟踪器和真实数据同时都有的 bounding box。

TP、FP、FN 就是 true positive、false positive、false negative 在所有帧中的总和(注意，只考虑 bounding box，没有考虑 bounding box 的 ID，也就是说，只要框住了就算 TP，ID 错了也算 TP)。

$$\mathrm{MOTA}=1-\frac{\mathrm{FN}+\mathrm{FP}+\Phi}{T} \tag{3-36}$$

其中，T 表示 GT 中 bounding box 的数量。

(2) IDF1。

$$\mathrm{IDP}=\frac{\mathrm{IDTP}}{\mathrm{IDTP}+\mathrm{IDFP}} \tag{3-37}$$

$$\mathrm{IDR}=\frac{\mathrm{IDTP}}{\mathrm{IDTP}+\mathrm{IDFN}} \tag{3-38}$$

$$\mathrm{IDF1}=\frac{2\mathrm{IDTP}}{2\mathrm{IDTP}+\mathrm{IDFP}+\mathrm{IDFN}} \tag{3-39}$$

IDP 其实就是 ID+Precision，这里的 IDP 其实就是把每个 ID 当作单独的一类去计算 Precision。同理，IDR 则对应 ID+Recall，IDF1 则对应 ID+F1 score，IDF1 本质上没有什么实际物理含义，只是对 IDP 和 IDR 的调和平均。

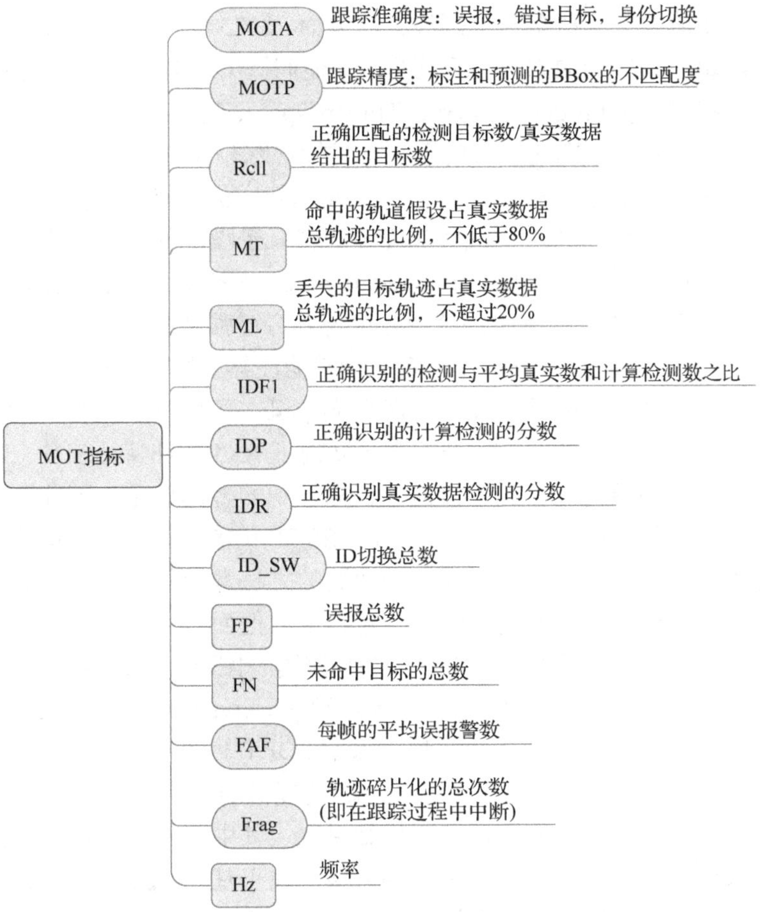

图 3-42 目标跟踪评价指标

3.9 无人机目标跟踪的前沿研究

近年来，随着各种计算机视觉技术的快速发展，无人机目标跟踪领域也进行了许多创新性的前沿研究。在基于传统光流法的无人机单目标跟踪方法方面，在 2024 年，针对无人机在复杂环境中对运动目标进行实时检测与跟踪的精度提升需求，国内的钱弈舟等研发了一种基于改进 Lucas-Kanade(LK)光流法的创新运动目标检测算法，并结合卡尔曼滤波技术用于目标跟踪。为解决传统 LK 光流法在动态场景下性能受限的难题，他们创造性地融入了语义分割技术，通过并行运行的语义分割线程来区分图像中的动态点与静态点。这一策略有效减少了干扰，通过仅利用筛选后的静态点来计算单应矩阵，实现了无人机的精确运动补偿。随后，算法专注于计算动态点的光流值，从而生成高质量的光流点，显著降低了误匹配率。最后，结合聚类算法与形态学处理，算法能够精准地勾勒出完整的运动目标轮廓，确保了从无人机视角出发，能够实时且准确地提取出目标对象。这一系列改进措施极大地提升了无人机在复杂动态环境中的目标跟踪能力。

在基于相关滤波的无人机单目标跟踪方法方面，2023 年，An 及其团队在基于相关滤波的无人机目标跟踪算法领域取得了重要进展。他们提出了 HSIC-SRCF 模型，这是一种在再现核希尔伯特空间(reproducing kernel Hilbert space, RKHS)内，通过 Hilbert-Schmidt 独立准则(HSIC)进行空间正则化学习的无人机目标跟踪相关滤波模型。HSIC-SRCF 巧妙地运用了 HSIC 这一独立性度量工具，在 RKHS 框架内优化相关滤波器的设计，确保滤波器能精准捕捉目标特征的同时，最大限度地削弱背景噪声的干扰。为了实现更高的跟踪精度，An 团队引入了峰旁比(peak-to-sidelobe ratio, PSR)作为评估目标边界框置信度的关键指标。PSR 通过对比响应图中的峰值强度与其旁瓣强度的比值，有效评估跟踪的可靠性。在 HSIC-SRCF 模型中，PSR 用来动态调整滤波器参数及优化目标边界框的预测，从而进一步强化对背景噪声的抑制能力，确保无人机在各种复杂飞行环境下都能稳定且准确地锁定并跟踪目标。此外，该模型还充分展现了 RKHS 在特征表征上的强大优势，其使得滤波器能够在高维特征空间灵活适应目标外观的多样变化。因此，即使面对目标旋转、尺度变化、光照条件波动等挑战，HSIC-SRCF 仍能展现出卓越的跟踪性能。

在多目标跟踪领域，传统的基于卡尔曼滤波的方法常受限于其线性运动假设，这在处理短期遮挡或简单运动场景时尚能维持一定精度，但面对目标长时间遮挡或复杂的非线性运动时，则可能引入显著的预测误差。为克服这一困难，2023 年 Cao 及其团队创新性地提出了以观察为中心的简单实时在线追踪(observation-centric simple online and realtime tracking, OC-SORT)算法，该算法在保留 SORT 算法原有优势——简单性、在线处理能力和实时性的基础上，引入了更为先进的处理机制。OC-SORT 不单纯依赖线性的状态估计，而是巧妙地将目标检测器的测量结果融入其中，特别是在目标被遮挡期间，通过智能算法来估算其行动轨迹。这一策略的核心在于基于观测的虚拟轨迹计算，它使得算法能够在目标被遮挡期间，依据历史观测数据和检测器反馈，构建并更新目标的虚拟位置，从而保持对目标的连续跟踪意识。当遮挡结束时，OC-SORT 能够迅速且准确地恢复对目标的跟踪，显著减小了因长时间遮挡导致的跟踪偏差。这一特性极大地增强了算法在处理复杂动态场景时的鲁棒性和稳定性，使得 OC-SORT 在多目标跟踪任务中，特别是在需要处理频繁遮挡和非线性运动的场景中，展现出更为优异的跟踪性能。

从以上几种创新性的无人机目标跟踪前沿研究中可以发现，无人机目标跟踪的前沿研究正朝着更加智能化、精确化和高效化的方向发展。随着技术的不断突破和应用领域的不断拓展，无人机目标跟踪技术将在未来发挥更加重要的作用。

3.10 无人机目标跟踪的未来发展方向

近年来，无人机目标跟踪领域已取得显著的技术飞跃，特别是在算法的鲁棒性与精确度上实现了重大突破。然而，面对复杂多变的真实环境，无人机目标跟踪仍面临着诸多挑战与未解难题。这些挑战不仅源于目标自身的快速变化、大面积遮挡等问题，还包括低分辨率图像处理、复杂背景干扰等外部困难条件，它们共同作用，极易导致跟踪系统无法实时跟踪目标甚至完全丢失目标。因此，无人机目标跟踪算法的未来发展有以下几个方向。

(1) 在目标遮挡情况下实现稳定跟踪：当前，多数无人机目标跟踪算法聚焦于视野内目标的稳定追踪。然而，实际飞行中目标常被障碍物遮挡或暂时脱离视野，这成为常态。为解决此问题，未来研究应聚焦于发展高效的实时学习技术，使跟踪器能在信息有限时迅速适应并捕捉目标新特征。同时，构建高效的目标重检测体系也极为重要，以便在跟踪丢失时迅速恢复，保障跟踪的连续稳定。小样本或单样本学习因其高效利用少量数据的能力，在此领域展现出显著潜力，值得深入探索与应用。

(2) 在视角、光照等外部条件急剧变化情况下实现稳定跟踪：无人机目标跟踪在实际应用中遭遇的挑战复杂多样且相互交织，包括视角突变、光照条件复杂、目标外观与尺寸的动态变化以及来自其他运动物体的强烈干扰。这些挑战共同作用，使得传统针对单一问题的跟踪算法难以维持长期稳定的跟踪效果，因此研发一种能够全面应对多种挑战、具备高度鲁棒性的长时通用无人机目标跟踪算法，成为该领域亟待解决的核心技术难题。此类算法的核心在于其强大的特征提取与表示能力，须能够精准捕捉目标在不同环境条件下的本质特征，确保跟踪的准确性和稳定性。同时，算法还须融入先进的上下文理解和预测机制，以应对目标外观的突然变化或短暂丢失，保持跟踪的连续性。此外，通过引入自适应学习机制，算法能够在跟踪过程中不断自我优化，提升对复杂环境的适应能力和跟踪性能，确保在各种条件下都能实现稳定可靠的目标跟踪。

(3) 多无人机协同目标跟踪：随着单架无人机在目标跟踪任务中局限性的日益显著，多无人机协同目标跟踪算法成为解决这一难题的关键途径。该策略通过多架无人机的紧密合作，弥补了单架无人机检测范围受限和视角固定的弊端，实现了对复杂动态环境中运动目标的全方位、持续准确跟踪。多无人机协同不仅扩展了检测区域，提供了多样化的视角观察，还通过无人机间的信息共享与融合，构建出详尽且准确的目标运动轨迹。这种协同机制有效弥补了单个个体在信息收集和处理上的不足，同时利用分布式处理的优势，提高了系统的整体效率和鲁棒性。为实现高效的多无人机协同目标跟踪，研究者须聚焦于几个核心方面：首先，设计高效的数据通信协议至关重要，它确保了无人机间能够实时、无误地传输目标观测数据，为协同跟踪奠定坚实基础；其次，构建有效的数据融合算法是提升跟踪准确性的关键，该算法应能充分利用来自不同无人机的互补信息，融合生成更为全面和精确的目标状态估计；最后，优化无人机的协同策略同样不容忽视，这涉及任务分配、路径规划等多个层面的协同决策，旨在提高系统的工作效率、灵活性和响应速度。通过这些努力，多无人机协同目标跟踪算法将能够更好地应对复杂多变的跟踪场景，为实际应用提供强有力的技术支持。

本章小结

本章首先从无人机目标跟踪的研究背景与意义出发，探讨对无人机目标跟踪进行研究的原因以及无人机目标跟踪需要解决的基本问题。之后介绍了无人机目标跟踪方法的基本架构，即候选框生成、目标提取表达、目标预测更新三个部分。这三部分紧密相连，缺一不可，是无人机实现对目标稳定持续跟踪的核心。随后，本章对多种经典的无人机目标跟踪算法进行介绍，并比较这些算法的优缺点。最后对无人机目标跟踪方法在实际中的应用、前沿研究以及发展趋势进行介绍。当前，无人机已在安全监控、灾害监测以及交通管理等方面展现了强大的利用价值。随着技术的不断进步和创新，无人机目标跟踪算法将展现出更强的功能和更广泛的应用价值。在不久的将来，可以期待更多基于深度学习、多传感器融合和先进控制技术的无人机目标跟踪系统的出现，为各个领域提供更加高效、精确和智能的解决方案。

习　题

3-1　简述传统目标检测算法的流程。

3-2　简述基于深度学习的单阶段目标检测和两阶段目标检测方法的优缺点。

3-3　与通用目标检测相比，无人机目标检测存在什么挑战？

3-4　请简要分析目标检测中锚框的作用和存在的问题。

3-5　简述 Faster R-CNN 模型的基本流程。

3-6　DETR 目标检测模型包含几个部分？

3-7　简述目标检测模型的评价指标。

3-8　请简述 NMS 算法的工作原理。

3-9　请查找资料比较最新的 YOLO 相较之前的版本做出了哪些改进？

3-10　请尝试利用 PASCAL VOC 2012 数据集，训练一个 YOLOv5 的目标检测模型。

3-11　解释什么是视觉目标跟踪，并讨论无人机中目标跟踪的主要挑战是什么？

3-12　比较基于相关滤波的目标跟踪算法与基于光流法的目标跟踪算法的优缺点。

3-13　描述如何在无人机上实现一种基于卡尔曼滤波的目标跟踪算法，并给出一个简单的伪代码示例。

3-14　设想你在实验中使用了基于深度学习的目标跟踪算法(如 Siamese 网络)。如何评估这个算法的性能？请列举几个常用的评估指标。

3-15　对于在无人机上运行的实时目标跟踪系统，如何优化算法以提高实时性能和跟踪精度？请提出至少三种优化方法。

第 4 章

目标识别与理解

4.1　目标细粒度类别识别背景

目标细粒度类别识别(fine-grained classfication)任务旨在基于基础类别的区分上，进一步实现更为精确的子类识别。例如，它可以用于区分不同种类的鸟、不同类型的花卉或不同款式的车辆。该技术的应用需求和场景广泛应用于工业领域和日常生活。

细粒度图像通常具有高度相似的外观和特征，并且在采集过程中可能受到多种因素的影响，包括姿态、视角、光照、遮挡以及背景干扰。这些因素使得不同类别之间的图像相似度较高，同一类别内部的差异较小，从而增加了分类的难度。

细粒度分类方法在应对高相似性和低差异性、标注数据的稀缺性、复杂背景和遮挡、部件定位的准确性、计算复杂度和资源需求、模型的泛化能力以及多尺度特征融合等方面面临独特的挑战。为了解决这些问题，研究者提出了多种方法，包括注意力机制、度量学习、多尺度特征提取和融合、弱监督学习等，这些方法综合运用，有助于应对细粒度图像分类中的各种复杂挑战，从而提高模型的整体性能。

4.2　目标细粒度识别基本方法

4.2.1　基于特征提取的传统方法

1. 局部特征

早期细粒度图像分类方法大部分依赖于人工特征，这些特征通常由领域专家设计，旨在捕捉图像中重要的细节信息。然而，这种方法的局限性在于其依赖于人工经验和对特定领域的理解，可能无法全面捕捉复杂的视觉信息。

2. 视觉词包

为了进一步提升分类精度，研究人员在局部特征的基础上又进一步提出视觉词包

(bag of visual words, BOVW)的概念。基本思想是将图像的局部特征转化为离散的视觉单词，同时利用这些视觉单词的分布来表征和区分图像内容。

视觉词包模型与一系列特征提取算法相结合，虽然取得了一定的进展，但仍远未达到实际应用的要求。此外，构建视觉词包的过程非常复杂，需要额外的处理步骤。

3. 特征定位

局部特征和视觉词包模型主要集中在图像的部分区域进行特征提取，未能有效建立与全局特征的关联，限制了其语义挖掘能力。为此，研究者提出了一种利用关键点的位置信息来提升特征定位精度的改进策略，以弥补局部特征和视觉词包模型的局限性。尽管这种方法在提升分类精度方面显示出潜力，但获取高精度的位置信息通常依赖于精确的算法和细致的人工标注，这显著增加了成本。

基于深度学习的方法主要有基于定位-分类、基于网络集成以及基于高阶编码特征三种。

4.2.2 基于定位-分类的深度学习方法

基于定位-分类的方法借鉴了人类在进行细粒度分类时的思路，已经成为最主流的技术之一。早期的这类方法通常依赖强监督学习，需要大量人工标注图像的关键区域。Part-based R-CNN 是一种较早采用区域定位技术的经典细粒度目标分类算法，与传统 R-CNN 相比，Part-based R-CNN 更有效地处理细节和遮挡问题，利用候选区域网络生成候选区域，通过多阶段训练进一步优化检测结果，其创新点在于对检测模型生成的检测框施加几何约束从而优化了检测结果。

Part-based R-CNN 利用 R-CNN 算法进行细粒度图像分类，通过检测细粒度图像中的局部区域(如头部和躯干)来提高分类精度。其具体流程包括以下几个步骤。

(1) 候选区域生成：使用选择性搜索等算法生成可能包含物体或物体部位的候选框。

(2) 检测模型训练：类似于 R-CNN 的物体检测流程，利用目标边界框和部件标注数据，训练分别用于细粒度物体级别、头部以及躯干部位的检测模型。

(3) 几何约束应用：对三种检测模型生成的检测框施加几何约束，如头部和躯干的大致位置和方向，旨在优化物体及其部位的检测结果。现在先了解该方法生成候选区域时施加的窗口约束，见式(4-1)。生成候选区域需要定位物体和部位，一种直观方法是考虑每个可能的物体窗口和物体内部的所有窗口，并选择部件得分最高的窗口。在这种情况下，该方法定义评分函数如下：

$$\Delta_{\text{box}}(X) = \prod_{i=1}^{n} c_{x_0}(x_i) \tag{4-1}$$

其中，如果区域 y 落在区域 x 外的最大像素为 ε，则 $c_x(y)=1$，否则 $c_x(y)=0$。在该实验中，$\varepsilon=10$。

接下来学习该方法施加的几何约束，见式(4-2)。该方法施加几何约束的原因是单个部位检测器并不完美，因此单个部位检测器得分最高的窗口并不总是正确的，特别是当存在遮挡时。因此，通过使用几个评分函数来强制约束相对于对象位置的部件布局，以过滤掉错误的检测，即几何约束，该方法定义为

$$\Delta_{\text{geometric}}(X)=\Delta_{\text{box}}(X)\left(\prod_{i=1}^{n}\delta_i(x_i)\right)^{\alpha} \tag{4-2}$$

其中，δ_i 是给定训练数据的部件 P_I 位置的评分函数。

(4) 特征提取与融合：将检测到的图像块输入 CNN 中，分别训练模型以提取物体和部位的特征。将物体级别特征与局部部位特征(如头部和躯干特征)进行级联，形成整张细粒度图像的特征表示。该过程是通过将 3 个分类网络的全连接层特征进行连接，得到最后的特征表示的。

该方法的优点在于结合了全局特征和局部特征(通过检测整体、头部和躯干并施加几何约束)，从而显著提升了分类精度。整个过程基于卷积神经网络，结合局部和全局特征，Part-based R-CNN 更全面地理解图像内容，并针对细粒度图像的特点进行了优化，从而提升了检测性能。此外，在测试阶段无须提供标记信息(如 bounding box)，减少了对标记信息的依赖，增强了实用性。

该方法仍存在一些不足之处，由于该方法采用了自底向上的区域生成方法，可能会生成大量无关区域，从而影响算法的处理效率。虽然测试阶段对标记信息的依赖有所减少，但训练仍需 bounding box 和部分标注(part annotation)数据，且测试时可能仍须提供 bounding box，这限制了实际应用。尽管局部区域在细粒度分类中至关重要，现有通用定位算法可能无法完全解决问题，因此需要更具针对性的创新方法来进一步提升性能。

4.2.3　基于网络集成的深度学习方法

网络集成方法是一种通过多个组件或模型协同工作的策略，基于分而治之的思想。它利用多个独立训练的模型或不同类型的模型，融合它们的预测结果，从而提高分类准确性和鲁棒性。其优势在于可以通过专门化处理提高分类准确性，尤其在处理容易混淆的类别时。然而，这种方法可能增加系统的复杂性和人为干预，并且可能难以实现从输入到输出的完全端到端学习流程。该方法的经典算法是基于网络集成的子集特征学习网络(subset feature learning network)算法，其总体流程如图 4-1 所示，该网络包括通用 CNN 及特定 CNN 两个部分，以下是该算法的详细介绍。

(1) 特征学习：首先执行渐进式迁移学习，通用 CNN 在大规模数据集上进行预训练，并通过执行渐进式迁移学习，从与目标数据集相同域的大规模数据集中学习域通用卷积特征提取器(称为 ϕGCNN)，然后使用一个较小的数据集来调整特定于任务的特征提取器(ϕDFCNN)。其次执行子集特征学习，将视觉上相似的物体预先聚类到子集中，并为每个子集训练独立的 CNN，以学习特定于子集的特征。

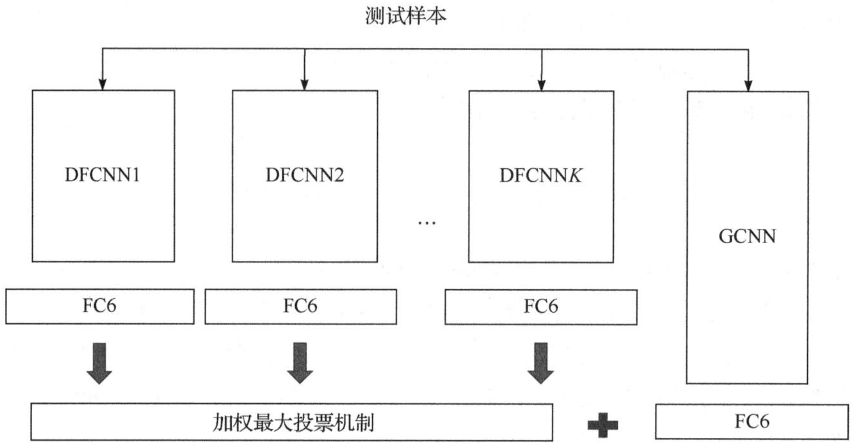

图 4-1　子集特征学习网络流程图

(2) 特征提取：使用 CNN 的第 5 层(Conv5)和第 6 层(FC6)提取特征，并通过线性判别分析(LDA)降维，采用 *k*-means 聚类方法生成子集。

(3) 分类管道：将域通用卷积特征(φGCNN)与 K 个子集特征(φDFCNN1，…，φDFCNNK)结合。使用最大投票规则仅保留最相关的特定于子集的特征，其余特征设置为 0。

(4) 特征归一化与分类：对合并后的特征向量进行 L_2 归一化，以平衡不同特征的权重。使用线性支持向量机(SVM)进行分类预测。

(5) 学习子集选择器以选择与图像最相关的子集。有两种实现方法可供选择：一种是基于质心的选择器，使用预聚类中的质心，提供无监督分类器；另一种是基于 CNN 的选择器(SCNN)，训练一个 SCNN，使用预聚类输出作为类标签，通过最大投票选择最可能的子集。

这种方法使用专门化的子集特征学习和选择机制，旨在提高细粒度分类的精度。以上方法展示了如何有效地结合域通用和细粒度特征，从而提高细粒度图像分类的性能。

4.2.4　基于高阶编码特征的深度学习方法

高阶编码特征方法通过对 CNN 特征进行高阶综合来提升特征的表达能力。其中，双线性模型是最主要的技术路线之一。双线性模型通过将两个特征向量进行双线性变换，能够捕捉更复杂的特征交互关系，从而提高模型的性能，并且支持端到端的优化。

双线性汇合(bilinear pooling)通过构建两个线性网络协同完成局部特征提取和分类任务。该模型利用两个特征向量的逐元素乘积，并对结果进行池化，生成更高阶的特征表示。这种方法能够捕捉图像中的细微模式，提高模型在细粒度分类和目标识别任务中的表现。双线性模型具有更强的特征表示能力，从而在性能上达到或超越部位信息的方法。由于其优异的泛化能力，该模型在细粒度图像分类中表现优越，并且在行人重识别(person re-ID，ReID)等其他图像分类任务中也得到了广泛应用。

双线性层的网络架构通过外积操作来融合两个 CNN(A 和 B)的特征图。具体来说，双线性操作计算如下：

$$\text{bilinear}(1, I, f_A, f_B) = f_A(1, I)^{\mathrm{T}} f_B(1, I) \tag{4-3}$$

其中，f_A 和 f_B 表示特征提取器，它们的作用是将输入图像 I 和位置区域 1 映射为(c, D)特征。假设 A 和 B 输出的特征维度分别为(K, M)和(K, N)，则双线性特征的维度为(M, N)。通过求和池化(sum pooling)，所有位置的双线性特征汇聚成一个特征，这一过程去除了特征的位置维度，使特征变为无序的。外积操作将特征的维度从 D 扩展到 D^2。最后，经过符号平方根变换和 L_2 标准化后，这些特征被输入分类器用于分类任务。

这里的两个 CNN 可以共享部分参数，三种不同的方式如图 4-2 所示。三种方法的优缺点如表 4-1 所示。

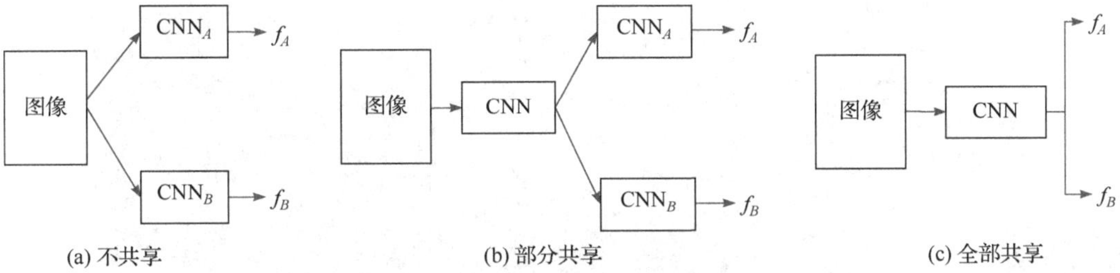

图 4-2　三种不同共享参数方式

表 4-1　目标细粒度识别基本方法

方法	特点	优点	缺点
基于定位-分类的深度学习方法	结合了目标的空间位置和分类信息，利用局部特征来提高分类准确性，并需要复杂的训练以优化定位和分类的协同效果	定位过程中模型关注目标的局部特征，通过结合目标的空间位置和分类信息，提高分类精度，能够处理复杂目标	训练过程较为复杂，依赖条件略多，该算法本身的创新性十分有限
基于网络集成的深度学习方法	利用多个独立训练的模型或不同类型的模型，融合它们的预测结果，以提高分类准确性和鲁棒性	当某些类别特别容易混淆时，这种方法能显著改善效果	受到多种因素的影响，无法实现完全的端到端学习
基于高阶编码特征的深度学习方法	通过构建两个线性网络协同完成局部特征提取和分类任务	双线性模型具有更强的特征表示能力，且支持端到端优化	增加了计算复杂度和内存需求，使得模型在资源消耗上较为昂贵

4.3　目标个体识别(重识别)技术

无人机目标识别(drone target identification, DTI)是一项用于从无人机拍摄的图像或视频中识别特定目标的技术，应用于安全监控、交通管理和军事侦察等领域。常用的数据集包括 UA-DETRAC 和 VisDrone 数据集，测评指标主要有 mAP 和 Rank-N，用于评估模型的整体性能以及在不同排名下的识别准确性。

4.3.1 目标个体识别任务的定义

无人机目标识别任务是计算机视觉和模式识别领域的一个研究方向，专注于在不同时间或不同视角下，从无人机拍摄的图像或视频中识别并跟踪特定目标(如人物、车辆等)。这一过程通常需要从大量的候选目标中找到与指定目标最匹配的对象，尽管它们可能因视角变化、光照条件或姿态变化而表现出显著差异。图 4-3 为无人机目标识别图例。

微课

图 4-3 无人机目标识别图例

4.3.2 无人机目标识别的研究意义

通过无人机目标识别技术，无人机能够更智能、更高效地执行复杂的监控和追踪任务，为各种应用场景提供支持。无人机目标识别的研究具有重要的实际意义和广泛的应用前景。其主要研究意义可以从以下几个方面进行探讨。

(1) 提升安防能力：通过无人机在公共场所进行实时监控和目标跟踪，在多个角度和不同距离下观察目标，增加识别的准确性，从而可以提高对可疑人员或犯罪活动的预警能力。

(2) 提升交通管理能力：无人机可在空中实时监控大范围的交通情况，通过目标识别技术，自动识别和跟踪特定车辆、行人或交通设施。这有助于交通管理部门掌握实时的交通流量、事故发生情况和道路拥堵情况，从而及时采取措施，进行调度和管理。

(3) 提升军事侦察能力：无人机目标识别技术可以在不同时间和地点对特定的敌方目标(如车辆、人员或装备)进行持续跟踪，即使目标改变位置或外观，无人机也能通过重识别技术准确锁定并跟踪目标。这对于长时间监控敌方部队、武器运输或关键人物的动向具有重要意义。

无人机目标识别的研究不仅具有理论上的学术价值，还在实践中对各个领域产生深远的影响。它的进步能够显著提高无人机系统的智能化水平，使其在多个应用场景中发挥更大作用，为社会的安全、管理和发展做出贡献。

4.4　目标个体识别基本方法

1. 数据端

数据端方法在深度学习中的作用至关重要，它们不仅影响模型的训练效果，还直接关系到模型的泛化能力和实际应用表现。通过合理设计和优化数据端方法，可以显著提升目标重识别模型的性能。

ReID 的数据增强是一种在不实质增加数据的情况下，从有限的数据中产生更多变种的方法。常见的数据增强方法包括：①随机裁剪，把图像按一定比例放大(如 1∶8)，再随机裁剪。②翻转，通过镜像源图像来使数据更加多样化。③随机擦除，在不同的训练轮次(epoch)中，在原始图像中去除一个预先定义大小范围的矩形块。④自动数据增强(auto-augment)，通过数据来学习到一种最佳的扩充策略。搜索算法(使用控制器 RNN 来实现)采用一种数据增强策略，这个策略包括了处理的运算、使用的概率、使用量等信息。

ReID 的数据集标签：ReID 数据集通常包含两种类型，即图片数据集和视频数据集。图片数据集是指由单张图片组成的数据集，每张图片都包含一个人的图像。视频数据集则是由多个视频序列组成的数据集，每个视频序列都包含一个人在不同时间和角度下的图像。数据集的标签通常是由人工标注或者检测算法得到的行人、车辆图片，每个行人或车辆为一个类别子集。

ReID 的合成数据扩充：合成数据扩充是一种新的数据增强方法，它通过生成高质量的合成数据，以针对特定用例微调基础模型。例如，NVIDIA 的 Isaac Sim 和 Omniverse Replicator Agent(ORA)扩展程序可以生成合成数据，并使用 NVIDIA TAO API 训练和微调 ReID 模型，以适应用户的用例。这打开了使用合成数据以可扩展方式增强现有的真实数据集的大门，从而提高了数据集的多样性和模型的可靠性。具体来说，我们演示了如何使用从 Isaac Sim 中的 ORA 扩展程序中获得的数据，使用 NVIDIA TAO API 训练和微调 ReID 模型，以适应用户的用例。这可确保模型学习环境的独特特征和细微差别，从而实现更可靠的识别和跟踪。

2. 策略端

策略端方法在深度学习中起着至关重要的作用，它们涉及模型的训练策略、优化方法以及推理过程中的各种技巧。通过合理设计和优化策略端方法，可以显著提升模型的训练效率和推理性能，从而在实际应用中取得更好的效果。

在深度学习中，目标识别领域的策略端方法主要包括学习策略和约束等。

学习策略：通常涉及模型的训练和优化。例如，许多深度学习模型使用反向传播和梯度下降等优化算法进行训练。为防止模型在训练过程中出现过拟合，通常会采用各种正则化技术。这些技术包括权重衰减(weight decay)和丢弃法(dropout)等。权重衰减通过在损失函数中引入权重的 L_2 范数惩罚，抑制模型参数的过大值，从而防止模型对训练数据的过度拟合。dropout 则通过在训练期间随机忽略部分神经元，减少神经网络对特定神经元的依赖，增强模型的泛化能力。这些正则化技术在实际应用中能够有效提高模型的鲁棒性和在未见数据上的表现。另外，批量归一化(batch normalization)也是一种常用的策略，它可以加速模型的收敛速度并提高模型的性能。

约束：在深度学习模型中，约束通常用于限制模型的复杂性和提高模型的泛化能力。例如，L_1 和 L_2 正则化就是常见的约束，其通过对模型权重施加惩罚来防止模型过拟合。另外，最大范数约束(max-norm constraints)也是一种常用的约束，它通过限制权重向量的最大范数来防止权重过大。

3. 无人机目标识别方法

介绍完一些深度学习方法之后，将目光转向基于无人机平台的目标识别方法。随着无人机技术的快速发展，基于无人机平台的目标识别方法在多个领域中展现出了巨大的潜力和应用前景。通过结合无人机的灵活性和深度学习的强大特征提取能力，研究者能够实现高效、精准的目标识别。

无人机目标识别是无人机技术的另一个重要应用领域。目前，研究者已经提出了许多基于深度学习的无人机目标识别方法，包括两阶段目标检测算法和单阶段目标检测算法。这些算法都是基于深度学习的特征表示学习，能够自动学习目标的特征表示，从而更准确地进行目标识别。Zhang 等提出了一个覆盖真实无人机监视场景的机载人 ReID 数据集。他们利用卷积运算的子空间池来进行人的表示。Zhang 等利用无人机交付服务中基于边缘的联邦学习框架进行人的再识别，可以有效地定位目标接收器。Wang 等构建了一个用于车辆再识别的数据集，从无人机的角度将特定的车辆与其他车辆区分开来。Dong 等提出了一种基于区块链集成智能无人机交付系统的联合学习人员再识别方法，分析了该系统在各种安全攻击下的弹性。

4.5 无人机目标个体识别任务

4.5.1 跨视角目标个体识别

跨视角目标个体识别任务是无人机目标个体识别的一项关键任务，其目标是识别和理解从不同视角拍摄的同一目标的图像，要求模型能够辨认出从多个显著不同的视角拍摄的相同目标。例如，无论是从侧面、正面还是顶部拍摄，模型都应能确认图像中的车辆为同一辆车。无人机的运动特性使得它们可以从多个角度和高度捕捉目标，这导致无人机平台在执行目标个体识别任务时，相较基于地面平台的应用场景，它们往往面临着更加独特而复杂的挑战。这一典型任务在军事侦察、城市监控、交通管理等多个领域均有广泛的应用。

1. 任务挑战

视角变化是无人机平台带来的显著跨视角场景中的核心挑战，具体涉及以下几个方面。

几何变形：包括投影变化和物体的旋转平移。物体在图像平面的投影因观察角度不同而改变，这导致物体的形状、大小和比例在图像中出现扭曲。例如，一个正方形物体从侧面看可能变为长方形，圆形物体在侧视图中可能呈椭圆形。另外，当视角改变时，物体相对于观察者的朝向和距离也会改变，这在图像中表现为物体的旋转和平移。

特征不一致性：从不同视角观察，受光线、角度等因素影响，同一物体的纹理和边缘可能会出现不同的表现，这使得从一个视角学到的特征在另一个视角下不再适用。此外，光照条件的变化还可以显著影响物体的颜色表现，不同的光照条件和阴影效果可能会在不同视角的图像中产生不同的颜色表现。

信息丢失：在复杂的环境中，从特定的视角看，某些物体或物体的部分可能被其他物体遮挡，如车辆的某一侧面在特定视角下完全不可见。这导致关键信息的丢失，从而影响识别准确性。

2. 解决方法

对于显著跨视角目标个体识别的挑战，研究者已经开发了一系列更具体和专业的方法来处理视角变化带来的问题。这些方法主要可以分为三大类：特征提取与匹配方法、基于几何模型的方法以及基于三维的方法。

1) 特征提取与匹配方法

这一类方法旨在找到可以在多个视角中稳定存在的特征，并进行有效匹配，是机器学习中的经典方法。其主要技术包括局部不变特征提取和特征描述子匹配。

局部不变特征提取：使用尺度不变特征变换、加速稳健特征(SURF)等局部特征提取算法，这些算法能够识别并描述图像中的关键点，这些关键点对旋转、尺度变化和亮度变化具有较高的不变性。

特征描述子匹配：通过特征描述子(如 FLANN、快速最近邻搜索)进行高效的特征匹配，以识别来自不同视角图像中的相同物体。

2) 基于几何模型的方法

基于几何模型的方法在跨视角目标个体识别任务中发挥着重要作用，主要依靠计算机视觉中的多视角几何原理，通过数学和几何工具来描述和理解不同视角之间的图像变换。

几何关系矩阵法：几何关系矩阵在多视角几何中用来描述两个摄像头视角之间的线性关系。以基础矩阵为例，基础矩阵是一个 3×3 矩阵，用于描述两个不同摄像头视角之间的对极几何，即任意一个摄像头视角中的一个点如何通过对极线与另一个视角中的点相对应。基础矩阵不需要摄像头的内部参数(焦距、光心等)，适用于无校正的摄像头系统。针对已知相机参数的场景，考虑摄像头内参的本质矩阵能更精确地描述几何关系。

图像变换法：仿射变换等图像变换方法可用于校正或模拟由视角差异造成的图像扭曲，使得图像之间可以更容易进行比较。仿射变换包括旋转、缩放、平移和剪切，它可以用来模拟和纠正图像的视角变化，但保持图像中点的共线性和平行性。通过应用仿射变换，可以从一个视角的图像转换到另一个视角的图像。同视变换、射影变换等是仿射变换的扩展，它还包括视点变化引起的透视效应。同视变换能更全面地处理视角变化带来的图像扭曲，包括近大远小的透视缩放效应，非常适用于从极端角度拍摄的图像。

3) 基于三维的方法

基于三维的跨视角目标个体识别方法通过建立物体或场景的三维表示来处理和解决不同视角下的识别问题。这类方法能够有效应对由视角变化带来的外观差异，因为它们依赖于物体的空间结构，而非仅依赖于从特定视角捕获的二维图像信息。

这类方法主要包括直接匹配和间接匹配两种。直接匹配是指使用通过三维重建得到的物体三维模型，之后运行三维模型匹配方法进行三维特征提取和匹配，这一方法相当于将二维空间中的问题转换为三维空间的问题。间接匹配则是通过三维重建得到多个物体在三维空间中的表示后，统一对其进行姿态和方向矫正，消除视角变化对目标外观的影响，保留其他辨识性特征，再将其映射回二维图像，使用常规的识别方法进行特征提取和匹配。

4.5.2 跨模态目标个体识别

在实际应用中，多台无人机往往会搭载多种不同模态的传感器，这使得跨模态目标个体识别是一项复杂且关键的任务。跨模态目标个体识别任务涉及根据从不同模态传感器中获取的数据来识别和确认目标个体。例如，无人机可能同时使用可见光摄像头捕捉图像和使用红外摄像头捕捉热图，通过这些不同类型的数据来识别特定的人或物体。另外，多无人机系统搭载不同模态的传感器时，它们能从多个维度获取关于同一目标的信息。有效地融合和利用这些不同模态的数据，对于提高识别准确性和鲁棒性至关重要。

1. 任务挑战

跨模态目标个体识别任务面临两大核心挑战：跨模态识别和多模态融合。这些挑战源于从不同模态传感器获得的信息在特性和表示方式上的差异，以及如何有效整合这些信息以提高识别精度和效率。

跨模态识别涉及的主要挑战是不同传感器输出数据之间存在的本质差异，这些差异通常表现在以下几个方面。

数据特性差异：不同模态传感器，如可见光摄像头和红外摄像头，捕捉的数据类型和质量不同。例如，可见光图像依赖光照条件，红外图像反映热辐射，两者的图像内容虽然描述相同的物理世界，但所表现的特征和细节有显著差异。

特征表达不一致：由于每种传感器捕捉到的信息维度和焦点不同，即使是同一目标，其在不同模态下的特征表达也会有所不同，这增加了特征匹配和识别的复杂度。

数据同步与对齐问题：在实际应用中，不同模态的数据捕捉可能存在时间和空间上的错位，需要精确的同步和对齐过程，以确保数据间的一致性，从而有效进行后续的分析和处理。

多模态融合旨在将来自不同传感器的数据整合在一起，以提取更丰富的信息并提高识别的准确性和鲁棒性。该过程面临以下挑战。

融合策略选择：选择合适的融合策略是关键，包括早期融合、中期融合和晚期融合。每种策略有其优势和局限性，在特征提取的早期进行融合可能导致信息丢失，在晚期对已被深度处理的高级特征进行融合则可能缺乏足够的上下文信息。

信息冗余与冲突：在融合多模态数据时，可能会遇到信息冗余或冲突的问题。有效地处理这些信息，提取有用的特征而避免信息的冗余和冲突，是设计融合算法时的一个难题。

2. 现有方法

1) 多模态深度融合网络

针对跨模态问题，最常见的解决方案为异构网络结构设计，即针对每种模态设计专门的子网络结构。例如，对于图像数据使用卷积神经网络；对于声音或雷达信号使用循环神经网络；对于同模态数据的不同子模态数据(如可见光图像和红外图像)使用独立的特征提取结构，并在更深的网络层中融合这些模态的特征表示。

一般认为，为不同模态数据使用异构网络的本质是使用不同的模型参数和不同的潜在信息处理机制。近年部分研究认为，使用提示学习等动态调整模型参数的技术也可以达到类似效果。

2) 基于图的融合方法

构建多模态信息图，将不同模态的数据表示为图中的节点，在图中不仅包含单一模态的节点，还包括跨模态的边。使用图神经网络对这种结构进行处理，通过节点间的边来表示和学习不同模态之间的依赖关系，可以学习跨模态的深层次关联。

3) 生成式模态补偿方法

使用生成对抗网络和扩散网络来生成缺失模态的数据或改进现有模态数据的质量。例如，可以根据红外图像生成相对应的可见光图像，以帮助解决训练过程中的模态不一致问题。

基于此，使用联合表征学习的策略，即在 GAN 的框架下，同时训练一个生成器和一个判别器，生成器试图将一种模态的数据转换为另一种模态的数据，判别器则试图区分真实的目标模态数据和生成的数据，通过这种方式提高模态转换的准确性。

4) 跨模态一致特征学习方法

部分研究认为，影响跨模态目标个体识别的主要因素是模态间的固有差异，除了使用生成式模型进行模态补偿以缩小模态间差异外，还可以通过排除不同模态特有信息的干扰，学习跨模态一致特征用于跨模态识别。

此类方法是跨模态目标个体识别任务中的主流方法，主要使用各种对齐和约束操作使得跨模态特征保持一致。例如，有研究提出对每个模态的模态不变结构特征进行建模，利用人体结构和部位位置信息，在部位层面学习跨模态一致特征。

5) 自适应特征融合技术

自适应特征融合技术主要针对联合使用多模态数据进行目标个体识别的场景。该技术包括两方面策略：动态权重调整和条件融合网络。动态权重调整指根据不同情景自动调整各模态数据在决策过程中的权重。例如，在光线不足的情况下增加红外数据的权重。条件融合网络指实施条件融合策略，根据任务的具体需求和外部环境条件选择合适的融合方法和参数。例如，使用条件神经网络层，根据输入数据的特性动态选择融合方式。

4.5.3 多尺度目标个体识别

多尺度目标个体识别是计算机视觉、模式识别和图像处理领域中最为活跃的研究主题之一，其核心在于利用先进的计算机视觉技术来识别特定个体。多尺度目标个体识别特别强调在空间尺度、特征尺度、时间尺度和频率尺度等不同条件下对同一目标进行识别。这种方法的挑战在于如何有效地处理目标在不同尺度下的表现及其特征的变化。尤其是在使用无人机进行目标个体识别时，由于无人机具有机动性强、覆盖范围广以及焦段广等特点，这一挑战尤为明显。具体而言，无人机在进行多尺度目标个体识别时主要面临小目标识别和跨尺度一致性这两大主要问题。

1. 解决小目标识别的问题

为了解决小目标识别的问题，研究主要集中在改进特征提取方法和数据增强策略上。特征提取方法的改进包括多尺度特征融合和引入注意力机制。通过多尺度特征融合，模型可以在不同的尺度上提取和组合特征，从而提升对小目标的识别能力。注意力机制则使模型能够关注重要的区域，并忽略无关的背景噪声，从而进一步提高识别的鲁棒性。

数据增强策略在小目标识别方面也起到了至关重要的作用。通过多尺度数据增强策略，模型能够适应不同尺度的目标，提高其对多样化目标的识别能力。此外，超分辨率技术广泛用于提高小目标的图像分辨率，从而增强目标的细节信息和模型的辨识能力。设计特定的小目标特征增强网络也是一种有效的策略，通过特定的网络结构来专门处理小目标的检测和识别任务。

2. 解决跨尺度一致性的问题

针对跨尺度一致性问题，研究主要集中在跨尺度特征对齐和训练策略上。跨尺度一致性损失函数的设计是其中的一项重要技术，通过在训练过程中对不同尺度下的特征进行对齐，确保模型在处理不同尺度的目标时能保持特征表示的一致性。域适应技术和特征对齐网络的应用，使得模型可以在共同的特征空间中对齐不同尺度下的特征，从而减小特征之间的差别。通过这些技术，模型能够有效地处理不同尺度下的特征差异，提高了识别的准确性和鲁棒性。未来的研究将继续探索深度学习和计算机视觉技术在多尺度目标个体识别中的应用，进一步提升其性能和实用性。随着技术的进步，更多的算法和模型将被提出，以应对日益复杂的识别任务和环境挑战。

在多尺度目标个体识别任务中，近年来的研究也显著推动了相关技术的发展。动态区域卷积神经网络(dynamic region-based convolutional neural network, Dynamic R-CNN)是一种在小目标识别和跨尺度一致性问题上展现了显著优势的方法。Dynamic R-CNN 通过动态调整训练过程中的样本质量和损失函数，使模型能够更加专注于高质量的小目标样本。其自适应正负样本筛选和自适应回归损失机制，提升了对小目标特征的学习精度，进而改善了检测性能。特别是结合焦点损失，Dynamic R-CNN 有效地解决了小目标与背景之间的比例失衡问题，从而显著提高了对小目标的识别准确性和鲁棒性。

特征金字塔网络在多尺度目标个体识别中的应用同样广泛且有效。FPN 通过构建多层次的金字塔结构，在不同尺度上提取和融合特征，显著提升了对小目标的识别能力。其高分辨率特征图能够保留小目标的细节信息，使得在复杂背景中，小目标也能被准确识别。FPN 在跨尺度一致性方面，通过在不同层次上提取并融合特征，确保了特征表示在不同尺度下的稳定性和一致性，从而有效减小了特征之间的差异。此种多尺度特征融合的方法不仅提高了检测精度，还在复杂环境下提升了目标个体识别系统的整体性能。

综上所述，这些技术方法在处理目标个体识别中的小目标识别和跨尺度一致性问题方面，都展现出了显著的优势。通过不断优化这些方法，未来的研究将继续推动目标个体识别技术的进步，提升其在实际应用中的性能和可靠性。

4.5.4　多类别目标个体识别

在实际应用中，目标个体识别算法除了面对模态、尺度等因素差异外，同样面对待识别目标个体类别的变化。具体而言，目标个体识别算法在实际使用中可能并不仅局限于处理行人、车辆等常见类别，也需要处理如遗失物品、野生动物等稀有类别的目标。然而，多类别的目标个体识别任务并不简单，这要求模型具有充足的知识以处理各个类别下的输入，并能够通过自适应的知识选择机制，动态地适应各个类别下的目标。

针对这一问题，研究人员通常从两方面提出解决方案，即数据端和模型端。针对数据端，构建大规模多类别目标个体识别数据集是完成多类别识别任务的关键。这类数据集中蕴含的丰富知识可以使得目标个体识别模型快速适应不同类别的目标输入，捕捉关键的辨识性细节。举例而言，Sangkloy Patsorn 等提出了一个多类别细粒度检索数据集 Sketchy，该数据集包含 125 个不同的目标类别，每个类别内包含 100 张 RGB 图像和 5～8 张手绘简图，用以进行多类别检索模型的训练。类似地，Bingliang Jiao 等提出了多类别野生动物目标个体识别数据集 Wildlife-71，其中包含 71 类不同的野生动物，用于多类别目标个体识别模型的训练。这些大规模多类别数据集的提出为多类别目标个体识别技术的研究提供了数据基础。

针对模型端，常用的多类别目标个体识别算法主要利用局部匹配技术和上下文感知技术。具体而言，局部匹配技术借鉴了人类在辨识未知类别目标时的认知过程，通过逐步且细致地比对待识别目标的各个细粒度细节，实现对目标的识别。举例来说，Fengyin Lin 等提出利用交叉注意力算法，对待匹配图像对进行逐像素的比对，进而实现对目标身份的精确识别。此外，另一种在多类别目标个体识别中常用的技术是上下文感知技术。该技术通常通过向模型提供目标类别的语义知识，帮助其动态地适应不同的目标类别。上下文感知技术能够使模型理解与目标类别相关的信息，从而增强其识别和区分不同类别目标的能力。举例而言，Bingliang Jiao 等提出了 UniReID 模型，通过向模型注入来自视觉和文本双模态下的类别知识并将其作为引导，帮助目标个体识别模型动态地适应各个目标类别，以提升其多类别识别能力。截至目前，尽管多类别目标个体识别任务具有广泛的应用前景，但由于数据规模等因素的限制，相关研究仍处于初期阶段，需要研究人员的不懈努力来克服这些困难，推动这一领域的发展。

4.6 无人机目标行为识别介绍

目标行为识别是计算机视觉中的一个重要课题，旨在从视频中识别并理解目标执行的具体动作。近年来，随着深度学习的发展，行为识别技术取得了显著进步。然而，针对航空视频的目标行为识别由于其独特的拍摄视角和数据特点，仍然面临许多挑战。

航空视频数据通常由无人机拍摄，具有独特的视角(俯视或斜视)、动态背景、高度变化以及可能的运动模糊。这些特性使得航空视频中的目标通常只占据画面的一小部分(约 10%像素)，背景信息占据了大部分视野。此外，拍摄高度和角度的变化会导致目标尺度变化和遮挡问题。

在处理航空视频时，帧采样策略至关重要。传统的固定间隔采样或随机采样无法充分捕捉视频中的关键动作信息。近年来，研究者提出了多种基于运动信息的帧采样方法，如基于运动导向的采样、基于学习驱动的帧选择与基于互信息(mutual information, MI)驱动的帧采样。

基于运动导向的采样通过分析相邻帧之间的运动变化来选择关键帧。这类方法能够在一定程度上提升识别准确性。Wang 等提出了一种基于光流累积的帧选择方法，该方法通过计算每帧与参考帧之间的光流累积值，选择运动变化最大的帧进行识别。实验结果表明，该方法在复杂背景下具有较高的鲁棒性。

基于学习驱动的帧选择则采用强化学习(reinforcement learning)或策略梯度训练的长短时记忆(LSTM)网络模型，动态选择信息量较高的帧。这些方法在未修剪的视频中表现较好，但训练复杂且依赖大量标注数据。Yeung 等提出了一种基于策略梯度的帧选择方法。该方法利用长短时记忆网络模型对视频帧序列进行建模，通过策略梯度优化选择关键帧。实验结果表明，该方法能够显著减少处理帧数，同时保持高识别准确率。

基于互信息驱动的帧采样主要利用互信息来选择视频中的关键帧。互信息是一种统计量，用来衡量两个变量之间的依赖性或相关性。在视频动作识别中，互信息可以用来量化视频帧与动作标签之间的相关性，选择最具信息量的帧以提高识别准确性。Cover 和 Thomas 在其著作中详细介绍了互信息的基本理论及其在信息论中的应用。相较于传统的相似性度量方法(如欧几里得距离、余弦相似性)，此方法有效解决了由背景噪声和帧不稳定性导致的效果不佳问题。分块互信息(patch mutual information, PMI)作为一种改进的RMI方法，通过计算相邻帧之间的分块相似性，有效地增强了运动信息的表达。具体来说，首先提取每个视频帧的分块特征，然后计算这些特征之间的相似性，最后根据相似性选择关键帧进行行为识别。这种方法不仅考虑了空间信息，还有效利用了时间信息，提高了识别的准确性和鲁棒性。

4.7　无人机目标行为识别基本方法

微课

4.7.1　目标行为识别传统方法

传统方法主要依赖于手工特征提取和基于统计模型的分析方法。这些方法在早期的行为识别和预测研究中占据了主导地位。虽然这些方法在处理简单、静态背景的视频时表现良好，但在面对复杂背景和高动态场景的无人机视频时，效果较差。其中主要方法有光流法、运动轨迹分析、形状特征提取、隐马尔可夫模型(hidden Markov model, HMM)以及统计特征分析。

光流法是通过计算视频帧之间的像素运动，提取运动特征的一种方法。光流法基于以下假设：在短时间内，物体在视频帧之间的运动是平滑和连续的。光流法可以分为稠密光流和稀疏光流两种。稠密光流旨在计算每个像素点的运动向量，能够提供详细的运动信息，但计算量大，适用于小范围的运动分析。稀疏光流只计算特定特征点的运动向量，计算量小，适用于大范围的运动分析。

运动轨迹分析方法通过跟踪视频中的运动目标，分析其轨迹变化来识别动作。常见的方法包括特征点跟踪与边界框跟踪。特征点跟踪通过检测并跟踪视频帧中的特征点，生成运动轨迹，经典算法如 Kanade-Lucas-Tomasi(KLT)特征跟踪算法。边界框跟踪通过检测并跟踪运动目标的边界框，生成目标的运动轨迹，常见的方法包括卡尔曼滤波和粒子滤波。这些方法能够有效地捕捉目标的运动轨迹，但在处理复杂背景和多目标情况下，容易受到干扰。

形状特征提取方法通过分析视频帧中的目标形状，提取其运动特征。这些方法通常依赖于目标的轮廓、边界或骨架等信息，常见的方法包括轮廓跟踪与骨架提取。轮廓跟踪旨在通过检测并跟踪目标的轮廓，提取其运动特征，经典算法如 Canny 边缘检测和 Sobel 算了。骨架提取旨在通过提取目标的骨架结构，分析其运动特征，常见的方法包括形态学运算和图像处理技术。形状特征提取方法在目标形状变化较小的情况下效果较好，但在复杂场景下容易受到背景噪声的干扰。

隐马尔可夫模型是一种统计模型，通过建立状态转移模型来识别动作序列。在 HMM 中，动作被建模为状态序列，每个状态代表一个特定的动作。HMM 通过学习状态转移概率和观察概率，来识别视频中的动作，常见的应用包括手势识别和人类行为分析。HMM 在处理时间序列数据方面表现良好，但在面对复杂的动作序列时，模型的训练和推断较为复杂。HMM 示意如图 4-4 所示。

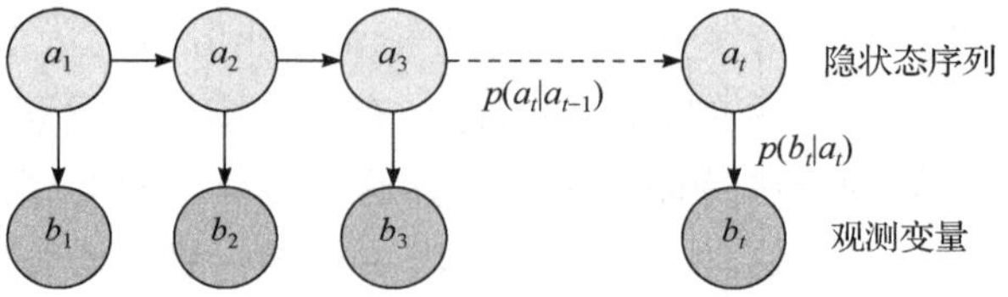

图 4-4　HMM 示意图

统计特征分析方法通过提取视频中的统计特征，来识别动作。常见的统计特征包括运动速度、加速度、方向变化等。这些方法通常结合机器学习算法，如支持向量机和决策树，来进行动作分类。统计特征分析方法在处理简单动作序列时效果较好，但在面对复杂的动作模式时，特征提取和选择较为困难。

传统方法在行为识别和预测研究中具有重要的历史地位，提供了许多基础性的理论和方法。然而，这些方法在处理复杂背景和高动态场景的无人机视频时存在诸多挑战。随着深度学习技术的发展，基于深度学习的方法逐渐成为主流，显著提高了行为识别和预测的准确性和鲁棒性。在后面，将详细探讨基于深度学习的方法及其在无人机航拍视频中的应用。

深度学习方法利用大规模数据和复杂模型，实现了对视频中动作的高效识别和预测。相比传统方法，深度学习方法能够自动提取高层次特征，具有更强的适应性和泛化能力。其中主要方法包括卷积神经网络、3D 卷积神经网络(3D convolutional neural networks, 3D-CNN)、循环神经网络、长短时记忆网络、生成对抗网络与注意力机制。

4.7.2　基于卷积神经网络的目标行为识别方法

卷积神经网络是深度学习中处理图像和视频的基础模型。CNN 通过卷积层、池化层和全连接层的堆叠，自动提取视频帧中的空间特征。CNN 在视频行为识别中经常应用于空间特征提取与帧级特征融合。空间特征提取是利用 CNN 进行卷积操作以提取视频帧中的局部特征，如边缘、纹理和形状。这些特征在高层次卷积层中逐渐组合成更复杂的特征表示。帧级特征融合则是为了捕捉视频中的时间信息，通常会将连续的多帧输入 CNN 中，提取每帧的特征后再进行融合。这种方法能够捕捉短时间内的运动信息，但无法建模长时间的依赖关系。经典的 CNN 架构(如 AlexNet 和 VGG)已经广泛应用于视频行为识别中。这些模型通过预训练的方式在大规模图像数据集上进行训练，然后迁移到视频行为识别任务中。另外，作为视频行为识别领域里程碑式的模型，Two-Stream CNN 则巧妙地结合了图像和光流信息，显著提升了视频行为识别的准确率。Two-Stream CNN 由空间流和时间流两个独立的 CNN 组成，空间流直接处理视频中的 RGB 图像帧，捕捉静态外观特征；时间流则用于处理光流场，捕捉视频中的运动信息。将两个流的特征进行融合，综合考虑静态和动态信息，从而提高模型的表达能力。视频分类双流架构如图 4-5 所示。

3D 卷积神经网络通过在时间维度上进行卷积操作，能够同时提取视频的空间和时间特征。3D-CNN 在处理视频数据时具有天然的优势，在视频行为识别中，其应用于时空特征提取和时空池化。3D-CNN 通过 3D 卷积核同时在空间和时间维度上进行卷积操作，

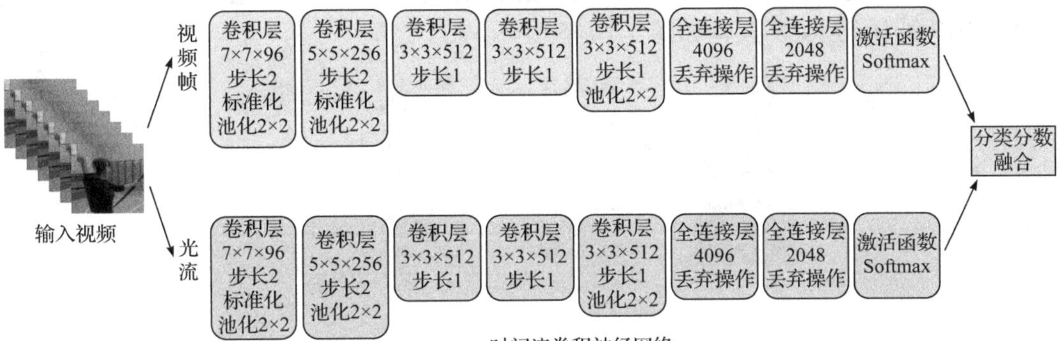

图 4-5 视频分类双流架构

提取视频中的时空特征。这种方法能够捕捉视频中的连续运动信息。同时，3D-CNN 通常结合时空池化操作，进一步提取时空特征的高层次表示。这种方法能够有效减少模型参数，提升计算效率。经典的 3D-CNN 架构(如 C3D 和 I3D)在视频行为识别中表现优异。这些模型通过在大规模视频数据集上进行预训练，能够捕捉丰富的时空特征。I3D 模型-V1 架构及其详细的子模块如图 4-6 所示。

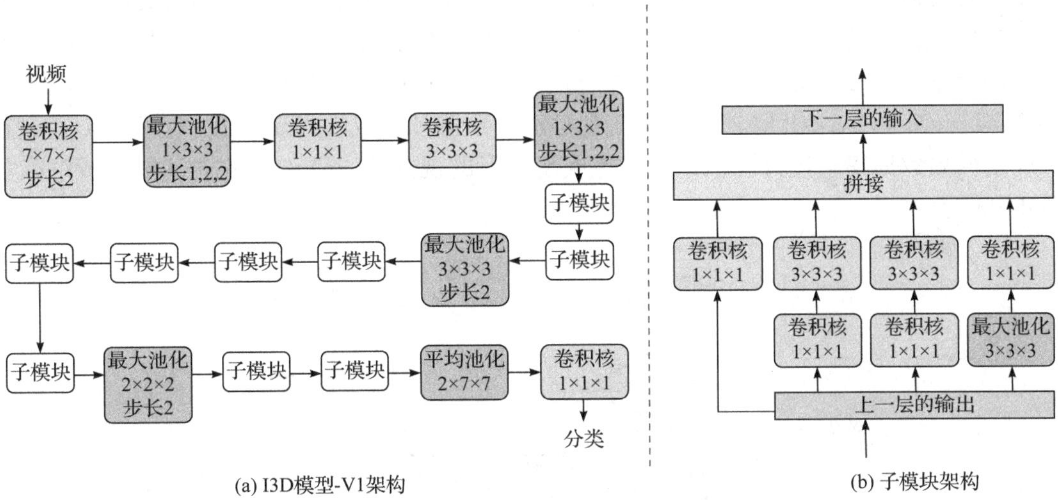

图 4-6 I3D 模型-V1 架构及其详细的子模块

4.7.3 基于循环神经网络的目标行为识别方法

循环神经网络和长短时记忆网络专门用于处理序列数据，能够捕捉时间序列中的长时间依赖关系。RNN 通过在每个时间步更新隐藏状态，传递序列信息；LSTM 则通过引入记忆单元，解决了 RNN 在处理长时间依赖关系时的梯度消失问题。RNN 和 LSTM 能够对视频帧序列进行建模，捕捉视频中的动态变化。每个时间步的输入可以是 CNN 提取的帧级特征，RNN/LSTM 通过隐藏状态传递时间信息。为了增强模型的表达能力，通常会堆叠多层 RNN/LSTM，使其能够捕捉更复杂的时间依赖关系。经典的 RNN/LSTM 架构，如 Graves 等提出的深度 LSTM 和 Sundermeyer 等提出的堆叠 RNN，已经广泛应用于视频行为识别中。LRCN 架构如图 4-7 所示。

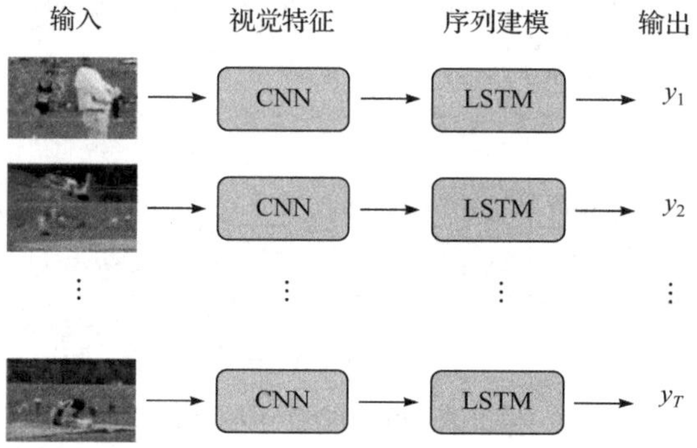

图 4-7　LRCN 架构图

4.7.4　基于生成对抗网络的目标行为识别方法

生成对抗网络通过生成器和判别器的对抗训练，实现数据的生成和预测。GAN 在视频动作预测和生成方面具有很大的潜力。在动作预测中，GAN 通过生成器生成未来的视频帧，通过判别器判断生成的帧是否真实，逐步提高生成器的能力。这种方法能够用于预测视频中目标的未来行为。另外，GAN 还可以通过生成器生成符合特定动作的视频帧，能够用于数据增强和动作模拟。这种方法能够提高行为识别模型的泛化能力。经典的 GAN 架构(如 VGAN 和 MoCoGAN)在视频动作预测和生成中表现良好。这些模型通过在大规模视频数据集上进行训练，能够生成高质量的视频帧。MoCoGAN 视频生成框架如图 4-8 所示。

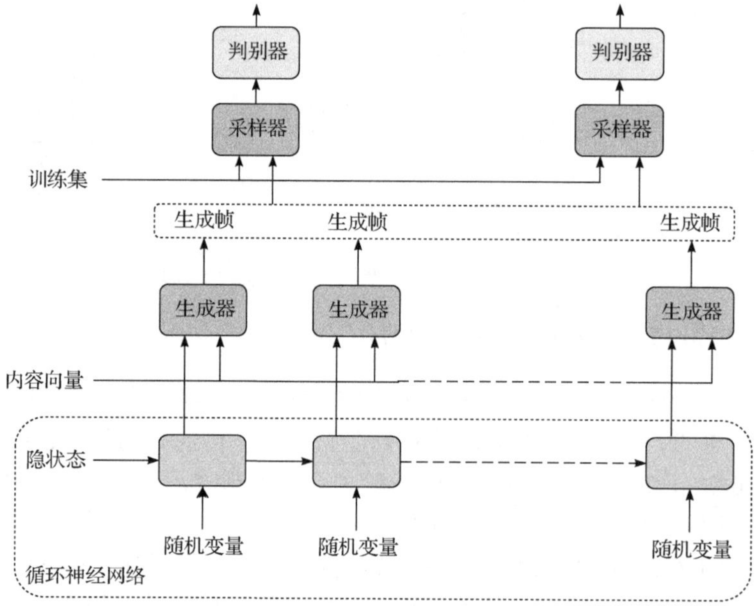

图 4-8　MoCoGAN 视频生成框架

4.7.5 基于注意力机制的目标行为识别方法

注意力机制通过自适应地关注视频中重要的时空区域，提高识别精度。注意力机制在视频行为识别中具有显著优势。在空间注意力方面，通过关注视频帧中的重要区域，可以提高空间特征的表示能力，如空间注意力机制。在时间注意力方面，通过关注视频帧序列中的重要时间步，可提高时间特征的表示能力，如时间注意力机制。在二者结合方面，同时关注视频中的重要时空区域，如双流注意力机制(two-stream attention)。经典的注意力机制模型(如 Non-local Networks 和 TRN)在视频行为识别中表现优异。这些模型通过引入注意力机制，能够显著提高行为识别的准确性。时空 Non-local 块如图 4-9 所示。

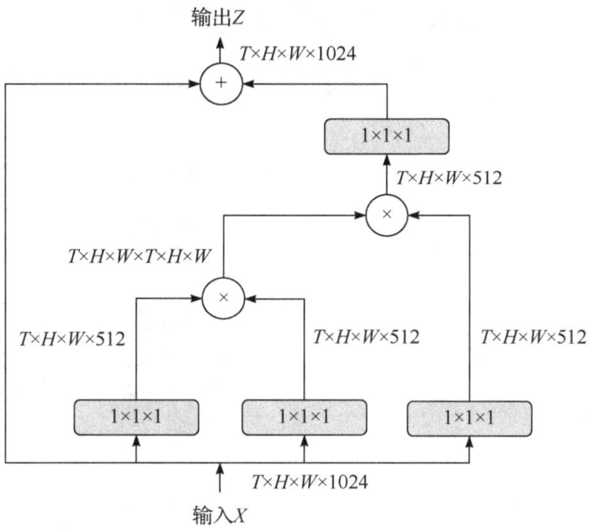

图 4-9 时空 Non-local 块

Dosovitskiy 等提出视觉 Transformer，将图像分割成多个块，并将其视为单词，然后利用 Transformer 的编码器来建模这些图像块之间的关系，从而获得图像的全局表示。将图像扩展到视频帧，对视频帧进行分块，利用视觉 Transformer 来建模视频帧之间的时空关系，可以完成对视频的分类、动作识别等任务。另外，对于视频生成、视频填补任务，可以通过预训练的 VideoMAE 模型实现。VideoMAE 随机掩盖视频帧中的部分块，利用 Transformer 来预测这些被掩盖的块的内容从而学习视频的表征。视觉 Transformer 架构如图 4-10 所示。

视觉语言模型(vision-language model, VLM)通过将视觉和语言信息进行深度融合，实现了跨模态的语义对齐，从而更准确地理解视频内容，提高了视频问答和视频描述生成的性能。Sun 等提出了 VideoBERT，将视频帧和文本描述共同输入 Transformer 模型中，通过自监督学习的方式来学习视频和文本的联合表示。在视频分析中可以利用预训练的 VideoBERT 模型，根据视频内容生成自然语言描述。ViLT 利用对比学习来学习视频和文本的联合表示，提高了视频描述生成的质量。传统架构与 ViLT 架构如图 4-11 所示。

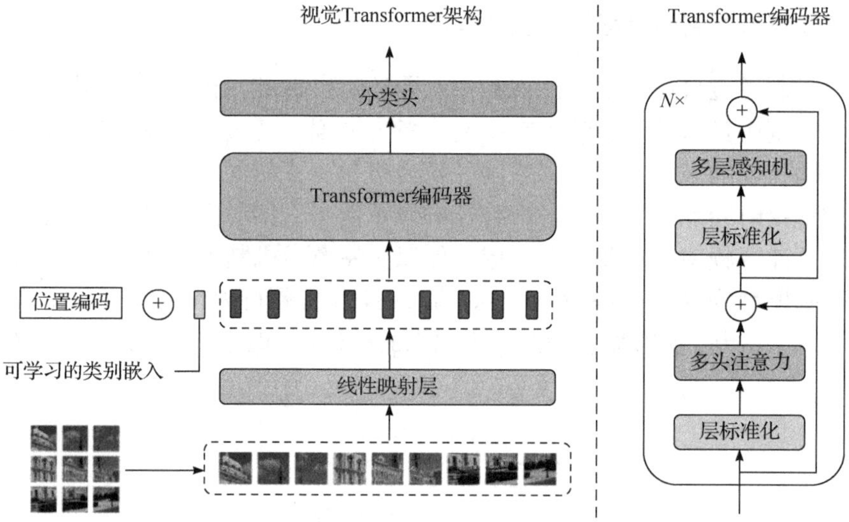

图 4-10 视觉 Transformer 架构

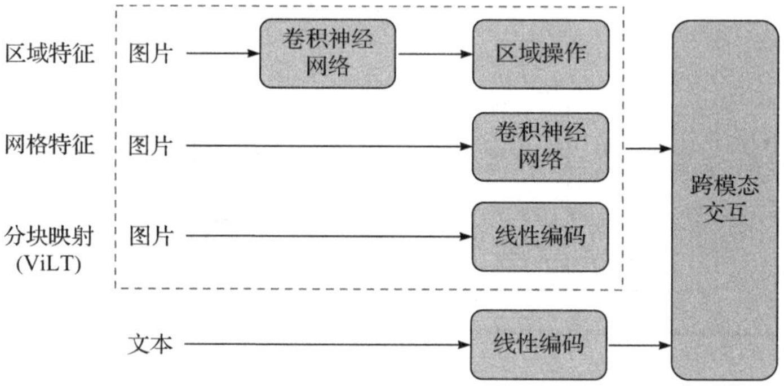

图 4-11 传统架构与 ViLT 架构

4.8 无人机目标行为预测

近年来，随着无人机技术的飞速发展及其在各个领域的广泛应用，目标行为预测成为学术界和工业界共同关注的重要课题。无人机不仅用于军事侦察、安防监控，还在农业监测、物流配送等领域发挥着重要作用。在这些应用场景中，准确预测地面或空中的目标行为对于实现自主导航、智能决策以及避免潜在风险具有重要意义。目标行为预测技术通常包括视频预测、轨迹预测和异常预测，其分别用于分析和预测目标的未来状态、路径以及识别异常行为。

4.8.1 基于视频预测的无人机目标行为预测方法

直接预测未来的视频帧是目标行为预测任务最直观的方式。视频预测任务的目标是在给定历史帧序列的情况下预测未来的帧。它通常归类为低级计算机视觉任务，因为它侧重于直接处理像素值。尽管有这种分类，但它与其他低级任务不同，因为它隐含地要求对场景动态和时间一致性有更复杂的理解，而这通常是高级视觉任务的特征。由于直接预测未来的视频帧对于传统机器学习方法过于困难，因此主要的视频预测方法都是基于统计和深度学习的方法。图 4-12 所示为基于视频预测的无人机目标行为预测。

图 4-12　基于视频预测的无人机目标行为预测

视频预测模型的性能很大程度上取决于视频预测模型使用的训练数据集的多样性、质量和特征。通常来说，质量低、种类少的视频预测数据集会导致视频预测模型的泛化性受限。同时，由于视频预测任务较为困难，许多数据集会补充额外的高级特征提示信息，如目标包围框、深度图、光流、语义分割图等。常用的视频预测数据集包括 UCF-101、Sports-1M、Youtube-8M 和 WebVid 等。

早期的视频预测研究主要是直接对原始像素空间进行建模，计算量巨大，可用分辨率较低。这些视频预测方法主要以循环神经网络或卷积神经网络为主体构建模型并训练。对原始像素空间进行建模和预测难度高，计算量大，因此复杂的高分辨率视频预测是一个巨大的挑战。对此，许多研究人员通过引入高级特征来辅助进行视频预测，如光流和分割掩模等，或者直接对这些高级特征进行预测。在基于光流的预测上，FVS 通过结合语义分割图、实例图和帧序列的光流等辅助信息，提高预测视频的质量，但是多种数据形式的输入也提升了模型的复杂度。DMVFN 扩展了密集体素流的思想，并集成了一个可微路由模块，这一添加对于使模型能够更有效地捕获和表示不同尺度的运动至关重要。另外，许多研究人员则注重于对未来帧的语义分割信息进行预测，该方法与传统的原始像素预测方法不同，转向语义地图，缩小了预测范围，丰富了场景理解。S2S 模型是一种开创性的端到端系统，它集成并处理输入帧的 RGB 图和语义图，并对未来的语义图进行预测，这种集成不仅提高了未来语义分割的效果，而且也提升了视频帧预测的效果，展示了语义级预测的独特优势。在此基础上，SADM 进一步创新，将光流与语义映射相结合，这种融合利用光流来进行运动跟踪，利用语义图来对外观细节进行建模，利用前者来预测分割图像，利用后者来进行语义分割区域的着色。

在早期，视频预测主要被认为是一项低级的计算机视觉任务，重点采用确定性算法来提高像素级指标，如 MSE、PSNR 和 SSIM。然而，这种方法固有地限制了这些模型创造性输出的潜力，将可能的运动结果限制为单一的固定结果，大大降低了这些算法的实际适用性。认识到这个问题，视频预测领域已经发生了范式转变，从依赖短期确定性预测转向接受长期随机性预测。虽然随机性预测可能会产生与基本事实显著偏离的结果，但它在促进对视频内容演变的更全面理解和增强创造性预测能力方面发挥着至关重要的作用。

随机性预测算法通过使用概率模型或引入随机分布来实现对视频运动的不确定性建模。SV2P 对视频进行随机分布估计，PFP 模型将焦点放到更全面的视频元素视图，提出了一种同时预测视频中的语义分割、深度图和光流的概率方法。另外，对抗生成在概率视频预测中也得到了广泛运用。SVG 认识到物体运动在很大程度上是确定性的，除非发生碰撞等不可预见的事件，它使用固定的和可学习的先验来建模轨迹不确定性，有效地混合了确定性和概率方法。Retrospective Cycle GAN 引入了一个旨在检测假帧的序列判别器，通过对抗方式训练模型。Vid2Vid 引入中间表示，将对抗性训练与未来的语义分割相结合。TPK 利用 VAE 提取人体姿势信息，然后利用 GAN 预测未来的姿势和帧。

随机性预测算法主要关注运动的随机性，但是这些方法往往忽略了视频中物体的生与死现象。因此，许多研究将运动从其他视频元素中分离出来，或人为地操纵其演变，提供了对运动动力学的更清晰理解，同时简化了现实世界场景的复杂性。一些方法将视频中的画面内容和运动分离，在视频预测领域，一个专门的研究方向是关注运动的显式控制。这种方法的独特之处在于，它强调根据用户定义的指令预测未来物体的位置。和传统的视频预测相比，该方法不依赖过去的运动趋势，而是通过指令直接控制生成视频的未来帧，如 VideoComposer 等。该方向由于更涉及视频生成而并非预测，因此不过多展开赘述。

对于无人机视角下、基于视频预测方法进行目标行为预测的应用目前仍未有具有影响力的工作，具体原因在于缺少专用的数据集、视频预测相较轨迹预测等方法复杂度更高等。在未来，随着视频预测技术的发展，将其应用到无人机上可能会是一个有潜力的方向。

4.8.2 基于轨迹预测的无人机目标行为预测方法

轨迹预测是行为预测的一个子领域，指在给定目标过去或当前运动轨迹的情况下，对其未来位置、速度、方向等状态信息进行预测的任务。它是许多领域中重要的组成部分，在无人飞行器、机器人、自动驾驶、运动分析等领域有着广泛的应用。基于轨迹预测的无人机目标行为预测如图 4-13 所示。

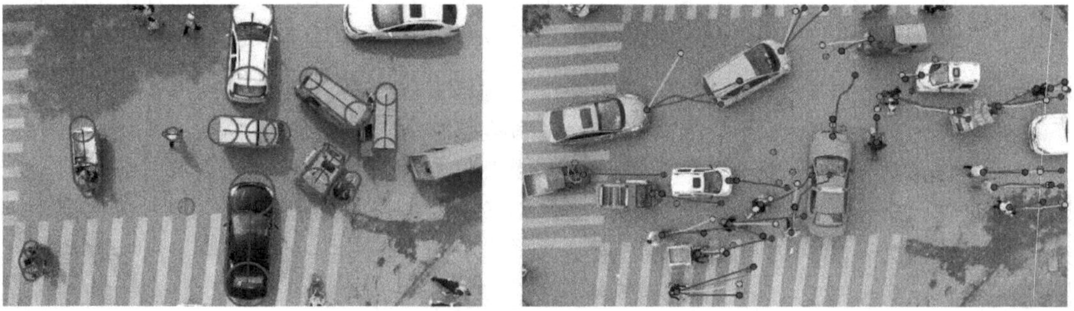

图 4-13 基于轨迹预测的无人机目标行为预测

轨迹预测的传统方法通常包括基于物理模型的方法、基于运动模式的方法和基于规划的方法。

基于物理模型的方法：这类方法利用物理模型(如动力学模型或运动学模型)来描述目标的运动规律，并根据当前状态来推断未来状态。其流程属于感知-预测，方法包括基于单模型的方法和基于多模型的方法。这类方法简单高效，不需要训练数据，但忽略了环境和交互因素，因此不适用于复杂环境，只适用于短期轨迹预测和无障碍物的开放环境，如使用卡尔曼滤波器、线性回归或自回归模型等。

基于运动模式的方法：这类方法遵循感知-学习-预测的流程，从训练数据中学习得到动态模型，统计行为模式，然后进行预测。这类方法可分为两类：基于概率的模型(如不确定性感知的方法、基于高斯过程的方法、基于可及集的方法)和基于学习的模型(如基于轨迹聚类的方法等)。这些方法适用于有复杂未知动态物体的环境和长期轨迹预测，但需要大量的训练数据。

基于规划的方法：这类方法遵循感知-推理-预测的流程，结合运动目的来推断长期路径，包含意图推断的内容，也可结合环境语义信息。这类方法也可分为两类：前向规划的方法和反向规划的方法。这些方法同样适用于长期轨迹预测。

轨迹预测的传统方法通常依赖于手工设计的特征和统计模型，这些方法在处理简单场景时表现良好，但在复杂多变的环境中可能不够鲁棒。

深度学习方法在轨迹预测中的应用主要集中在利用深度神经网络来提取和学习视频数据中的复杂特征和模式。这些方法如下。

循环神经网络：设计用于处理时序信息，能够存储先前时间步长的信息，并利用隐藏状态和输入来确定输出。在基于循环神经网络的轨迹预测研究中，一些新的结构也被提出，如基于循环卷积网络(RCN)的方法和基于胶囊网络的方法等，这些方法在轨迹预测方面都有着较好的表现。

卷积神经网络：适用于处理视觉数据，并且可以用于处理运动轨迹数据，尤其是在结合时间连续性时。基于 CNN 的轨迹预测方法主要可以分为两类：单视图方法和多视图方法。单视图方法使用当前时刻的物体轨迹作为输入，然后预测目标物体在未来的运动轨迹。多视图方法则使用多个时刻的物体轨迹作为输入，以更好地预测未来的轨迹。

生成对抗网络：本质上是一个生成模型，它主要由两部分组成，即生成器和判别器。生成器用于生成类似于真实样本的随机样本，判别器用于确定样本是真是假。通过生成器和判别器的不断博弈进化，GAN 可以获得质量更高的生成器和判断能力更强的判别器。当将 GAN 应用于轨迹预测时，生成器用于生成预测轨迹，判别器用于判断预测轨迹是否正确。

变分自编码器：自动编码器(AE)通过编码器将数据压缩为低维矢量表示，并使用解码器对低维矢量进行解码以获得重构的输出。AE 希望尽量减小重构误差。然而，AE 被指责只是“记住”数据，其生成数据的能力很差。Kingma 等提出了一种变分自编码器框架，以使用神经网络对变分推理中的分布进行参数化，从而提高模型的生成能力。

图神经网络(GNN)：当涉及考虑交互相关因素的预测方法时，环境中的每个目标都可以视为一个节点来形成一个图。通常，每个场景都可以视为一个不规则图，每个图都有一个大小可变的无序节点。每个节点的相邻节点数不同，导致一些重要操作(如卷积)很容易在图像上计算，但不再适合直接在图上使用。尽管如此，图中的每个节点都将具有与其他节点相关的边。此信息可用于捕获目标之间的相互依赖性。因此，图神经网络非常适合于基于交互相关因素的轨迹预测问题。

深度学习方法在轨迹预测中的优势在于它们能够处理复杂的环境和长距离依赖关系，并且能够适应多变的场景。这些方法通常需要大量数据进行训练，并且计算成本和时间成本可能较高。

轨迹预测的传统方法在处理简单场景和短时预测方面表现良好，但在处理复杂环境和长期预测时显得不足。深度学习方法通过自动学习数据中的复杂特征，提供了更强的能力来应对这些挑战，尤其是在实时性能和多模态预测方面。然而，深度学习方法通常需要更多的计算资源和数据来训练，且模型的设计和优化更为复杂。在选择合适的方法时，需要根据具体应用场景的需求和可用资源进行权衡。

4.8.3 基于异常预测的无人机目标行为预测方法

在研究目标行为预测时，主要目的是精确预测目标的行为和活动轨迹。目标行为预测在各个领域中扮演着重要角色，如无人机监控、自动驾驶、运动分析等。通过预测目标未来的行为和位置，能够对目标的动态变化进行实时掌握，从而在各种应用中做出更有效的决策。为了实现这一目标，传统方法主要依赖于对目标历史行为数据的建模和分析，以期能够准确地预测其未来行为。

在视频异常检测任务中，基于预测的半监督异常检测方法也需要预测目标的行为和轨迹信息。这是因为，视频异常检测的核心目标是识别出与正常行为模式不符的异常事件。在这一任务中，传统方法通常利用历史数据来建模正常行为模式，从而识别出任何偏离这种模式的异常行为。因此，将视频异常检测中的预测方法应用于行为预测问题，实际上是一个合理的思路。两者在本质上具有相似性：它们都依赖于对目标行为的预测，并且都需要处理时序数据。基于异常预测的无人机目标行为预测如图 4-14 所示。

图 4-14 基于异常预测的无人机目标行为预测

基于预测的半监督异常检测方法首次提出是在 2018 年 CVPR 的 FuturePred 论文中。

在此之前，基于深度学习的视频异常检测的主流方法是使用半监督重构方法作为代理任务来进行异常检测。重构方法的主要过程包括将正常数据输入网络进行编码和解码操作，生成重构数据，并通过使网络生成的重构数据与原始输入数据尽可能匹配来优化网络性能。这种方法的核心假设是：正常数据可以被网络很好地学习，异常数据则不能。根据这一假设，重构误差的大小可以作为判断数据是否异常的依据——重构误差越大，数据异常的可能性就越高。

然而，深度神经网络的强大学习能力可能会对异常数据也产生良好的学习效果，从而导致网络能够较好地重构异常数据。这一现象破坏了重构方法的基本假设，即异常数据不能被有效编码。因此，基于重构的方法在实际应用中往往面临较大的挑战，其异常检测效果受到限制。

为了更好地利用深度神经网络的强大学习能力以及视频的时间关联性，可以对异常检测的基本假设进行改进。具体而言，可以将假设修改为：正常事件是可预测的，而异常事件不可预测。在这种假设下，不再依赖于重构误差来判断数据是否异常，而是使用预测方法作为代理任务进行视频异常检测。这样的方法既能充分利用深度神经网络的学习能力，又能避免重构方法中异常事件也能很好地被重构的问题。

预测方法的主要过程是将历史数据输入网络，对视频帧进行编码，利用前 $t-1$ 帧的数据预测第 t 帧，并将预测结果与第 t 帧的真实视频帧进行比较，从而计算预测误差。这一过程的核心在于网络学习如何根据历史帧预测未来帧，并通过减小预测误差来提高预测的准确性。在进行异常检测时，训练好的神经网络会用于对新的视频帧进行预测，并计算预测误差。如果预测误差超过预定阈值，则该帧被视为异常帧。

FuturePred 作为未来帧预测框架，为视频异常检测提供了一种新的解决方案。其核心思想是，通过对未来帧的预测来识别异常事件，这种方法在处理动态场景中的异常检测时表现出了良好的性能。FuturePred 方法不仅改进了异常检测的效果，而且提高了检测的鲁棒性。

自 FuturePred 提出以来，许多研究者提出了其他基于预测的方法，这些方法在视频异常检测领域取得了显著的进展。这些研究主要集中在改进预测模型的精度、提高预测的实时性以及处理复杂的动态场景等方面。

在迁移视频异常检测中的方法到目标行为预测中时，可以省去异常检测的部分，仅保留预测方法的框架和训练流程，将预测出的视频帧作为输出结果。这一过程将主要集中在如何实现目标行为的准确预测，并且避免了异常检测中的复杂性和挑战。这种方法可以有效地用于无人机的实时目标检测。

要实现无人机上的实时目标检测，还需要针对无人机的特定情况对方法进行改进。无人机通常面临的挑战包括计算资源限制和实时处理需求。为了应对这些挑战，可以采取以下几种策略。

1. 边缘计算

由于无人机的计算能力有限，可以采用边缘计算的方式，将算法的主要部分部署在大型算力服务器上。无人机负责实时传输视频帧，服务器进行数据处理和预测后，将结果返回给无人机。这种方法可以充分利用服务器的强大计算能力，同时减轻无人机的计算负担。

2. 知识蒸馏

知识蒸馏是一种模型压缩技术，将大规模算法的学习结果和参数传递给小规模算法，从而使小规模算法能够在资源受限的设备上运行。通过这种方法，可以在保持较高预测性能的同时，确保无人机的实时运行效率。

3. 轻量化模型设计

在无人机实时目标检测中，还可以考虑设计轻量化的模型。例如，使用更简化的网络架构和算法，以降低计算复杂度和内存消耗。这种方法不仅有助于提高实时性能，而且能有效减少能源消耗。

4. 优化算法性能

对算法进行优化，如使用高效的计算方法和优化的编程技术，也可以提高实时目标检测的性能。这包括改进算法的计算效率、减少冗余计算以及优化内存使用等。

在目标行为预测和视频异常检测中，基于预测的方法提供了有效的解决方案。这些方法不仅提高了异常检测的准确性，而且在处理复杂动态场景时表现出了良好的鲁棒性。通过将这些方法应用于目标行为预测，并结合无人机的实时目标检测需求，可以有效地提升目标行为预测的性能和效率。针对无人机的特定情况，边缘计算、知识蒸馏和轻量化模型设计等策略能够帮助克服计算资源限制，实现高效的实时目标检测。随着技术的不断进步，未来在目标行为预测和视频异常检测领域还有更多的创新和发展空间。

本章小结

本章详细探讨了在航拍视频序列中进行行为识别和预测的方法，突出了其在智能监控、交通管理和环境监测等领域的广泛应用。深度学习模型如卷积神经网络、循环神经网络、长短时记忆网络、生成对抗网络以及 Transformer 架构的出现，标志着行为识别和预测技术的巨大进步。这些模型能够自动学习复杂的空间和时间特征，远远超越了传统的基于手工特征的方法(如 SIFT、HOG)，因此在处理视频数据时表现出色。

卷积神经网络在图像和视频处理方面发挥着至关重要的作用，它通过卷积操作提取空间特征，尤其在视频行为识别中用于空间特征提取和帧级特征融合。循环神经网络及其变种 LSTM 擅长处理序列数据，能够捕捉长距离依赖关系，使其在视频帧序列建模中非常适用。3D 卷积神经网络能够同时提取视频的空间和时间特征，具有处理视频数据的优势，因为它能够捕捉运动信息。注意力机制的引入则通过聚焦于视频中的重要空间和时间区域，进一步提高了识别的准确性，使模型能够更好地捕捉到显著特征。此外，生成对抗网络在视频动作预测和生成中也得到了应用，提升了模型预测未来动作和生成数据以进行数据增强的能力。Transformer 通过高效地建模视频帧之间的长距离依赖关系，解决了传统 RNN 在处理长序列时存在的梯度消失问题，提升了视频理解的准确性。VLM 通过深度融合视觉和语言信息，实现了跨模态的语义对齐，提高了视频问答和视频描述生成的性能。

尽管深度学习模型在行为识别和预测中表现优异，但仍然面临一些挑战。尤其是在强化学习中，行为预测的有效性高度依赖于奖励函数的设计。如果奖励函数设计不当，可能导致次优解或收敛问题。将先验知识(如语义关系或运动学约束)融入模型中，可以显著提高模型在数据有限情况下的表现，尤其在处理长距离依赖关系时，时间序列建模技术发挥着关键作用，这也强调了有效时间序列建模技术的重要性。

然而，深度学习方法仍显著优于传统方法，其主要优势在于能够自动提取高层次特征并捕捉复杂的时空依赖性。这些模型的适应性和泛化能力使其非常适合于动态和复杂的场景。未来的研究方向应着重于开发能在有限数据和资源下高效运行的强化学习模型，并且要构建能有效结合先验知识和数据驱动方法的灵活框架，以提升预测的准确性。此外，加强时间序列建模技术以更好地捕捉长距离依赖关系仍然是一个关键的研究领域。

通过整合如生成对抗网络和注意力机制等各种技术进入行为识别系统中将显著提升预测能力。探索混合模型的潜力，结合不同的深度学习架构，可能会导致更加鲁棒和准确的行为预测系统的诞生。本章概述了无人机行为识别和预测技术在视频数据中的应用，强调了深度学习的变革性影响以及研究人员在这一快速发展的领域面临的持续挑战。

习　　题

4-1　目标细粒度类别识别任务与目标识别任务相比有哪些不同之处？

4-2　基于深度学习的目标细粒度类别识别方法主要有基于定位-分类、基于网络集成和基于高阶编码特征这三种方法，各自的特点是什么？

4-3　假设有两个候选区域 x 和 y，它们的边界框坐标分别为 x=[10，10，50，50]和 y=[40，40，70，70]。计算评分函数 $S(y)$的值，假设 $\epsilon = 10$。

4-4　编写 Python 代码，使用假设的部件位置和得分，计算综合几何约束得分。请输入多个部件得分并输出综合得分。

4-5　假设使用 CNN 提取特征，Conv5 层输出的特征维度为 256×7×7，FC6 层输出的特征维度为 4096。请计算每一层特征的总参数量，并比较两者的参数复杂度。

4-6　航拍视频的目标行为识别通常会遇到目标物体较小、背景复杂、视角变化较大等挑战。除了视觉信息，其他传感器(如 GPS 传感器、激光雷达传感器、惯性传感器等)也能提供有价值的辅助信息。请思考如何有效融合来自不同传感器(如视觉传感器、GPS 传感器、IMU 传感器等)的多模态数据，以提高航拍视频中的目标行为识别精度。

4-7　航拍视频中的目标行为往往伴随着连续的时空变化，这对行为预测提出了较高要求。针对这一现象，请思考如何设计一种模型能够同时有效捕捉航拍视频中的时间(目标动作的动态性)和空间(目标位置与环境的关系)特征，以提升行为预测的准确性。

4-8 在航拍场景中，目标通常较小，且容易受到目标遮挡、光照变化、分辨率低等问题的影响，识别和预测的难度较高。针对小目标行为预测，长时间的预测可能会受到初始识别精度不高或目标细节缺失的影响。请分析如何在识别不充分的情况下增强行为预测的鲁棒性。

4-9 视频预测技术在无人机目标行为预测中发挥了什么作用？请举例说明至少两种视频预测技术，并解释它们是如何工作的。

4-10 异常预测为什么在无人机监控中特别重要？请列举并简要说明两种用于异常行为预测的技术手段。

4-11 强化学习在目标行为预测中的应用有哪些优势和局限性？请结合具体案例进行分析。

4-12 多传感器融合技术如何提高无人机系统的预测精度？请描述一种可能的多传感器融合方案，并讨论其适用场景。

4-13 选择一个实际应用场景(如无人机监控或自动驾驶)，分析如何使用目标行为预测技术来提高该场景中的决策效果。

4-14 在 k-means 聚类中，假设对一个包含 1000 张图像的数据集进行聚类，选择 k=10。如果每个聚类的样本数分别为 150、120、90、80、110、130、140、70、50、60，请计算每个聚类的聚类均值，并简要讨论聚类结果的均衡性。

4-15 使用 Python 实现 k-means 聚类算法，并应用于随机生成的特征数据。请实现以下步骤：

(1) 随机生成 100 个 2 维特征点。实现 k-means 算法，聚类数 k 为 3。

(2) 输出每个聚类的中心和每个点的聚类标签。

第 5 章

视觉建图、导航与定位

5.1 视觉建图背景

无人机以其良好的机动性、灵活性、低成本和较强的生存能力，在很多领域受到广泛应用，其常见的应用场景如图 5-1 所示。在军用方面，无人机根据指令自主完成多种任务，如侦察谍报、监控敌情、边境巡逻以及震后勘测等，提高了军事行动效率与安全性；在民用方面，无人机常出没于空中物流、城市安全监测、地质勘测与农业植保等应用场景。近年来，无人机应用中长距离、高度自主的飞行任务逐渐增多。自主性是无人机系统与有人机的重要技术差异。实现无人机系统的自主控制，提升其智能水平，是无人机系统发展的重要方向。无人机在执行 10km 以上的长距离自主飞行任务时，由于飞行情况复杂且无人机易受外界环境干扰，飞行过程中不免产生故障。当其与地面基站失去通信时，为保证无人机安全，无人机长距离自主导航建图与定位成为国内外研究无人机自主飞行技术亟待解决的关键问题之一。

图 5-1　无人机常见的应用场景

传统的无人机导航系统包括惯性导航、GPS 导航以及它们的组合导航等，为飞机提供精确的姿态信息与位置坐标。惯性导航无需外界信息，隐蔽性高，稳定工作，且全天候可用，但其存在定位累积误差随时间积累的问题；GPS 导航是全球性、全天候导航，实时性较出色，但其缺点是易受电磁干扰；多普勒导航自主性好，反应快，抗干扰性强，但其隐蔽性不好；组合导航将多个导航系统进行组合以提高导航能力，惯性导航/GPS 组合导航系统是目前大多数无人机选择的主流导航定位技术。但是，这种导航系统在无人机长距离导航过程中，很可能会遇到信号干扰、雷电、太阳磁暴等恶劣条件，以致无人机卫星定位信号受到不良影响。卫星信号持续中断或接收到错误信号会增加无人机丢失或毁坏的风险。在某些热点地区，民用无人机常遭到非法组织干扰卫星信号，被迫进行紧急降落。因此，在 GPS 缺失条件下，研究新型无人机长距离自主导航定位技术对于军用与民用领域的无人机应用具有深远战略意义。近些年，计算机视觉技术飞速发展，以其功耗低、价格低、精度高、使用简便等优势成为无人机应用技术的重要组成部分。图像具有信息丰富、抗干扰能力强、易获取等特点。通过对航拍图像信息进行处理可以提高无人机导航及定位精度，而且利用丰富的图像信息可以实现环境感知、对地目标定位等功能。因此，无人机长距离自主视觉导航建图与定位技术的研究逐渐受到越来越多的关注，具有广阔的应用发展前景。目前，已有很多相关理论和研究成果发表并得到实际应用，但算法鲁棒性和准确性依然亟待提高，主要包括以下几个技术难点问题。

(1) 航拍大场景实时二维精确建图：通过无人机高空扫描任务场景快速生成二维全景拼接地图，实现航拍大场景全域浏览与环境感知，是无人机长距离视觉导航的重要基础。然而，目前大多数拼接算法在长距离多航程飞行的情况下，面临图像数据量大、机载计算资源有限、依赖先验地理信息以及拼接精度不足等挑战，难以同时满足算法实时性、鲁棒性和高精度要求。

(2) GPS 信号缺失条件下，无人机长距离自主视觉导航高精度定位：面向 GPS 信号缺失条件下无人机长距离自主视觉导航定位的在线精确位姿估计任务，视觉 SLAM 技术作为主流解决方案被重点关注。这类方法一般处理速度快，但对于复杂多变环境的鲁棒性较弱，且轨迹漂移的不断累积易造成长距离飞行后期三维地图与定位精度变差。因此，提高复杂航拍大场景三维地理地图构建精度与覆盖度，减小在线定位误差是提高无人机长时间、长距离飞行时自主视觉导航定位准确性的重要手段。

(3) 无人机视觉导航数据匮乏场景下的高精度建图、定位与评估：由于密集分布航拍数据集的获取面临采集成本高、操作难度大且精度有限等困难，尤其对于较大范围的无人机长距离导航场景，无人机视觉建图与定位数据集常常分布稀疏且数量不足。然而，时空稀疏采样的有限航拍数据集难以支撑无人机高覆盖度导航地图构建，以致影响高自由度长距离飞行在线视觉定位精度与稳定性。因此，无人机视觉导航数据匮乏场景下提升地图空间覆盖范围与自由飞行在线定位精度是亟待解决的问题。另外，支持无人机视觉导航定位技术评估的真实环境公开航拍数据集较缺乏，尽管存在便捷的无人机导航仿真场景，但仿真场景与真实环境仍略有差异，且仿真航拍数据集只能用于类似场景视觉定位算法精度评估，无法助力于真实环境视觉建图与定位的性能提升。

(4) 无人机对地目标联合导航与高精度定位：基于机载视觉导航平台实现对地目标高精度地理定位，对于提高无人机导航系统的智能化水平至关重要。尽管图像目标检测技术已相对较成熟，但其仅关注地面目标的像素位置，对复杂多样环境中航拍小目标的检测性能仍不理想。另外，现有的无人机对地目标直接地理定位方法通常依赖卫星图像与地理数据等先验信息，或者需要引入多传感器信息，导致它们存在目标地理位置估计精度不足、飞行高度受限以及难以同时准确定位静止和运动目标等诸多问题。

无人机自主视觉导航建图与定位是当前无人机智能化发展的热点研究方向之一，主要包括智能环境感知建图、自主视觉定位以及智能目标导航等关键问题。航拍场景二维建图技术作为智能环境感知建图的重要解决方案获得快速发展，通过扫描场景构建二维地图获得周围环境信息以实现任务场景浏览与态势感知，是无人机自主导航的重要基础；无人机自主视觉位姿估计技术作为自主视觉定位问题的主要处理手段，利用视觉等导航信息在线估计无人机位姿以实现无人机精准定位，是无人机自主导航的核心研究内容；无人机对地目标地理定位技术作为智能目标导航问题的重点探索角度，利用机载导航信息实现无人机空中导航定位的同时定位地面目标，是促进无人机自主导航高级智能化趋势的重要助推力。

5.2　面向无人机视觉导航的实时精确二维全景拼接建图

面对复杂未知环境中无人机长距离视觉导航定位任务，通过无人机扫描场景采集航拍图像实现环境感知，是操作员了解飞行场景周边情况、规划安全导航区域的重要前提和依据。航拍图像直观展示了环境信息，是记录与再现飞行场景的有效手段，通过预览图像序列，能够全面直观地感知导航任务区域的地面场景实态。然而，对于较大的航拍场景，由于飞行高度和相机焦距的限制，无人机图像具有数量多、视场范围小、重叠度高等特点，利用航拍图像序列快速拼接技术快速获得场景二维全景地图，扩大视域并简化预览信息以获得更直观全面的环境信息，成为无人机环境感知的重要研究方案。

本节将全面介绍二维图像拼接的基本框架，将从整体架构上剖析二维图像拼接的基本流程，接着将讨论几种经典的二维图像拼接方法，包括基于特征点的拼接技术、直接拼接技术，以及其他创新的混合拼接技术。这些方法各有优劣，适用于不同的应用场景。最后，在分析和总结现有经典方案的基础上，将提出一种全新的纯视觉航拍图像实时二维全景拼接建图方案，该方案充分利用现代计算机视觉技术，结合无人机航拍的特点，实现了实时高效的图像拼接与建图。该方案不仅提高了处理速度和精度，还增强了系统的鲁棒性，特别适用于复杂地形和动态环境下的无人机任务执行。通过本节的介绍，读者将对图像拼接技术有全面的理解，并能够掌握不同拼接方法的核心原理，为后续的研究和实践提供坚实的理论基础。

图像拼接是将同一场景的多张重叠图像拼接成较大图像的一种方法，将两张以上的具有部分重叠的图像进行无缝拼接从而得到较高分辨率或宽视角的图像，图 5-2 所示为基于 2D 方案进行拼接的基本框架，主要包含图像配准和图像融合两大基本模块。

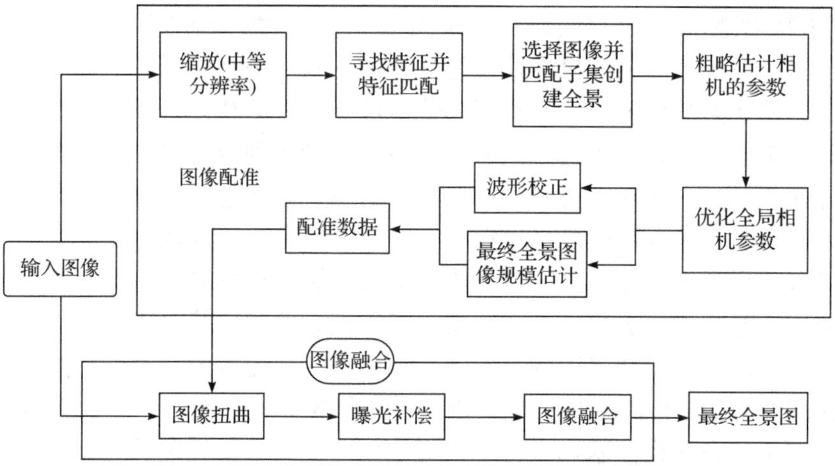

图 5-2 基于 2D 无人机图像拼接基本流程

图像配准模块是实现图像拼接的重要模块之一，负责将多张图像在空间上对齐，从而实现无缝的图像合并。配准的基本流程为特征检测和提取、特征匹配、利用匹配的特征点粗略估计相机的参数、对全局的相机参数进行优化等。

图像融合模块负责将经过配准的图像无缝地融合到一起，得到上一步的配准数据之后，对图像进行扭曲矫正并转换到同一坐标系下，对曝光不一致、亮度不均匀等错误进行处理，寻找接缝线处并进行图像融合，生成最终的全景拼接图像结果。

5.2.1 图像配准

图像配准是全景图生成的关键环节。该模块通过一系列精细化的步骤，包括特征提取、特征匹配、变换估计和图像对齐，将多张图像准确地拼接在一起，特征匹配和变换估计的准确性直接决定了拼接效果的好坏。在此基础上，拼接优化和全景图合成则进一步提升了图像的质量，使得最终生成的全景图更加逼真自然。首先对图像数据降低分辨率，高分辨率图像包含海量的像素信息，这给特征检测和匹配带来了巨大的计算负担，降低分辨率可以减少图像中的冗余信息，使得特征更加突出，从而提高特征提取的准确性。通过降低图像分辨率来减少像素数量，从而提高算法的处理效率。此外，高分辨率图像中的噪声和细节也会干扰特征点的提取，降低匹配的准确性，因此降低分辨率可以有效地抑制噪声和细节的影响，提高算法的鲁棒性。特征检测与描述，特征可能是图像中的特定结构，如点、边缘或对象，也可能是应用于图像的一般邻域操作或特征检测的结果。特征匹配是图像拼接、三维重建、相机标定等应用的关键步骤。特征是要匹配的两张输入图像中的元素，是在图像块的内部，这些图像块是图像中的像素组，对输入图像进行像素块匹配。

首先将图像缩放，并寻找特征进行特征匹配：关键点往往是物体边界方向突然改变的点或两个或多个边缘段之间的交点。它在图像空间中具有明确的位置或很好的定位。即使图像域的局部或全局存在如光照和亮度变化等的扰动，关键点仍然是稳定、可以被重复可靠地计算出的。在每张图像中，使用特征检测算法(如 SIFT、SURF、ORB 等)来识别和提取特征点。特征点是图像中具有唯一性的点，通常是图像中的角点、边缘等显著区域。

选择图像并匹配子集：如果输入图像数量较多，或者图像中有明显的噪声和不合适的角度(如过于模糊或不相关的图像)，可以通过一些方法选择合适的子集图像进行拼接。使用特征匹配算法(如暴力匹配、FLANN 等)来找出不同图像间的匹配点对。匹配的目的是找到不同图像中对应的特征点对，以建立图像间的几何关系。通过算法如随机采样一致性算法(RANSAC)来过滤掉不可靠的匹配点。这些算法可以帮助去除误匹配，确保只有高质量的匹配点用来估计变换矩阵。图像的拼接需要在图像序列中找到有效的特征匹配点，图像的特征点寻找直接影响图像拼接的精度和效率。对于图像序列，如果特征点个数≥4，则很容易自动标定图像匹配点；如果特征点很少，图像拼接往往不能取得较为理想的效果。

粗略估计相机参数：通过粗略估计相机的内参和外参，能够更好地理解和对齐不同视角拍摄的图像，这一步在确保图像配准准确性和整体拼接质量方面发挥着重要作用。使用特征检测算法识别图像中的关键点，并通过特征描述符匹配图像之间的特征点，从匹配的特征点中计算单应矩阵，进而估计相机之间的相对运动(旋转和平移)，根据单应矩阵和基本矩阵，估算相机的内参和外参，提供给后续的精细对齐和拼接步骤。

优化全局相机参数：初始的特征匹配和相机参数估计通常只关注局部的特征对齐，而没有考虑全局一致性，通过优化，可以保证在所有图像中相机参数的一致性，从而使拼接效果更加稳定。将上一步粗略估计的相机参数作为基础，进行全局光束平差，应用优化算法(如 Levenberg-Marquardt 算法)来同时优化多个视图下的相机参数，最小化所有图像的重投影误差，即所有特征点在图像中的投影位置与实际观测位置之间的差异，从而更新相机的内参和外参。在无人机航拍过程中拍摄的大范围地形图中，优化全局相机参数可以提高地形图的准确性和连续性。

波形校正：拼接时，图像边缘的线条可能会因为相机的角度、姿态误差或镜头畸变而出现弯曲或波动，可能会因为视角差异导致整体画面出现倾斜或畸变。波形校正会调整图像的几何位置，使这些线条尽可能保持直线性。根据接缝处的偏移量，优化图像的旋转和变换参数，以尽量减少波动，将所有图像的水平线和垂直线调整为直线。

最终全景图像规模估计是为了确定最终生成的全景图的大小和分辨率，在拼接图像时，各张图像在空间中的相对位置会影响最终全景图的范围，需要估计出全景图能够覆盖的最大区域，以确保所有图像都能正确地映射到最终图像中。根据每张图像的投影坐标，计算整个图像集在目标投影空间中的边界，根据计算出的边界，确定输出全景图的尺寸，根据需要调整全景图的大小和分辨率，以便与用户的需求相匹配。

最终获得配准数据，包括图像对齐变换所需的单应矩阵、相机内外参、特征点之间的匹配数据、优化相机参数过程中用到的配准误差等数据，为下一步图像融合做好准备工作。

5.2.2 图像融合

图像扭曲用于将输入图像通过透视变换映射到全景图的坐标系统中，这个过程涉及将图像从其原始坐标系统变换到全景图的目标坐标系统。在图像拼接过程中，透视变换(又称为单应性变换)用来调整图像的位置和角度，以确保它们能准确对齐。这种变换通过单应矩阵实现，能够将一张图像的点映射到另一张图像的点上。一旦计算出单应矩阵，就可以用它来扭曲图像，使图像中的每个像素都能在全景图中找到正确的位置。

为了确保拼接后的全景图像在亮度和颜色上保持一致，避免明显的接缝或亮度差异，需要进行曝光补偿。这一过程解决了因不同拍摄条件导致的图像亮度差异问题。曝光补偿是通过估算每幅图像的相对曝光值来实现的，常用的技术包括灰度图像的直方图匹配或计算图像的平均亮度值。调整后的图像亮度和颜色确保拼接区域能够自然平滑过渡。在图像拼接过程中，曝光补偿通常是在图像融合之前进行的，其目的是在融合阶段使图像的亮度和色彩更加协调一致，从而提升最终拼接结果的视觉质量和自然度。通过曝光补偿，图像融合的基础更为理想，使得最终的拼接图在视觉上更加平滑、无缝衔接。图像融合旨在将多幅图像在重叠区域进行无缝融合，使得接缝处的过渡平滑自然，形成一张高质量的图像。

融合方法包括像素级融合和特征级融合。像素级融合如加权平均、羽化等，通过对像素值进行加权计算实现融合；特征级融合则通过提取图像的特征，如颜色特征、纹理特征等，在特征空间进行融合，然后将融合后的特征映射回像素空间。在实现图像拼接的过程中，选择合适的图像融合方法是非常重要的，根据应用场景和需求的不同，可能需要对多种方法进行比较和选择，以获得最佳的图像融合效果。

经过特征点检测、变换矩阵计算、图像配准和图像融合等多个步骤，可以将多张重叠的图像合成一张无缝的全景图像，得到完整的拼接结果图，提供更广阔、更详细的视图。

5.3 基于正射影的无人机航拍图像拼接基本框架

在无人机图像拼接技术领域，除了传统的二维拼接方法，还有一种基于运动恢复结构的图像拼接方法也被广泛使用。该方法首先通过运动恢复结构生成场景的三维稀疏点云和相机参数，接着构造三维地理网格模型，根据该模型直接生成正射影图。图 5-3 所示为基于该方法拼接的基本框架，包括 SFM 和正射影图生成两个模块。

(1) SFM 过程。SFM 是一种从多张图像中恢复三维结构和相机运动的方法。首先，对输入的多张图像进行预处理，包括去噪和畸变校正。接着，通过特征提取和匹配，找到图像中的特征点对，估计初始图像对的相对位置和姿态。然后，通过三角化方法生成稀疏的初始三维点云，并对相机参数进行优化。最后，不断添加新图像，继续构建和优化点云。SFM 过程会计算得到相机参数和稀疏点云，为正射影过程提供初始数据。

(2) 正射影图生成。在得到稀疏点云之后，可进一步得到规则的网格表面模型，利用网格表面模型和各个相机之间的可见性关系确定可见性关系集。由于每一块规则网格通常可以在多幅图像中可见，因此需要采用合适的方法选择并确定最优的一一对应可见性关系。最后利用该一一对应可见性关系生成正射影图，并进行匀光处理，生成最终的全景图。

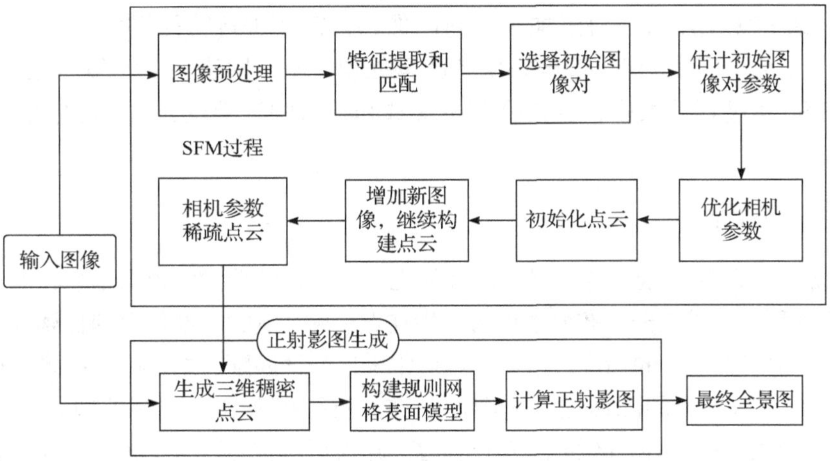

图 5-3　基于正射影的无人机航拍图像拼接方案

5.3.1　SFM 过程

(1) 图像预处理。这步是 SFM 过程的起点，目的是提高图像质量和特征提取的效果。此步骤包括图像去噪、畸变校正等操作。去噪可以消除图像中的噪声信息，畸变校正可以纠正镜头造成的图像变形。经过预处理，待拼接图像的质量得到提升，特征提取和匹配精度也会提高。

(2) 特征提取和匹配。这个过程与 5.2 节中介绍的特征提取与匹配过程一致，目的是确定图像之间的匹配关系，方便后续计算相机之间、相机与点云之间的相对位置。

(3) 选择初始图像对。通常选择重叠区域最大的一对图像作为初始图像对，以保证初始相机位姿估计的准确性以及初始点云的数量。通过前一步骤中的特征匹配，可以计算出初始图像对的相对位置和姿态。初始图像对的选择对后续拼接的累积误差有较大影响，较好的初始图像对可以减少 SFM 过程中的误差传播，提高最终结果的精度。

(4) 估计初始图像对参数。在确定初始图像对之后，接下来需要估计它们之间的运动关系(相机内参通常是已知的)，包括相对位置和姿态。通过匹配到的特征点对，使用几何变换模型，如本质矩阵或单应矩阵，来计算相机的旋转和平移参数。

(5) 优化相机参数。使用相机之间的匹配关系直接计算得到的相机位姿通常带有一定误差，为了提高重建点云的精度，会在上一步计算结果的基础上进行优化。通过全局优化方法(如 bundle adjustment，BA)，对图像的相机参数进行联合优化，减小重投影误差。优化过程中，会综合考虑所有图像和特征点的匹配关系，调整相机的位置和姿态，使得生成的点云更加准确和一致。

(6) 初始化点云。初始化点云指通过三角化方法，根据匹配的特征点对和估计的相机参数，计算出特征点在三维空间中的位置。初始点云通常是稀疏的，但提供了物体和场景的基本结构信息。这个稀疏点云为后续步骤提供了初步的三维模型，之后新添加图像生成的三维点就在这个初始点云的基础上进行扩充。

(7) 增加新图像，继续构建点云。在生成稀疏的初始三维点云之后，逐步添加新的图像，继续扩展和优化点云。每添加一张新图像，都需要进行特征提取、匹配、相机参数估计和优化过程，不断迭代，直至将所有图像处理完毕，构建一个完整的三维点云模型。

(8) 在 SFM 过程结束后，会得到相机参数和稀疏的三维点云，并将它们作为正射影过程的输入数据。

5.3.2 正射影图生成

(1) 生成三维稠密点云。这一过程涉及从无人机拍摄的图像中提取信息，通过计算机视觉技术生成准稠密三维点云。准稠密点云是指在点云中，点的密度足以捕捉到场景的主要特征，但不必达到密集点云的精度。这一步骤通常采用特征匹配、立体视觉和多视角几何等技术来完成。无人机拍摄的图像在经过图像配准、特征提取和匹配等处理后，生成的准稠密点云能够有效地表示拍摄区域的三维结构，并为后续的模型生成提供基础数据。

(2) 构建规则网格表面模型。在准稠密点云生成之后，接下来的步骤是通过点云生成三维数字网格表面模型。该过程利用点云中的空间信息，通过纹理映射和表面重建技术，将离散的点云转换为连续的数字网格表面模型。这种网格表面模型不仅提供了详细的三维表面结构，还可以通过后处理技术进一步优化和精细化。

(3) 计算正射影图。在获得点云的规则网格表面模型后，生成正射影图的过程可以分为几个关键步骤。首先，需要提取网格坐标以及确定各张图像之间的可见性关系。然后，通过这些可见性关系，将待拼接图像映射为网格的正射影图像。最后，需要对不同的面片进行合成和纹理匀色，以消除面片之间的纹理不一致现象。

基于运动恢复结构的图像拼接方法能够在没有专用测量设备的情况下，从普通相机拍摄的图像中恢复出高质量的三维模型，同时生成高质量的正射影图，是无人机航拍图像拼接中的一种经典算法。

5.4 无人机长距离视觉优化建图与定位

5.2 和 5.3 节研究了面向无人机视觉导航的实时精确二维全景拼接建图技术，实现了无人机航拍任务场景全景拼接地图的实时生成。本节研究无人机的建图和定位问题，首先介绍经典的视觉 SLAM 框架作为后续内容的基础，接着介绍几种经典视觉 SLAM 算法，最后在案例部分提出一种融合 GPS 信息的动态多地图 SLAM 建图和定位方案。

5.4.1 经典视觉 SLAM 框架

经典的视觉 SLAM 框架，主要包括五个模块：传感器信息读取、前端视觉里程计、后端优化、建图和回环(loop closing)检测。每个模块的功能如下。

(1) 传感器信息读取。该模块负责从传感器中获取原始数据。常用的视觉传感器包括单目相机、双目相机或 RGB-D 相机。传感器数据的准确性和时效性直接影响 SLAM 系统的整体性能，因此数据同步和时间戳管理是该模块的重要任务。

(2) 前端视觉里程计。视觉里程计是 SLAM 系统的前端部分，主要任务是从连续的图像帧中提取特征点，并通过匹配特征点计算相对运动。这一过程包含提取和匹配特征点、评估相机的姿态以及地图点的三角测量等步骤。尽管视觉里程计能够提供初步的轨迹和地图，但通常会受到逐渐累积的误差的影响。

(3) 后端优化。为了提升相机位姿和地图点的精确度，该模块通常采用图优化技术，将 SLAM 问题建模为优化问题，通过优化算法(如 g2o、Ceres Solver)最小化整体误差。

(4) 建图。建图模块负责构建环境的地图。地图可以是稠密地图(如点云、体素地图)或稀疏地图(如特征点地图)。建图模块通常结合视觉里程计和后端优化的结果，将地图信息存储和更新，以供后续使用。

(5) 回环检测。在长期运行过程中，地图可能仍然会遇到全局一致性的问题，如重复场景的轨迹和地图点不能正确匹配。为了解决这类问题，回环检测通过匹配当前帧与历史帧的特征点来检测回环，并通过全局优化对位姿和地图进行校正。

这五个模块共同构成了 SLAM 系统的基本框架。在保证工作环境静态，刚体、光照变化不明显，没有人为干扰的场景下，该 SLAM 系统已经相当稳定。

1. 前端视觉里程计

在 SLAM 系统中，视觉里程计的主要任务是从图像中提取特征，基于相邻两帧信息进行姿态估计或通过全局重定位初始化相机位姿。此外，该模块还负责根据特定规则确定新的关键帧，并将其传递给建图模块。视觉 SLAM 框架如图 5-4 所示。

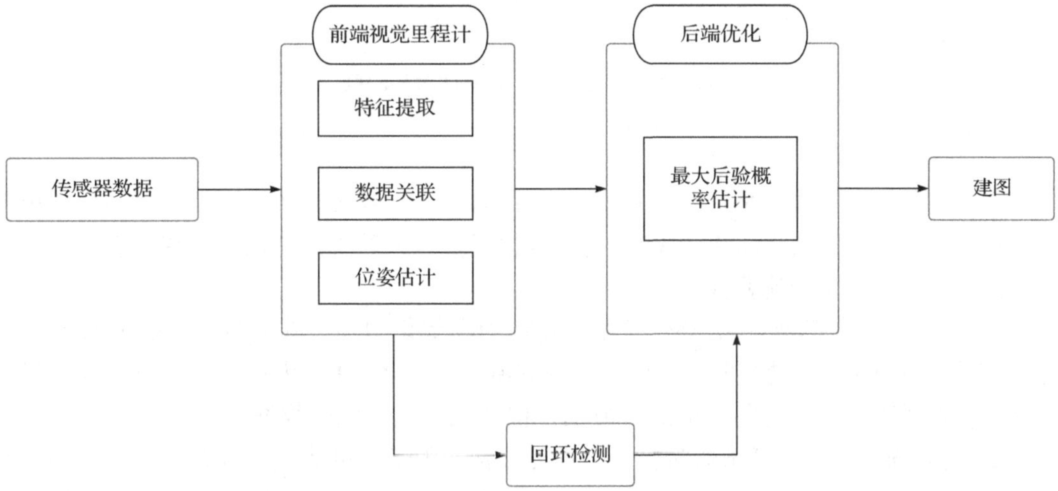

图 5-4 视觉 SLAM 框架

(1) 特征提取。从图像中提取显著的特征点或特征区域。这些特征需要具有良好的可重复性和区分度。常用的特征提取算法包括 SIFT、SURF、ORB 等。

(2) 数据关联。在连续帧之间匹配提取到的特征点，找到它们的对应关系。常用的特征匹配方法包括暴力匹配以及快速最近邻匹配(FLANN)等。

(3) 位姿估计。若系统未完成初始化，则对两帧图像间的特征进行匹配，并分别计算单应矩阵和基础矩阵，通过 RANSAC 迭代得到最佳结果。若已经完成初始化，进入跟踪定位模式，通过投影方式跟踪局部地图的地图点，获取更准确的 2D-3D 点匹配关系，使用 PnP 来求解相机姿态。

(4) 选择关键帧。检查是否满足插入关键帧的条件。如果满足，就将符合条件的帧作为新的关键帧加入队列，供建图模块使用。

视觉里程计仅计算相邻时刻的运动，和过去的信息没有关联。通过连续估计相邻两个相机之间的运动，可以实现整个运动轨迹的估计。但是仅通过视觉里程计来估计轨迹将不可避免地出现累计漂移问题，因为每次估计都会带有一定误差，经过一段时间的误差累计后，估计的轨迹将不再准确。如图 5-5 所示，图 5-5(a)为相机的真实运动轨迹，图 5-5(b)为视觉里程计估计的相机轨迹，图 5-5(c)为回环检测校正后的相机轨迹。为了解决漂移问题，SLAM 引入了后端优化和回环检测两个模块。

(a) (b) (c)

图 5-5 视觉里程计的累计漂移问题

2. 后端优化

后端优化的“后端”是针对视觉里程计而言的，在 SLAM 系统中，通常将视觉里程计称为“前端”。前端给后端提供待优化的数据以及这些数据的初值，后端实现对这些数据的优化，后端优化的流程如下。

(1) 构建图优化问题。SLAM 问题被建模为图优化问题，其中节点(vertex)表示无人机在不同时间的位姿(位置和姿态)和地图中的特征点，边(edge)表示相邻节点之间的相对运动约束或观测约束，这些约束源于视觉里程计或其他传感器数据。

(2) 构建误差函数。每条边对应一个误差函数，用于衡量估计的位姿和实际观测之间的差异。误差函数主要包括运动约束误差和观测约束误差。运动约束误差是指前端视觉里程计估计的相邻帧之间的相对位姿误差。观测约束误差是指当前无人机位姿下观测到的特征点位置与地图中存储的特征点位置之间的误差。

(3) 选择优化算法。常见的优化算法有：高斯牛顿法，一种非线性最小二乘优化算法，适用于误差较小的情况；Levenberg-Marquardt，结合了高斯牛顿法和梯度下降法，适用于较大范围的误差；g2o，一种通用的图优化框架，支持多种优化算法；Ceres Solver，一个高效的 C++库，专门用于大规模优化问题。

3. 建图

建图是将视觉里程计得到的关键帧插入地图中，并对局部地图做小范围的优化得到局部准确的关键帧位姿和地图点。常见的地图表示方式有稀疏地图、稠密地图和栅格地图。根据地图的用处，选择不同的地图表示方式。针对定位任务，可以选择稀疏路标地图；针对导航、避障、重建任务，一般选择稠密地图；针对交互任务，可以选择构建语义地图。本节主要研究无人机定位问题，因此后面所指地图均为稀疏路标地图。以下为地图的构建过程。

(1) 地图初始化。在 SLAM 系统启动时，需要进行地图的初始化。通常选择一个关键帧(具有丰富特征点的帧)作为初始帧，并从中提取特征点作为初始地图点。

(2) 地图更新。随着相机移动，新特征点不断被观测到并添加到地图中。地图更新包括新地图点添加或删除、特征点优化两部分，优化部分在后端优化模块中进行。

(3) 关键帧管理。在 SLAM 系统中，并不是每一帧都作为关键帧处理。选择具有显著视差变化或特征点数量较多的帧作为关键帧，同时需要及时删除冗余关键帧，以提高计算效率和系统鲁棒性。

4. 回环检测

回环检测线程是 SLAM 系统中针对长距离累计误差进行补偿的关键组成部分。尽管建图线程中的局部优化可以减小一定的误差，但在长时间的定位过程中，累计误差仍然难以避免。回环检测就是为了解决位置估计随时间漂移的问题，主要执行两项任务。

(1) 回环检测。首先对新生成的关键帧进行回环检测，以确定是否存在与当前关键帧形成回环的之前的关键帧，这一步骤通过判断图像之间的相似性来完成。

(2) 回环校正。当检测到回环时，回环检测模块将进行回环校正，即优化融合当前关键帧与回环关键帧的位姿，并将这一优化信息传递至其余关键帧中，以减小地图整体的累计误差，得到全局一致的轨迹和地图。

5.4.2　基于 ORB 特征的三维定位与地图构建算法

2015 年，RaulMur-Artal 等提出了基于 ORB 特征的三维定位与地图构建算法 ORB-SLAM2，整个系统是基于 ORB 特征实现的，在大规模的、小规模的、室内室外的环境中都可以运行。该系统对于高强度的运动展现出了出色的鲁棒性，支持在宽基线条件下的回环检测与重定位功能，其中包括全自动化的初始化流程。ORB-SLAM2 算法的一个显著优势在于，它在整个流程中统一运用了 ORB 特征，ORB 特征因其快速的特征提取能力、旋转不变性以及通过金字塔结构实现的尺度不变性而备受青睐。这一设计选择促进了 SLAM 算法在特征提取与追踪、关键帧选取、三维地图构建以及回环检测等多个关键环节之间自然而然地保持一致性和协调性。从图 5-6 中可以看出，ORB-SLAM2 主要分为三个模块进行，分别是跟踪(tracking)、局部建图(local mapping)、回环检测。

跟踪模块是 SLAM 系统中的核心组件之一，负责实时估计相机的位姿，并决定何时

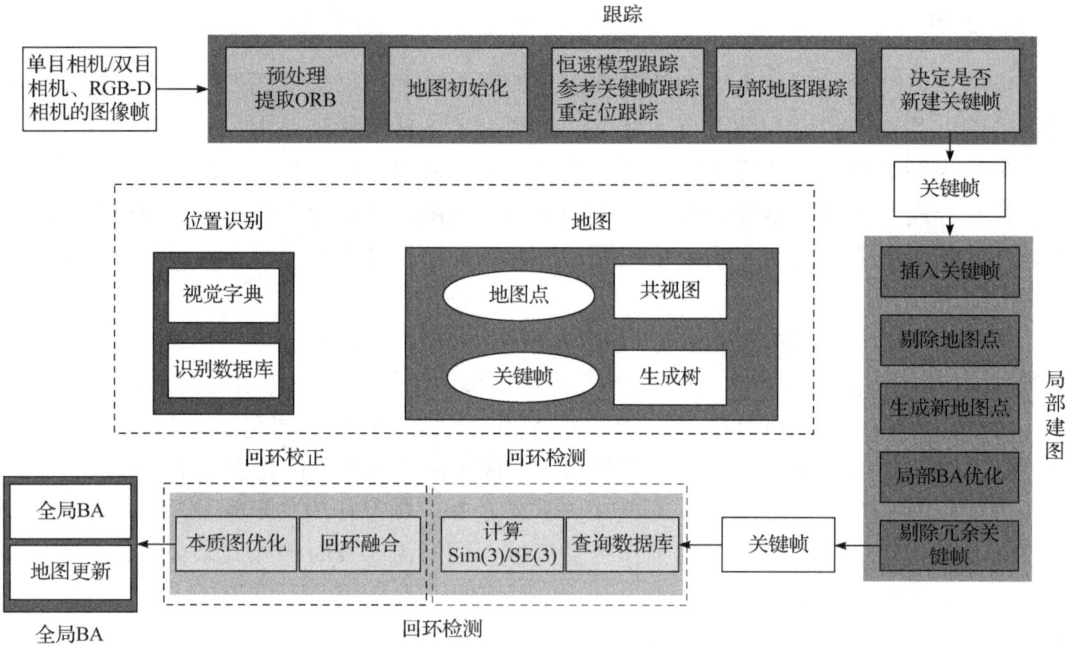

图 5-6 ORB-SLAM2 系统流程

插入新的关键帧。首先对数据进行预处理并提取 ORB 特征，将当前帧与上一帧进行特征匹配，利用匹配的特征点估计相机的初始位姿，并初始化生成地图点。跟踪分为三种模式：恒速模型跟踪、参考关键帧跟踪和重定位跟踪。初始化成功的首帧作为参考关键帧，通过特征匹配和 PnP 算法进行初步跟踪。成功后切换至恒速模型跟踪，假设相邻帧间速度恒定，利用位姿预测和投影匹配实现快速跟踪，覆盖大多数场景。若跟踪失败(如运动剧烈或特征缺失)，触发重定位跟踪，通过全局词袋匹配和 PnP 算法检索候选关键帧，恢复位姿估计。

局部建图模块负责处理新加入的关键帧，通过局部 BA 优化相机位姿和三维点，并不断完善局部地图。对新关键帧及其相邻关键帧进行束调整，优化相机位姿和三维点，通过匹配新关键帧与相邻关键帧的特征点，三角测量新的三维点。同时，该模块还会根据一定的策略剔除冗余的关键帧，定期检查关键帧的冗余度，剔除冗余的关键帧，以保证地图的紧凑性。局部建图模块也会向跟踪模块提供优化后的相机位姿和地图信息，以提高跟踪的鲁棒性。

回环检测对每个新关键帧进行回环搜索，校正由视觉里程计累积误差导致的漂移。当检测到回环时，系统计算相似变换，将回环的两端关键帧对齐，并融合重复地图点以消除冗余。随后，通过本质图优化施加相似变化约束，优化所有关键帧的位姿，最终实现全局一致性，其创新之处在于用本质图替代传统位姿图，通过稀疏化处理提升优化效率。

该系统集成了基于词袋的定位模块，利用 DBoW2 实现回环检测和重定位。系统离线构建了视觉词典，即对大量图像的 ORB 特征进行聚类得到的视觉单词集合。通过将图像表示为视觉单词的集合，系统可以高效地检索数据库中与当前图像相似的关键帧。数据库中的关键帧通过反向索引与视觉单词关联，便于快速查找。为了解决多个关键帧可能对应同一位置的问题，DBoW2 通过累加相邻关键帧的得分来提高检索准确率。然而，这种方法并不能完全处理不同时间插入的观测同一位置的关键帧。

地图初始化的目标是计算两帧之间的相对位姿，从而三角化一组初始地图点。此方法应独立于所处场景(平面场景或一般场景)，且不需要人为干预来选择良好的(即具有明显视差的)两个关键帧。这里同时计算两个几何模型：一个是假设为平面场景的单应矩阵，另一个是假设为非平面场景的基础矩阵。然后使用一种启发式方法来选择其中一个模型，并通过该模型恢复出相对位姿。在 ORB-SLAM2 中只有当这两个模型是确定的，即两个帧是可用的时才会进行初始化。当检测到两帧之间低视差时，会遇到著名的两重平面歧义问题，此时需要避免初始化，否则会得到损坏的地图。为了使两个模型的过程一致，预设的迭代次数对于两个模型都是相同的，以及每次迭代时使用的点数，基础矩阵用 8 个点，单应矩阵用 4 个点。

在进行初始的特征匹配后，并行计算单应矩阵和基础矩阵。如果所处的场景是平面场景、接近平面场景或低视差场景，那么可以使用单应矩阵对场景进行建模。同时，如果场景也可以建模为基础矩阵但是没有很好的约束，那么从基础矩阵中恢复运动会得到错误的结果，此时应该选择单应矩阵，因为重构方法可以从平面场景或低视差场景正确的初始化。另外，一个非平面场景而且有足够的视差是可以通过基础矩阵进行建模的，虽然也可以通过单应矩阵建模但是最好选择基础矩阵。选择好模型后，就可以从中恢复出运动，最后进行 BA 优化。

在跟踪线程中，在 8 层图像金字塔上提取 FAST 角点，金字塔尺度因子为 1～2。检测每格角点数量，如果数量不够则调整提取阈值。如果某些单元格内检测不出角点(无纹理或低视差)，则其对应提取的角点数量也相应减少。最后，根据保留的 FAST 角点计算方向和描述子。

如果上一帧跟踪成功，则利用匀速运动模型预测当前相机位姿，并以预测位姿为中心搜索上一帧特征点在当前帧的对应点。若匹配点足够多，则基于匹配点优化相机位姿；否则，扩大搜索范围，继续寻找匹配点并优化。

若跟踪丢失，则将当前帧转换为词袋向量，在数据库中检索相似关键帧。对每个候选关键帧，计算其与地图点的 ORB 特征匹配，并利用 PnP 算法求解相机位姿。若找到足够多的匹配点，则进一步搜索该关键帧对应的地图点，并基于所有匹配点优化相机位姿。一旦获得初始位姿和匹配点，则投影更多地图点到当前帧，寻找更多匹配点，以维持跟踪，相机位姿通过在该帧的所有地图点得到优化。最后一步是确定是否将当前帧作为新的关键帧。局部地图有一个机制删除多余的关键帧，尝试尽可能快地插入关键帧，这使得系统对相机运动更加鲁棒。

对于每个新关键帧 K_i，系统首先更新共视图，添加节点 K_i 并连接与之有共视关系的关键帧。然后，将 K_i 连接到共视图中与之连接最多的关键帧，构建生成树。接下来，计算 K_i 的词袋向量，并通过三角测量生成新的地图点。这些地图点由 K_i 及其共视关键帧的 ORB 特征三角化得到。对未匹配的 ORB 特征，在其他关键帧中搜索匹配点，并剔除不满足对极约束的匹配点。三角化后的地图点须满足一系列几何约束，如正深度、视差等，才被插入地图。最后，系统对 K_i 及其共视关键帧，以及观测到的地图点进行局部 BA 优化。观测到这些地图点但是没有连接到当前关键帧的其他关键帧保持固定，错误点的观测值将被丢弃。为了保持精简的结构，局部地图尝试删除多余的关键帧。这有利于 BA，因为 BA 的复杂度随着关键帧的数量增加而提高，也有利于系统在同一个地方的长期运行，因为关键帧的数量不会无限增加，除非场景改变。如果关键帧 K_c 中 90%的点都可以被其他至少三个关键帧同时观测到，那认为 K_c 的存在是冗余的，并将其删除，尺度条件确保地图点以最准确的方式保留它们的关键帧。

回环检测线程接收 K_i，K_i 是局部建图处理的上一个关键帧，回环检测线程尝试检测和闭合回环。回环校正的第一步是融合重复的地图点。首先，通过相似性变换校正当前关键帧 K_i 的位姿，并将其应用到与 K_i 相邻的所有关键帧上，实现回环两端的对齐。然后，将回环关键帧及其邻域内可观测到的地图点投影到 K_i 及其邻域内，并进行局部搜索以找到对应匹配点。将匹配的地图点和相关数据进行融合，并更新共视图中的边，以反映回环关系。

ORB-SLAM2 广泛应用于虚拟现实(VR)、自动驾驶、无人机导航、增强现实(AR)、机器人定位与导航等领域。它适用于各种不同规模的环境，包括室内和室外场景。ORB-SLAM 有多个版本，如 ORB-SLAM2 和 ORB-SLAM3，分别支持单目、立体和 RGB-D 传感器，扩展了系统的适用范围和功能。最新版本 ORB-SLAM3 还支持多地图管理和多线程优化，进一步提升了系统性能和扩展性。

5.5 无人机神经渲染虚实融合建图

5.4 节探讨了无人机在长距离任务场景中如何进行视觉优化建图与定位。具体而言，介绍了利用无人机的扫描航拍数据集，离线构建多个高精度三维地理地图。这些地图的构建旨在提高无人机在 GPS 信号缺失情况下的导航能力，特别是在长距离视觉导航中，通过基于多地图调度的在线视觉位姿估计方法显著增强了定位的精度和鲁棒性。这种方法不仅提升了无人机在复杂环境中的自主导航能力，也为未来的无人机应用开辟了新的可能性。本节首先介绍 NeRF 和 3DGS 的基本思想与实现细节，之后介绍 NeRF 在 SLAM 领域的一些最新进展。最后，结合 5.4 节介绍的无人机长距离建图与定位技术，本节介绍一种融合 NeRF 神经渲染与长距离建图的新型无人机虚实地图构建与定位算法。通过整合高精度的神经渲染技术和多地图调度机制，为无人机在复杂和动态的环境中提供更精确和鲁棒的导航能力。

5.5.1 基于神经辐射场的三维重建基本框架

基于物理的渲染是图像合成的一种重要方法。光线追踪是实现基于物理渲染的一种重要算法，它模拟光在场景中的传播，从光源出发，经过物体的反射、折射等过程，最终到达虚拟相机。为了实现这一过程，需要准确地描述场景中的几何信息、材质属性以及光照条件。近似渲染方法则通过数学模型和启发式算法，如 Phong 着色模型，对真实光照模型进行简化，从而提高渲染效率。虽然牺牲了一部分真实感，但它们在实时渲染等应用中具有广泛的应用前景。

传统计算机图形学侧重于从已知的场景参数出发，生成逼真的图像。神经渲染作为一种新兴技术，利用神经网络从大量图像数据中学习场景表示，从而实现更灵活、更逼真的图像生成。神经渲染通过学习真实世界图像中的规律，可以生成更真实、更具多样性的图像。与传统方法相比，神经渲染不需要显式地建模场景的所有物理参数，而是通过神经网络隐式地表示场景。这种方法使得生成具有复杂光照、材质和几何信息的图像成为可能。神经渲染通过将场景表示为神经网络，并利用优化算法来学习网络参数，从而实现从图像到场景的映射，它的一个关键优势是能够处理噪声和不完整的图像数据，生成高质量的合成图像。

传统计算机图形学为渲染方程提供了多种近似解法，如栅格化、路径追踪和体积渲染等。

神经渲染，尤其是 NeRF 的提出，为这一领域带来了新的范式。NeRF 通过多层感知器隐式地表示三维场景，并能根据给定的视角生成高质量的渲染图像，这种方法绕开了传统渲染方法中烦琐的几何建模和材质定义过程，使得场景表示更加灵活和紧凑。

NeRF 将静态场景表示为连续的五维函数，该函数以空间中的任意一点和方向为输入，该辐射场将空间位置和方向映射到颜色和密度，输出该点在该方向上的颜色和密度。通过优化全连接神经网络，NeRF 可以从一组输入图像中学习到这个五维函数。在渲染时，沿着相机光线采样一系列点，查询神经网络以获取每个点的颜色和密度，并利用体积渲染方程将采样得到的颜色和密度累积起来，将这些采样值累积得到最终的图像，从而生成新的视图。

1. 场景表示

计算机图形学中，常见的几何表示方法包括点云、隐式曲面、网格和体积等。这些表示方法在神经渲染中广泛应用，但概念常常混淆。体积表示能描述物体内部的属性，如密度和颜色，因此可以用来表示表面。表面表示则仅关注物体表面，无法直接表示体积属性。连续表示相对于离散表示，能提供更平滑的过渡和更易于求导的特性，这对于基于梯度下降的优化方法至关重要。

神经场景表示是利用神经网络来学习场景的几何和外观的一种方法。通过将场景表示为连续函数，神经网络可以灵活地逼近各种复杂的几何形状和材质。特别是多层感知器，以其强大的函数逼近能力，为场景表示提供了全新的思路。通过学习训练数据，多层感知器可以自适应地学习到复杂的几何形状和材质属性，从而实现对场景的精细化表示。这种基于神经网络的表示方式称为神经场景表示。

多层感知器因其强大的函数逼近能力，广泛应用于神经渲染。通过将空间坐标作为输入，多层感知器可以学习到场景的几何和外观特征等复杂的非线性映射关系，通过将三维空间中的坐标映射到颜色、密度等属性从而精确地表示场景的几何和外观。相较于传统的几何表示方法，基于多层感知器的神经渲染具有更高的灵活性。通过引入位置编码，多层感知器能够学习到更复杂的几何形状和材质属性，从而实现对场景的精细化建模。

点云是一组在三维空间中表示物体表面或形状的数据点集合。每个点都包含了其在空间中的坐标(x,y,z)，以及其他附加属性，如点的法向量或颜色。这些附加属性可以提供关于物体表面更详细的信息。法向量表示表面在该点处的朝向，因此带有法向量的点云也称为定向点云。除了简单的点，点云中的点还可以具有半径，这使得点云能够表示更复杂的几何形状。在计算机图形学中，经常使用可微分渲染技术来处理点云。这种技术允许对渲染结果进行反向传播，从而实现对点云的优化。例如，可以通过调整点云中每个点的位置和属性来改善渲染效果。

隐式曲面是一种通过数学方程来定义的曲面表示方法。简单来说，就是将一个曲面看作一个函数等于零的点所组成的集合。其中有符号距离函数(signed distance function, SDF)是最常用的隐式曲面表示方式，表示的是空间中任意一点到曲面的距离，并通过符号来区分点在曲面的内外。SDF 在三维扫描中得到了广泛应用。通过逐点计算 SDF，可以逐渐重建出物体的表面，这个过程称为体积融合。这种方法特别适用于重建形状复杂、拓扑结构多变的物体，如动态的物体。

体素网格可以看作三维空间中的“像素”，是用来表示三维物体或场景的一种常用方法。它将三维空间划分成许多小立方体，每个立方体称为一个体素。通过给每个体素赋予特定的值，可以存储物体在空间中的占有情况、透明度等属性，从而对物体或场景进行详细描述。例如，可以用 0 表示空间中没有物体，用 1 表示有物体。这样，整个物体就可以用一个三维的体素块来表示。此外，还可以为每个体素赋予颜色值，从而表示物体的颜色信息。为了得到体素网格中任意一点的属性值，通常采用三线性插值的方法。这种方法通过对周围 8 个体素的值进行加权平均，来估算目标点的属性值。三线性插值在基于采样的渲染方法中非常常用，如射线追踪。射线追踪通过在场景中发射大量光线，并计算光线与物体交点处的颜色，来生成图像。

神经性体积表征是一种新型的隐式场表示方法，相较于传统的显式体素网格，它采用神经网络来隐式地定义三维空间中的物体。具体而言，神经网络的参数化能够学习并编码物体的几何形状、材质属性等信息。通过将三维空间中的任意一点作为神经网络的输入，可以得到该点在物体中的位置、法向量等几何属性，以及颜色、纹理等外观属性。

NeRF 使用全连接的深度网络来表示场景，该网络输入是一个连续的 5D 坐标(空间位置(x,y,z)和观察方向(θ,ϕ))，输出是该空间位置的体积密度σ和与视角相关的颜色$c=(r,g,b)$。实际使用时，将方向描述为笛卡儿单位向量$\boldsymbol{d}$，因此神经辐射场可以表示为一个 MLP 网络(式(5-1))，需要优化该网络的参数来得到正确的映射关系。

$$F_{\Theta}:(x,\boldsymbol{d})\to(c,\sigma) \tag{5-1}$$

2. 可微分图像的形成

前面所述的场景表示方法提供了一种在三维空间中对场景的几何和外观进行数学描

述的手段。在此基础上，将探讨如何通过渲染过程将这种抽象的数学表示转化为可视化的二维图像。渲染的核心在于模拟光线在三维场景中的传播并计算其与成像平面的交点。常见的渲染算法主要分为两大类：射线追踪和光栅化。射线追踪算法从图像平面上的像素出发，向场景中发射光线，通过计算光线与场景中物体的交点，并根据光照模型和材质属性确定交点处的颜色，最终合成图像。光栅化算法则从三维场景中的几何体出发，将它们投影到二维图像平面上，并通过填充像素的方式生成图像。

对于显式曲面表示，曲面上的点可以通过直接的索引方式获取，这使得可以采用前向渲染技术。在该技术中，将曲面投影到图像平面上，并根据投影结果直接对相应的像素进行着色，如栅格化或点绘制。然而，对于隐式曲面表示和体积表示而言，由于无法直接获取曲面上的点，无法使用前向渲染。相反，需要采用采样的方式，如射线追踪，通过在三维空间中发射射线并计算射线与隐式曲面的交点来获取像素颜色。

针孔相机模型下的基本投影关系描述了三维空间中的点 $p \in \mathbb{R}^3$ 如何映射到二维图像平面上的对应点 $q \in \mathbb{R}^2$ 。根据透视投影的定义，该映射为非单射且不可逆，即多个三维空间中的点可能投影到图像平面上的同一点。这一特性使得三维重建问题成为病态问题，增加了重建过程的复杂性。

射线追踪的另一种替代方案是几何图元栅格化。与试图模拟真实世界光线传播的物理过程不同，栅格化技术直接利用物体的几何属性来快速生成图像。栅格化通常针对多边形网格模型，其中网格由一系列顶点 V 和面 F 组成，每个面由三个或四个顶点定义。栅格化的核心思想是：对网格的几何操作可以简化为对顶点的操作。例如，可以通过一个统一的视图矩阵 $\boldsymbol{E}$ 将所有顶点从世界坐标系变换到相机坐标系。变换后可以剔除位于视锥体外的顶点以及法向量朝向摄像机的背面，从而减少后续计算量。然后，将剩余顶点投影到图像平面上，这一过程可以通过投影矩阵 $\boldsymbol{K}$ 完成。对于每个像素，可以通过插值计算出该像素所覆盖的片元的深度值，并利用深度缓冲来确定可见的片元。与射线追踪相比，栅格化的效率更高。其计算复杂度主要取决于场景中可见顶点的数量，射线追踪的计算复杂度则与像素数量和需要相交的图元数量成正比。然而，栅格化在处理某些效果时存在局限性，如光照、阴影和反射等。为了解决这个问题，可以采用可微分渲染技术，如软栅格化。

点云作为连续表面或体积的离散采样集合，点云渲染过程本质上是从不规则分布的离散样本中重建连续信号的过程。具体而言，需要从点云中重建出连续表面的外观，并对重建后的表面进行重采样，以获得图像空间中每个像素的颜色值。许多现代渲染器支持对多边形网格进行可微分渲染。在可微分网格渲染器中，网格三角形会渲染成概率图，这些概率图可以视为对连续表面的软表示。通过这种方式，可以计算从渲染图像的像素到原始网格顶点的梯度，从而实现端到端的可微分渲染，这在许多计算机图形学应用中具有重要意义。

在神经隐式曲面渲染中，当输入数据为二维图像时，隐式曲面网络的实现被扩展，不仅可以生成与几何形状相关的量(如有符号距离函数)，还可以生成与外观属性相关的量。隐式可微分渲染器利用神经隐式函数中的几何分支来首先计算观测射线与曲面的交点，然后通过外观分支获取该点的 RGB 颜色值。表面交点的查找通常使用球体追踪算法的变体，该算法通过从相机中心沿视线方向对三维空间进行迭代采样，直到找到表面。球体追踪是一种优化的射线行进方法，根据前一个位置的 SDF 值来调整步长，但这种迭代方法仍然可能导致计算效率上的浪费。

NeRF 使用经典体渲染的原理来渲染穿过场景的光线的颜色。空间位置 x 处的体素透明度 $\sigma(x)$ 可以理解为光线在位置 x 处终止的微分概率。当相机光线 $r(t)=O+td$ 分别以距离边界 t_n (最近距离)、t_f (最远距离)穿过场景时，得到的预期颜色值的计算如式(5-2)所示：

$$C(r)=\int_{t_n}^{t_f}T(t)\sigma\big(r(t)\big)c(r(t),d)\mathrm{d}t,\ \ T(t)=\exp\left(-\int_{t_n}^{t_f}\sigma\big(r(s)\big)\mathrm{d}s\right) \tag{5-2}$$

其中，函数 $T(t)$ 表示沿射线从 t_n 到 t_f 的累计透射率，即射线从 t_n 到 t_f 不击中任何其他粒子的概率。从神经辐射场渲染视图，需要估计通过虚拟相机的每个像素的相机光线的积分 $C(r)$。在计算时，作者将 $\left[t_n,t_f\right]$ 划分为 N 个等间隔的区间，并在每个区间内随机均匀地抽取一个样本，也就是在沿着这个光线经过的路线上进行均匀采样，使用采样点参与计算。

3. 优化

在神经辐射场表示中，涉及两种改进方法，以实现高分辨率复杂场景的表示。第一种是输入坐标的位置编码，帮助多层感知器表示高频函数；第二种是分层采样过程，能够有效地对高频表示进行采样。

(1) 位置编码。根据 Rahaman 等最近的研究，F_Θ 这类深度网络倾向于学习低频函数。本文作者借鉴了这种思想，将神经辐射场函数 F_Θ 分为两个函数 $F_\Theta=F'_\Theta y$。这里 y 是从 $\mathbb{R}$ 到高维空间 $\mathbb{R}^{2L}$ 的映射，F'_Θ 仍然是一个普通的 MLP。此外，还使用了 Transformer 中常用的位置编码。这种方式显著提高了模型性能。

(2) 分层立体采样。在传统的 NeRF 渲染中，每一条光线都会在多个位置进行采样，并对神经辐射场模型进行评估。但这种方法效率低下，因为它会重复采样对最终图像没有贡献或被遮挡的区域。作者设计了粗采样和细采样两个阶段。在第一步粗采样阶段，模型沿着每条视线均匀地取若干样本，并预测它们处于物体内部或外部(即其透明度)。然后在第二步细采样阶段，模型会在那些预测为物体内部且靠近物体表面的区域内进行更密集的采样。这大大减少了需要处理的数据量，并且能够更准确地表示复杂场景。

神经网络的训练本质上是非线性优化问题，其目标是通过最小化训练集上的损失函数来学习一组最优的网络参数。具体而言，神经网络的优化过程通常采用基于梯度的随机优化算法，如动量法或自适应矩估计，其中梯度通过反向传播算法高效计算得到。在神经渲染领域，神经网络用来学习三维场景的隐式表示。训练数据通常是一组二维图像，这些图像可以看作对三维场景不同视角下的观测。神经渲染器通过将神经网络的输出作为场景的输入，并结合可微分渲染器，生成与输入图像相对应的渲染图像。随后，通过定义适当的损失函数，比较渲染图像与真实图像之间的差异，并利用反向传播算法更新神经网络的参数。常用的损失函数包括基于像素级差异的 $L1$ 损失和 $L2$ 损失，以及感知损失(如特征空间损失)和判别式损失(如对抗损失)。这些损失函数的共同特点是可微分，这使得可以直接计算损失函数对神经网络参数的梯度，从而实现端到端的训练。

NeRF 直接弥补了先前使用多层感知器将对象和场景表示为连续函数的工作的不足。将场景表示为 5D 神经辐射场(一种多层感知器网络)产生的渲染效果比此前主流的训练深度卷积网络输出离散体素表示的方法更好。NeRF 的主要成就有以下几点。

(1) 开创性的场景表示方法。NeRF 通过将场景表示为连续的 5D 函数(包含空间位置和观察方向)，为从稀疏视图合成新视角图像提供了一种全新的方法。这种表示方法能够捕捉场景的复杂几何和外观，生成逼真的新视角图像。

(2) 高质量的视图合成。NeRF 能够从有限的输入视图合成出高质量的新视角图像，这些图像在视觉细节和真实感方面超越了以往的技术。它特别擅长处理具有复杂光照和遮挡的场景。

(3) 自然可微的渲染流程。由于体积渲染过程是自然可微的，NeRF 可以通过梯度下降等优化算法直接从一组已知相机姿态的图像中学习场景的表示。这使得 NeRF 在训练过程中能够自动调整其参数以最小化渲染图像与真实图像之间的差异。

尽管 NeRF 在 3D 场景表示和新视角图像合成方面取得了显著成就，但它也存在一些局限性和挑战。首先，NeRF 模型的训练和渲染过程通常需要大量的计算资源和时间，尤其是在处理高分辨率图像时，这限制了其在实时应用中的可行性。其次，NeRF 依赖于大量的输入视图来捕捉场景的复杂性，这在实际应用中可能难以获得，尤其是在动态或变化的环境中。

5.5.2 基于 3D Gaussian 的三维重建基本框架

传统 NeRF 方法依赖于连续的空间表示，以隐式方式表征空间的占用状态，在处理复杂场景时往往面临高计算成本和噪声问题。NeRF 的这一特性源于其对随机采样的需求，这种采样方式在确定样本位置时既耗时又容易产生误差。3D Gaussian Splatting(3DGS)引入了点云来解决这个问题，将神经辐射场转变为一种非结构化且离散的空间表示方法，将获取到的点云用 3D 高斯的方式表示，并将其用抛雪球的方式投影到图像上以混叠出期望的颜色。这种方法不仅提升了处理复杂场景时的计算效率，而且在几何结构的创建、销毁及移动方面提供了更高的灵活性。

3DGS 的整体算法框架如下。首先利用 SFM 技术来捕获场景的初步点云数据和关键帧的位姿信息。之后，这些初步点云被优化为一组密集的三维高斯模型，并利用相机的外参进行投影和光栅化渲染，以生成图像。然后将渲染得到的图像与真实图像进行比较，并计算损失。通过反向传播，利用这一损失来更新三维高斯模型的参数。

光栅化渲染的结果也会被输入自适应密度控制模块，以更新点云数据。这一模块根据梯度信息决定点云是否需要复制或分裂，从而增强三维高斯点的丰富性。高斯分裂可能导致过多的高斯点，造成场景的内存占用过大，该算法会定期过滤一些透明度较低的高斯球。

1. 场景表示

生成初始点云和相机位姿：在辐射场构建中，初始化图像位姿和点云的方式一般为COLMAP。在无人机航拍图像处理中，COLMAP方法面临着处理效率和精确度的双重挑战。由于无人机拍摄的高帧率，常常会产生数万张图像。COLMAP在估计位姿和点云时会将图像之间两两匹配，并频繁执行全局优化。在图像数量众多、场景规模较大的情况下，这种方法的处理速度会变得极其缓慢，因此在图像数量较多、拍摄场景较大的情况下，可以使用SLAM的方式来快速生成相机位姿和初始点云。

可微的3D高斯表示：3DGS采用三维高斯作为场景表示方法。这种表示方法不仅在保持场景表达能力的同时具备可微性，而且支持快速渲染，实现了渲染效率与表达能力的平衡。具体来说，该表示方法可以在迭代过程中实时更新，并且能够通过抛雪球算法轻松地将三维场景投影到二维图像平面上，从而实现高效的混合渲染。在这种三维高斯表达方法中，包含了几个关键信息：点的位置、协方差矩阵、不透明度以及球谐函数。点的位置即三维高斯的均值，这一均值决定了高斯分布的中心；协方差矩阵则决定了高斯椭球的形状和方向，影响着分布的扩散特性；不透明度参数在渲染过程中至关重要，尤其是在将三维点投影到二维图像平面时，不透明度的累加能有效表示点的扩散痕迹；球谐函数则用于拟合视角相关的外观特征，通过一组正交基的线性组合来逼近光场的分布。因此，一个点在三维空间中的高斯分布可以用式(5-3)描述：

$$G_s(x) = \mathrm{e}^{-\frac{1}{2}x^{\mathrm{T}}\Sigma^{-1}(x)} \tag{5-3}$$

式(5-3)相比于常规的三维高斯分布省略了均值和系数两个要素。这是因为在这种情况下，高斯分布是以点为中心的，且坐标分布已经经过中心化处理，使得均值为 0。至于系数部分，由于不需要控制整个概率密度函数的积分为 1 ，因此这个系数也可以省略。

之后，将三维高斯投影到二维进行渲染。由于协方差矩阵只有在半正定的时候才具有物理意义，如果使用完整的协方差矩阵进行参数优化，在梯度下降的过程中容易出现不满足正定的情况。为了解决这个问题，将协方差矩阵拆分成了缩放矩阵 $\boldsymbol{S}$ 和旋转矩阵 $\boldsymbol{R}$，其表达式如式(5-4)所示，其中旋转矩阵用四元数表示可以进一步降低优化的参数。

$$\Sigma = \boldsymbol{R}\boldsymbol{S}\boldsymbol{S}^{\mathrm{T}}\boldsymbol{R}^{\mathrm{T}} \tag{5-4}$$

优化与自适应密度控制：优化是整个算法的核心部分，通过将生成的图像和真实的图像做比较，减小优化参数的误差。通过减小点的位置、协方差矩阵的缩放矩阵 $\boldsymbol{S}$、四元数 q、高斯分布的颜色以及球谐系数这几个优化项的误差来正确地捕获场景中与视角相关的外观。在自适应密度阶段，3DGS自适应地增加高斯密度，以更好地捕捉场景的细节。这个过程特别注意几何特征缺失或高斯分布过于分散的区域。它包括在欠重建的区域克隆小高斯，或在过度重建的区域分裂大高斯。

2. 快速可微光栅化实时渲染

将相机空间转化为光线空间。渲染过程通常采用透视投影技术，这意味着所有的光线都以相机的光学中心为起点向外发散。与此相对，3DGS 则采用正投影方式，其中发射的光线都与成像平面平行。为了实现正投影，首先需要将相机空间的坐标转换为光线空间，这个过程本质上是将透视投影转换为正投影。这种转换可以将 3D Gaussian 转化为 2D Gaussian 处理，提高了计算效率。

将坐标从相机空间转换到光线空间涉及一种非仿射变换，这种变换与仿射变换不同，后者可以通过单一的线性矩阵对所有点进行坐标转换。非仿射变换的特点是，每个点在光线空间中的坐标都是基于其在相机空间中的坐标的非线性函数，因此不存在一个统一的变换矩阵来描述这种转换。为了解决这一问题，3DGS 作者采取了一种近似方法：他们使用每个三维高斯中心点的局部变换矩阵来近似整个变换过程。这种方法将每个高斯点视为仿射变换的对象，从而简化了计算。这个局部变换矩阵称为雅可比矩阵 $\boldsymbol{J}$，它为每个高斯点提供了一个线性化的近似，使得转换过程更加高效和可行。

对于每个三维高斯球，可以通过其在世界坐标系中的协方差矩阵 $\boldsymbol{\Sigma}$ 和中心点坐标来计算其在光线空间下的高斯协方差。由于初始坐标是在世界坐标系中给出的，需要首先通过旋转和平移矩阵 $\boldsymbol{W}$ 将其转换为相机坐标系中的坐标。接着，利用 3D 高斯的中心点坐标来计算雅可比矩阵 $\boldsymbol{J}$。最后求出光线空间下的 3D 高斯协方差矩阵 $\boldsymbol{\Sigma}'$，如式(5-5)所示：

$$\boldsymbol{\Sigma}' = \boldsymbol{J}\boldsymbol{W}\boldsymbol{\Sigma}\boldsymbol{W}^{\mathrm{T}}\boldsymbol{J}^{\mathrm{T}} \tag{5-5}$$

直接取最后的三维高斯协方差矩阵 $\boldsymbol{\Sigma}'$ 的前两行两列就是投影到图像平面上的二维高斯协方差矩阵。

(1) 分块排序。投影的 2D 高斯须根据其深度值进行排序，以便在后期渲染阶段正确管理遮挡关系。为了提高排序过程的效率，利用了空间划分或其他加速技术来降低排序的复杂性。

(2) α-blending。3DGS 对每个像素发出一条射线。首先根据高斯的球谐系数，得到高斯的颜色 c。接着根据分块排序部分得到的遮挡关系，重新计算每个高斯球的透明度并对像素值的颜色进行加权赋值。

5.6　无人机融合视觉建图的目标地理定位

无人机对地目标地理定位技术的目标是利用空中平台导航信息获取航拍图像中感兴趣地面目标精确的 GPS 坐标，为无人机或者地面站执行更高级智能导航任务提供地面目标地理位置。目前，对地目标地理定位技术在国内外已经有了许多研究。在过去的几十年里，无人机经常依靠光电平台来获得地面目标相对于无人机的位置和角度，然后通过坐标变换来计算目标的地理位置。但是这种方法需要大量的硬件设备，这些设备不仅昂贵且沉重，而且引入了许多错误源，导致很难获得高精度的目标定位结果。视觉传感器具有重量轻、价格低廉、功耗低等优势，逐渐被引入无人机对地目标地理定位技术研究中，尤其是小型无人机。基于视觉的无人机对地多目标地理定位一般包括两个阶段：第一阶段是确认感兴趣目标在航空图像中的像素位置，这可以通过手动点击目标或使用目标检测方法来实现；第二阶段，基于目标像素位置来确定目标地理位置，大多数解决方案涉及卫星图像、地形数据、无人机姿态角或多架无人机的使用。下面对两个阶段的相关研究进行具体介绍。在本节，探索联合无人机长距离视觉导航的对地目标精确地理定位方法，为无人机或者地面站提供地面目标的精确地理位置。首先给出一种航拍图像目标地理定位的算法框架，之后介绍几种经典的无人机航拍图像定位算法，最后在本节的案例中，介绍一种联合无人机长距离视觉导航的对地多目标在线精准地理定位算法。

5.6.1 航拍图像目标地理定位的算法框架

基于坐标变换的对地目标地理定位算法是一种常见的目标定位算法。该算法首先确定图像中目标的像素坐标，然后利用无人机的 GPS 数据，通过图像坐标系、相机坐标系和大地坐标系(地理坐标系)之间的变换关系，计算出目标的实际地理坐标。算法框架如图 5-7 所示，主要包括变换矩阵估计和目标地理位置估计两部分。

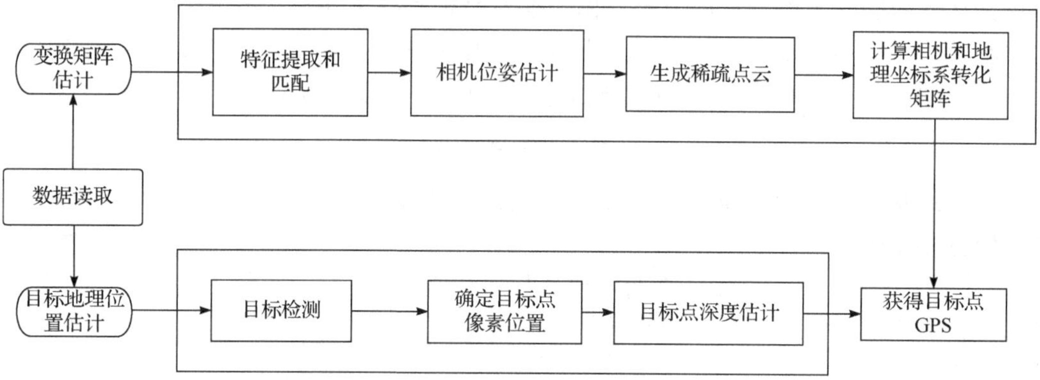

图 5-7 无人机目标地理定位算法框架

(1) 变换矩阵估计。变换矩阵估计是无人机目标地理定位中的关键步骤，目的是计算无人机的相机坐标系与大地坐标系之间的转换关系。首先根据图像之间的匹配关系计算相机位姿，之后根据图像的 GPS 信息，计算出相机坐标系和大地坐标系之间的转化矩阵。

(2) 目标地理位置估计。这步将图像中目标的像素位置转化为大地坐标系下的地理位置。首先通过目标检测确定目标的像素范围，然后进一步确定目标点像素。之后需要估计目标的深度信息，从而将像素位置转化到地理位置。

1. 数据读取

在此步骤中，需要读取无人机的传感器数据。常见的机载传感器包括相机、GPS 模块、IMU 和激光雷达等。在无人机目标地理定位中，前三种传感器的使用较为常见。相机可以获取无人机拍摄的图像；GPS 模块可以获得无人机当前位置的地理坐标，包括经度、纬度和高度；IMU 可以获得无人机的姿态信息，包括滚转角、俯仰角和偏航角。如果使用 IMU 获取无人机姿态则可以省略后续的位姿估计过程，因此传感器的选择会直接影响后续算法的流程和复杂性。

2. 变换矩阵估计

(1) 特征提取和匹配。在读取数据后，通过图像处理技术从无人机图像中提取特征点。这些特征点通常是图像中的关键点，如角点或边缘点。提取到特征点后，将这些点与地图的三维点或者相邻帧进行匹配。特征匹配的结果用于确定无人机相机在拍摄时的相对位置和姿态。常用的特征提取和匹配算法包括 SIFT、SURF 等。

(2) 相机位姿估计。通过特征匹配得到一系列匹配点，采用本质矩阵或 PnP 算法估计相机的位姿。相机的位姿由旋转矩阵 $\boldsymbol{R}$ 和平移矩阵 $\boldsymbol{t}$ 表示，代表相机在拍摄图像时的位置和方向。

(3) 稀疏点云生成。在获得相机的位姿估计结果和图像中的匹配点后，可以通过三角测量的方式恢复出这些匹配点的深度信息，进而生成稀疏点云。稀疏点云的生成是伴随着相机位姿估计进行的，中间涉及一系列优化算法，保证点云和相机位置的准确性。稀疏点云为后续目标点的深度估计提供了方便。

(4) 相机和地理坐标系转化矩阵计算。这一步的目标是计算出从相机坐标系到地理坐标系的转化矩阵。地理坐标系有多种表示形式，本节主要使用 ECEF、WGS-84 两种坐标系。ECEF 坐标系一种是地心地固坐标系，以地球质心为原点，固定在地球上的坐标系。WGS-84 是全球通用的地理坐标系，也是全球定位系统使用的标准坐标系。ECEF 坐标系和 WGS-84 坐标系之间的转化非常方便。

3. 目标地理位置估计

(1) 目标检测。从无人机拍摄的图像中检测出感兴趣的地面目标。常用的目标检测算法包括 YOLO、Faster R-CNN 等。这些算法能够在图像中识别出目标物体，并标注出它们的像素位置(通常是边界框的形式)。目标检测的结果是图像中目标物体的像素坐标。

(2) 确定目标点像素位置。在检测到目标物体后，需要确定目标点的具体像素位置。这个位置可以是目标物体的中心点、某个特征点或者边界框的顶点等。具体选择哪个点作为目标点取决于应用需求和目标物体的形状。

(3) 目标点深度估计。为了将目标点从二维图像坐标转换为三维世界坐标，需要估计目标点的深度信息。深度估计可以通过多种方法实现，包括单目深度估计、双目视觉等。在本节的案例部分，介绍了一种结合点云投影和三角剖分的方式来估计目标点的深度信息。

(4) 获得目标点 GPS。得到目标点在相机坐标系下的三维坐标后，需要将其转换到地理坐标系 ECEF 下。这个转换过程涉及前面计算出的转化矩阵。最后利用 ECEF 和 WGS-84 之间的转换关系获得目标点的 GPS 信息。

5.6.2 基于卡尔曼滤波的无人机地理定位算法

为了解决地理定位存在的目标尺寸小、场景复杂、传感器精度低等问题，Zhao 等开发了一种基于单目摄像头、GPS 接收器和惯性测量单元传感器的移动车辆检测、跟踪和地理定位框架。该方法采用基于 YOLOv3 训练的模型检测视频中像素尺寸较小的移动车辆，选择感兴趣的目标后，将基于相关滤波的视觉跟踪算法应用于目标跟踪任务，提出了一种被动地理定位方法来计算移动车辆的 GPS 坐标。为了将目标保持在无人机的视场内，引入了一种基于视觉跟踪和地理定位结果的飞行控制方法。

该车辆监控系统的功能模块如图 5-8 所示。地面设置手动控制，以应对紧急情况。该系统的操作包括三个步骤。

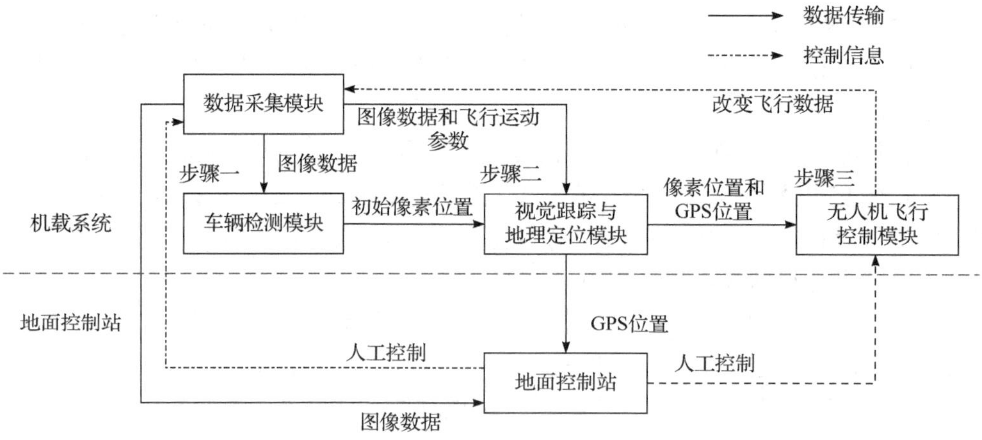

图 5-8 车辆监控系统模块组成

在步骤一中，首先进行车辆检测，从数据采集模块获取航拍图像数据，自动检测小型车辆，基于 YOLOv3 的方法因其对于复杂场景中小物体检测的有效性和效率而被用于车辆检测，YOLOv3 采用了三种训练策略，包括 Darknet-53 网络、独立逻辑分类器和多尺度预测，有助于提高其速度和准确性。检测结束后，将物体的像素位置发送到下一个模块，作为车辆视觉跟踪的初始像素位置。

在步骤二中，数据采集模块向视觉跟踪与地理定位模块提供图像数据和飞行运动参数，如图 5-9 所示，根据车辆初始像素位置和航拍视频，通过视觉跟踪方法计算出每个视频帧上当前车辆的像素位置。这些像素位置与飞行运动参数一起用于计算目标车辆的 GPS 坐标，这里的飞行运动参数包括从 GPS 和 IMU 获取的无人机位置和姿态。计算目标 GPS 坐标的方法通过三个组件来工作:第一个是将像素坐标系转换为东西北上坐标系。ENU 框架可以通过刚性运动与相机框架重合，刚性运动包括旋转运动和平移运动，从 ENU 坐标系到相机坐标系的旋转运动可以分解为绕三个轴的三个旋转，从 ENU 坐标系到相机坐标系的旋转矩阵和平移向量可以表示出来；第二个是物体的深度估计；第三个是将 ENU 坐标转换为 GPS 坐标。

在步骤三中，根据当前像素位置和 GPS 位置，分析车辆的运动。飞行控制模块计算出无人机下一时刻的姿态角和 GPS 位置，改变无人机的飞行控制参数，使无人机自动跟随飞行器，这使得目标车辆始终处于无人机的 FOV 中，使得步骤二中的车辆视觉跟踪与地理定位更加准确。当小型无人机跟随目标车辆移动时，车辆的位置被发送到地面控制站并显示在平板电脑上。实验结果表明，YOLOv3 是实现实时车辆检测的框架的最佳选

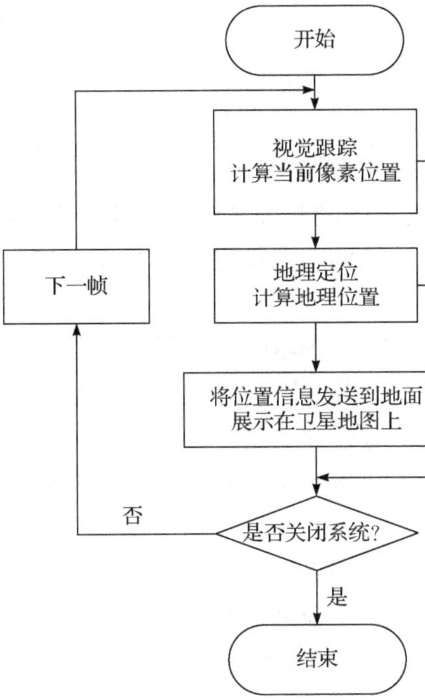

图 5-9　视觉跟踪与地理定位模块

择，感兴趣的车辆可以被跟踪并保持在无人机的视野内，通过该方法计算出的移动车辆的 GPS 坐标与预先设置的地面实况点相比误差在 5m 以内。

本章小结

无人机自主视觉导航技术是无人机智能化发展的重要研究方向，通过智能环境感知建图、自主视觉定位以及智能目标导航等多种手段，实现无人机系统的智能化和自主化，为无人机技术的创新和发展奠定坚实基础。近几年，无人机视觉导航方法取得了飞速发展，涉及环境感知、视觉建图与定位等多种关键技术。然而，长距离、高自主程度飞行任务的大量出现为无人机视觉导航相关技术提出了新的挑战，包括图像数据量大、处理时间长以及远距离定位精度不足等。这种情况下，航拍场景实时二维精确建图、无人机长距离视觉导航高精度建图与实时精准定位等主要技术难点显得尤为突出。本章针对上述问题，逐步深入探索了航拍图像实时精确二维全景拼接建图、无人机长距离视觉优化建图与定位以及对地目标地理定位的新方法。通过实现航拍图像实时精确二维全景拼接建图、无人机长距离高精度视觉建图与 GPS 信号缺失条件下在线精准定位、数据匮乏场景高精度全覆盖视觉导航地图构建与定位以及对地多目标在线高精度地理定位，全面提高了无人机长距离视觉导航的智能程度与安全性，为更精准、更高效的无人机任务执行提供了强有力的支撑。

习　　题

5-1 在无人机航拍图像拼接中，尤其是在图像存在较大视场差异和动态场景变化的情况下，请结合 5.2.1 节讨论如何通过改进图像配准算法来提高拼接质量。

5-2 给定两张相邻航拍图像，编写程序计算两张图像之间的单应矩阵，并使用这个矩阵将一张图像映射到另一图像上。

5-3 结合 5.4.2 节讲述的内容，思考为什么 ORB-SLAM2 系统中需要关键帧，而不是对每一帧都进行处理？ORB-SLAM2 在选择关键帧时主要考虑哪些因素？

5-4 请说明 NeRF 和 3DGS 两种神经网络渲染方式的异同。

5-5 在融合长距离建图与神经渲染的无人机虚实地图构建与定位一节中，生成的渲染图像是如何参与地图构建的？

5-6 假设有一张图像，图像上标记了一些二维点的坐标。这些点的集合可以表示为一个二维数组或列表，每个元素代表一个点的坐标，如(u,v)。请尝试使用 OpenCV 库提供的函数对这些点进行三角剖分，即将这些点连接成若干个不重叠的三角形，使得所有点都包含在这些三角形中。

第 6 章

具身主动感知与理解

6.1 无人机具身视觉问答背景

微课

无人机具身视觉问答(embodied visual question answering for drones)是指基于无人机移动平台，将计算机视觉、自然语言处理(NLP)和无人机技术相结合，使无人机能够在具身环境中理解并回答有关其视觉输入的问题。该任务旨在使无人机能够处理从空中平台获取的丰富视觉环境数据，实时感知复杂环境，理解问题并自主推理以获得相应答案。这一技术的发展涉及多学科交叉，为无人机在不同领域的应用提供了强大的支持。

无人机技术是该领域的基础。无人机，即无人驾驶飞行器，依靠遥控设备或自主导航系统进行控制，不需要人类驾驶员直接操控。现代无人机通常配备高分辨率摄像头和多种传感器，能够实时采集并处理大量环境数据。这些数据提供了视觉输入的基础，使无人机能够感知其周围环境。无人机的自主飞行和导航能力，使其能够在复杂和动态的环境中执行任务，如灾害救援、环境监测和农业调查等。相比于无人车、机器人等具身平台，无人机在高速飞行的空中环境下，面对实时环境的复杂多变、视觉目标缩小等，这将提出更高的要求和挑战。

计算机视觉为无人机提供了“看”的能力，无人机可以识别和定位特定物体，理解图像中多个物体之间的关系及其与环境的互动，并分析连续的视频帧信息。这些能力使无人机能够实时感知和理解其所处的复杂环境，为问答系统提供必要的数据支持。自然语言处理是无人机具身视觉问答系统的另一“听”和“说”的能力，旨在使计算机能够接收、理解、推理和生成自然语言。该系统利用 NLP 技术来解析用户提出的问题并生成回答。具体来说，涉及文本分析、语义理解和对话管理等方面。文本分析包括分词、词性标注和命名实体识别；语义理解则涉及对句子和段落深层含义的理解；对话管理则用于维护与用户的交互上下文。通过这些技术，系统可以准确理解用户的问题并生成相关回答。

在具体实施过程中，无人机具身视觉问答系统通常包括以下几个步骤：首先，无人机通过摄像头和传感器采集多源视觉环境数据；其次，计算机视觉算法处理这些图像和视频数据，提取有用的信息，如物体、场景和活动；接着，自然语言处理算法解析用户提出的问题，理解其语义和意图；然后，基于视觉数据和语言理解结果，通过多模态融合系统生成相应的回答；最后，系统根据用户反馈不断改进，通过机器学习技术提高回答的准确性和相关性。

无人机具身视觉问答是一门新兴且跨学科的研究领域，它结合了无人机技术、计算机视觉、自然语言处理等多个领域的研究成果。其核心目标是在复杂的真实世界环境中，通过无人机获取视觉信息，并基于这些信息回答用户提出的自然语言问题。无人机具身视觉问答不仅要求无人机能够理解自然语言指令，还需要它们能够智能地导航至特定位置，捕捉必要的视觉信息，并最终准确地回答问题。这种技术在灾害评估、紧急响应、环境监测等领域具有巨大的应用潜力。

近年来，随着无人机技术的飞速发展以及计算机视觉和自然语言处理算法的进步，无人机具身视觉问答技术取得了显著进展。这一领域不仅吸引了学术界的广泛关注，而且也得到了工业界的高度重视。目前，已经有多个研究团队致力于开发相关的算法、数据集和评估标准，以促进这一领域的发展。接下来，本节将梳理并概述具身视觉问答与无人机具身视觉问答领域的发展历程与国内外现状。

无人机视觉语言问答(unmanned aerial vehicle visual question answering, UAV-VQA)是一个相对较新的研究领域，它结合了无人机技术、计算机视觉和自然语言处理技术，旨在使无人机能够通过理解自然语言问题并根据拍摄的图像回答这些问题，从而为各种应用提供有价值的信息。UAV-VQA 的来源可以追溯到计算机视觉、自然语言处理和无人机技术的发展。随着深度学习技术的兴起，计算机视觉和自然语言处理领域取得了巨大的进展，使得图像理解和语言理解能力得到了显著提高。同时，无人机技术的快速发展使得无人机能够在各种复杂环境中执行任务，获取高质量的图像数据。将这些技术结合起来，就产生了 UAV-VQA 的概念。通过在无人机上搭载图像采集设备，获取灾区、环境监测区域等场景的图像信息，然后利用计算机视觉技术对图像进行分析和理解，提取出有用的特征和信息。接着，使用自然语言处理技术理解用户提出的问题，并将图像信息与问题进行关联和推理，最终生成准确的回答。例如，在自然灾害发生后，救援人员可以使用 UAV-VQA 系统来获取灾区的信息，如询问“有多少建筑物受损？”“道路是否畅通？”等问题，无人机系统会根据拍摄的图像回答这些问题，为救援决策提供支持。总的来说，UAV-VQA 的出现是为了满足人们在实际应用中对快速、准确获取信息的需求，它将无人机的机动性和灵活性与计算机视觉和自然语言处理的强大能力相结合，为解决各种实际问题提供了新的思路和方法。

目前，该领域总共有 3 个主要的数据集，分别为 FloodNet-VQA、HurMic-VQA 和 RescueNet-VQA。FloodNet-VQA 数据集是该领域第一个数据集，由 Maryam 等在 2020 年提出。该数据集是在飓风哈维过后收集的，使用小型无人机从受影响地区获取图像和视频，具体来说，该数据集拥有非常高分辨率的图像，图像分辨率为 4000 像素×3000 像素，具有很高的清晰度，能够提供详细的灾后场景信息。在此基础上，团队对图像进行了像素级标注，包括建筑-洪水淹没、建筑-非洪水淹没、道路-洪水淹没、道路-非洪水淹没、水、树、车辆、水池和草地 9 个类别。根据建筑与洪水接触的情况判断建筑是否被洪水淹没，同时还对图像进行了整体标签标注，分为“洪水淹没”和“非洪水淹没”。数据集中同时拥有多样的问题类型，旨在为灾后损害评估提供支持，包含与建筑、道路、洪水等相关的多种问题类型，以帮助理解灾后场景的不同方面。该数据集为后续的研究提供了重要的数据基础，特别是在灾后场景的理解和分析方面具有重要价值，推动了基于无人机图像的灾后损害评估研究。

6.2　基于无人机的具身视觉问答方法

基于无人机的具身视觉问答方法旨在使无人机能够在实际环境中理解并回答用户提出的关于视觉输入的问题。该方法一般分为以下五个模块：无人机平台多源视觉模块、数据处理与分析模块、多模态融合与推理模块、自主决策与反馈模块、解码生成与交互模块。

6.2.1　基于无人机的具身视觉问答方法框架

1. 无人机平台多源视觉模块

无人机平台多源视觉模块是无人机具身视觉问答系统进行视觉感知的前提，它包括多种传感器和摄像头，这些设备共同工作，为无人机提供全面的环境感知能力。机载相机负责采集高分辨率的环境图像和视频，通常为高分辨率摄像头，如 RGB 摄像头、热成像摄像头、多光谱摄像头和深度摄像头，分别获取标准彩色图像、温度分布图像、不同光谱波段信息和 3D 深度信息，适用于大多数场景的基础视觉任务、夜间操作或热源检测、农业监测和避障路径规划。全球定位系统传感器接收来自卫星的信号，计算无人机的地理位置信息，确保其在复杂地形中准确移动。惯性测量单元传感器由加速度计和陀螺仪组成，测量无人机的加速度和角速度，在 GPS 信号弱或失效的情况下提供可靠的惯性导航信息。激光雷达传感器通过发射激光脉冲并测量其反射时间，生成高精度的三维环境地图，常用于地形测绘、障碍物检测和避障。超声波传感器通过发射超声波并测量其反射时间来检测物体的距离，适用于低速飞行和狭窄空间的操作。光流传感器通过检测图像中的像素运动来估算无人机的运动速度和方向，常用于室内飞行和精细定位任务。环境光传感器测量周围环境的光照强度，帮助调整摄像头的曝光设置，确保在不同光照条件下获取清晰图像。这些传感器和摄像头共同构成了无人机平台多源视觉模块，提供全面的环境感知能力。通过融合多种传感器数据，无人机能够实时理解其周围环境，为后续任务执行和决策提供可靠基础，显著提升了无人机在复杂环境中的自主性和适应能力，确保其在各种任务中的高效执行。

2. 数据处理与分析模块

数据处理与分析模块主要应用计算机视觉和自然语言处理技术。计算机视觉技术包括图像识别、物体检测和场景理解等，用于从多源图像和视频数据中，识别并定位目标物体，理解物体间的关系和场景互动，并实时更新环境变换和建图。这些视觉处理能力使无人机能够在动态环境中持续获取和理解周围的视觉信息。自然语言处理技术用于解析用户提出的问题和指令，包括文本分析、语义理解和对话管理，确保具身智能体能够准确理解用户的意图。通过结合计算机视觉和自然语言处理技术，数据处理与分析模块能够高效地将复杂的视觉数据转化为结构化信息，并根据用户的语言指令生成相应的响应，从而提升无人机的交互能力和任务执行效率。

3. 多模态融合与推理模块

多模态融合与推理模块是基于无人机的具身视觉问答系统的核心部分，它将来自不同来源的视觉数据、语言数据和传感器数据进行整合，以形成对环境的综合理解。多模态融合技术采用深度学习模型，将这些不同类型的数据结合在一起，显著提升数据的准确性和完整性。通过多模态数据融合，无人机系统能够更全面地感知和理解其所处的环境，从而为后续的推理和决策提供坚实的基础。

在多模态融合过程中，首先收集并预处理来自摄像头的图像和视频数据、GPS 传感器的位置信息、IMU 传感器的姿态数据以及用户的语言指令。这些数据类型各自具备独有的特征和优势，视觉数据提供了丰富的环境细节和物体信息，传感器数据则补充了空间定位和运动状态信息，语言数据则包含了用户的意图和任务要求。为了有效融合这些多样化的数据，系统采用了先进的深度学习模型，如卷积神经网络和循环神经网络，以及 Transformer 架构，这些模型能够捕捉并整合不同数据源中的特征。

在具体实施中，多模态融合技术通过以下几个步骤进行。首先，图像和视频数据通过卷积神经网络进行特征提取，生成高维度的视觉特征表示。传感器数据则通过专门设计的传感器数据处理模块进行归一化和特征提取。对于语言数据，自然语言处理模型(如 BERT 或 GPT)解析用户的文本输入，提取语义特征。接下来，这些提取到的特征通过深度学习模型进行融合，形成统一的多模态特征表示。这一融合过程不仅考虑各数据源的特征，还利用注意力机制来加权不同特征的重要性，从而确保融合后的特征表示更加准确和全面。

自主推理模块基于多模态融合后的数据进行分析和解释，生成对用户问题的准确回答。该模块采用推理模型，如图神经网络和知识图谱(knowledge graph)，以实现对复杂环境信息的深度理解。推理模型能够处理高维度的多模态特征，通过推理过程，识别数据之间的关系和模式，从而生成准确的回答。例如，当用户询问某个物体的位置时，系统能够结合视觉数据中的物体识别结果和传感器数据中的位置信息，提供精确的回答。

此外，自主推理模块还具备自学习和自适应能力，通过不断积累和分析新的数据，逐步优化其推理能力。结合强化学习技术，系统可以根据用户反馈进行调整和改进，提升回答的准确性和相关性。

总体而言，多模态融合与推理模块通过整合视觉、传感器和语言数据，形成对环境的综合理解，并通过深度学习和推理模型生成准确的回答。这一模块的创新性在于其能够处理和融合多源异构数据，为无人机在复杂动态环境中的自主感知和决策提供了强有力的支持。通过这一模块，无人机具身视觉问答系统能够实现更高效、更智能的任务执行和人机交互。

4. 自主决策与反馈模块

自主决策与反馈模块是无人机具身视觉问答系统中实现自主操作和自我优化的关键部分。该模块包括自主导航、避障和路径规划功能，确保无人机能够在复杂的环境中高效、安全地执行任务。通过激光雷达、超声波传感器和深度摄像头等传感器数据，生成高精度的三维环境地图，并利用 A 算法、迪杰斯特拉(Dijkstra)算法或基于采样的路径规划算法(如 RRT)来规划最优路径。A 算法通过启发式函数评估路径成本，确保找到从起点到目标点的最优路径，适用于静态环境。Dijkstra 算法通过逐步扩展已知最短路径，找到从起点到所有其他节点的最短路径。RRT 算法通过随机采样构建一棵搜索树，快速覆盖搜索空间，适用于动态和复杂环境中的实时路径规划。

在避障方面，利用多种传感器实时检测周围的障碍物，并通过避障算法动态调整飞行路径。避碰行为树通过定义一系列行为节点和条件节点，实现复杂的避障策略，适应动态环境变化；势场算法将障碍物视为排斥力场，目标点视为吸引力场，使无人机在力场作用下避开障碍物并朝向目标移动；避障强化学习通过强化学习方法，如深度 Q 网络(DQN)或策略梯度方法，帮助无人机在训练过程中不断优化避障策略。该模块还引入了反馈学习机制，通过用户反馈和飞行数据不断优化系统性能。利用强化学习和自监督学习方法，系统可以在实际操作中持续学习和改进。Q-learning 算法通过学习状态-动作对的价值(Q 值)，在不同状态下选择最优动作；深度 Q 网络结合 Q-learning 和深度神经网络的优势，通过深度神经网络逼近 Q 值函数，适用于高维连续状态空间。通过这些技术，系统不仅提高了回答的准确性和响应速度，还增强了无人机在不同任务环境中的适应性和鲁棒性。自主决策与反馈模块显著提升了无人机在复杂环境中的自主操作能力，为无人机具身视觉问答系统的高效应用提供了强有力的支持。

5. 解码生成与交互模块

解码生成与交互模块是无人机具身视觉问答系统与用户进行交互的核心接口，负责处理用户的输入和系统的输出。用户可以通过语音或文本方式向系统提问，系统则通过语音或文本方式输出回答，并提供相关的图像或视频辅助信息。为了实现高效的用户交互，解码生成与交互模块集成了多种先进的自然语言处理和生成技术，尤其是基于 GPT-4(generative pre-trained transformer 4)等预训练大模型的技术。

在用户输入方面，语音识别系统(如 Google Speech-to-Text 或 Microsoft Azure Speech)将语音转换为文本。这些系统通过深度神经网络和长短时记忆网络等技术，实现高精度的语音识别。识别后的文本数据通过自然语言处理模型(如 BERT、GPT-4)进行语义解析。BERT(bidirectional encoder representations from transformers)模型通过双向 Transformer 架构，从上下文中提取更深层次的语义信息，理解用户的意图。GPT-4 作为新一代的大型预训练生成模型，具备强大的语言理解和生成能力，能够准确解析复杂的用户问题，提取关键信息。

对于文本输入，系统直接利用 NLP 模型进行解析。这些模型通过训练海量的语料库，学会从文本中提取有用的信息，并理解自然语言中的复杂语法和语义结构。在输出方面，系统生成的回答通过自然语言生成技术(如 Seq2Seq 模型或 Transformer 模型)转换为自然语言文本。Seq2Seq(sequence-to-sequence)模型通过编码器-解码器结构处理输入序列并生成输出序列，适用于多种自然语言生成任务。Transformer 模型，通过自注意力机制，实现对长距离依赖关系的捕捉，生成更连贯和上下文相关的文本。

对于语音输出，系统通过文本转语音(text-to-speech, TTS)技术(如谷歌 TTS 或 Amazon Polly)将回答转换为语音形式。这些 TTS 系统利用深度学习模型，如 WaveNet 或 Tacotron，生成自然、流畅的语音输出，确保用户能够方便地获取信息。

解码生成与交互模块不仅关注回答的准确性，还重视用户体验。通过图像或视频辅助信息的提供，用户能够更直观地理解回答内容。例如，在用户询问某个特定地点的情况时，系统不仅提供文本或语音回答，还可以显示相关的环境图像或视频片段，增强信息传递的直观性和有效性。通过深度学习模型，无人机能够从实时摄像头获取的图像中提取相关片段，并在回答中显示这些辅助信息。

此外，该模块还支持多轮对话和上下文管理，利用对话管理系统(如 Rasa 或 Dialogflow)维护对话状态和上下文信息，确保用户能够进行连续且自然的交互。Rasa 和 Dialogflow 利用 NLP 和机器学习技术，处理用户的多轮对话需求，保持对话的一致性和连贯性。这些系统通过跟踪对话的上下文，确保每次用户交互都能基于之前的对话状态做出相关的响应。

结合 GPT-4 等预训练大模型，解码生成与交互模块在处理自然语言理解和生成任务方面表现出色。这些大模型经过海量数据的预训练，具备丰富的语言知识和生成能力，能够处理复杂的语义解析和上下文理解，生成自然且连贯的回答。通过集成这些先进技术，解码生成与交互模块不仅提升了无人机具身视觉问答系统的交互体验，还显著提高了系统的智能化水平和响应能力。

6.2.2 基于多模态因式双线性池化的无人机具身视觉问答

本节介绍的无人机具身视觉问答任务，本质上仍然是视觉语言问答任务的一个分支，因此许多该领域的方法会复用视觉语言问答领域的优秀、经典方法。其中，许多方法在框架上与视觉语言问答领域经典方法保持一致，并使用了其中提出的在视觉语言问答领域十分重要的多模态因式双线性池化(multi-modal factorized bilinear pooling, MFB)模块。接下来，本节首先介绍 MFB 模块，然后介绍一些采用该模块的无人机具身视觉问答方法。

视觉语言问答需要同时理解图像内容和文本内容。现有的方法都是用精校正的方式表示图像和问题，然后再把多模态特征融合起来。基于双线性池化的模型较其他线性模型表现出较好的效果，但是这种方法的维度过高，计算量巨大，这限制了其应用。对于多模态融合，多模态因式双线性池化方法能够准确有效地结合多模态特征，这比其他的双线性池化方法更优。

MFB 的详细流程如图 6-1(a)所示。通过组合一些常用的层，如全连接层、元素乘法层和池化层，可以很容易地实现这种方法。此外，为了防止过拟合，在元素乘法层之后添加了一个 dropout 层。由于引入了元素乘法，输出神经元的大小可能会发生巨大变化，模型可能会收敛到一个不令人满意的局部最小值，因此在 MFB 输出后附加了功率归一化层和 $L2$ 归一化层。整个 MFB 模块的流程如图 6-1(b)所示。

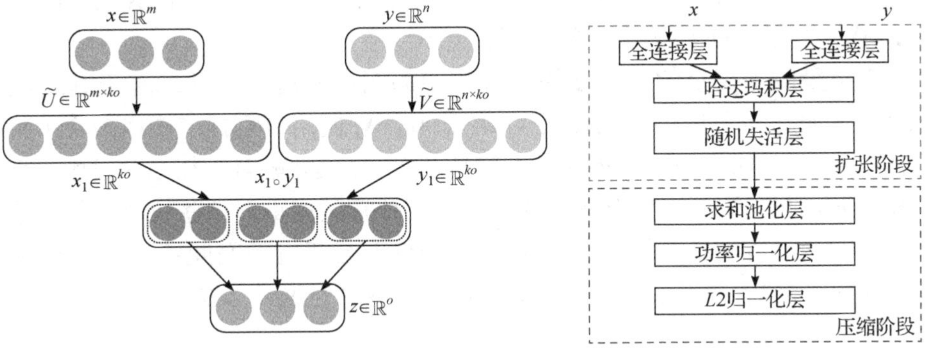

(a) 多模态因式双线性池化流程　　(b) 池化模块流程图

图 6-1 多模态因式双线性池化的流程图和池化模块的流程图

由于 MFB 模块在视觉语言问答领域的良好效果，许多无人机具身视觉问答的方法中也使用了 MFB 模块。接下来本节将介绍几种典型的相关无人机具身视觉问答方法。2021 年，Argho 等提出了无人机灾后管理和损失评估的具身视觉问答框架，如图 6-2 所示。

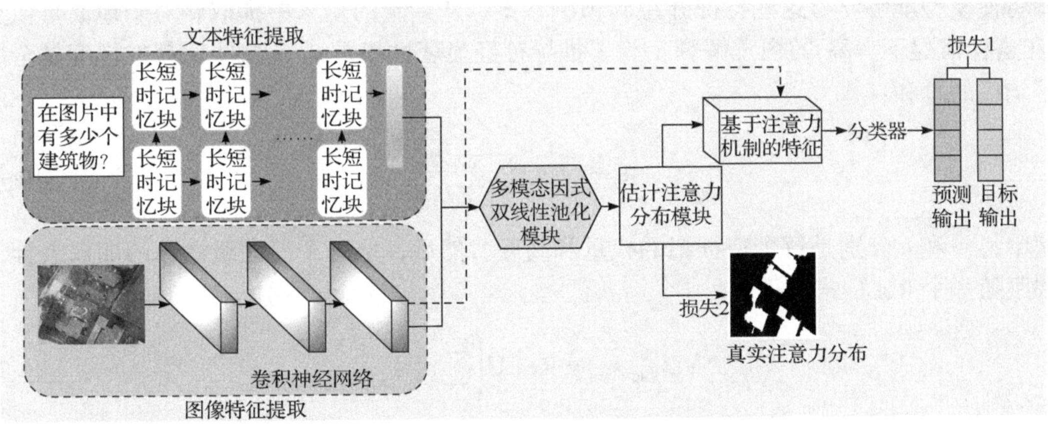

图 6-2 基于监督注意力的无人机灾后管理和损失评估具身视觉问答框架

这个方法首先从 VGG 架构的最后一个池化层获得图像特征矩阵 $\boldsymbol{I}$ 。输入图像前，将其大小调整为 224 像素×224 像素，并提取大小为 14×14×512 的图像特征矩阵，其中 14×14 是图像中的网格/区域数量，512 是每个区域的特征向量的维数。换句话说，每个网格代表输入图像的 16 像素×16 像素区域。两层 LSTM 已考虑用于文本特征表示。本研究考虑了来自两层 LSTM 最后一个 LSTM 单元的 1024 维的语义问题特征向量 $\boldsymbol{Q}$ 。然后，这两个特征由 MFB 模块融合。为了从图像中获得注意力，考虑了 Softmax 函数。在注意力层之后，多任务处理方法考虑了两个分支。第一个分支将试图通过最小化损失 2 来最小化真实和估计的注意力权重矩阵之间的距离，第二个分支将尝试最小化 VQA 分类器的真实和预测答案之间的损失 1。本方法中使用分类交叉熵损失(cross-entropy loss)作为损失 1。另外，平均绝对误差(MAE)被认为可以最小化真实注意力分布和估计注意力分布之间的距离。

2022 年，Argho 等又提出了一种用于无人机灾后损害评估的具身视觉问答任务的 Grad-Cam 感知监督注意力框架。该框架可以分为两个阶段。

第一个阶段的主要目的是仅使用训练集中的图像问题对来训练基于基线注意力的 VQA 模型。为此，本阶段仍然先使用 VGG 和 LSTM 网络分别提取图像与文本特征。在特征提取之后，如图 6-2 所示，将这两个特征与 MFB 模块融合。在融合过程之后，本方法应用 Softmax 函数来计算 14 像素×14 像素空间位置的权重。这些权重衡量了给定问题的空间特征对预测答案的重要性。然后将这些权重与相应的空间特征向量相乘，以产生加权特征图。最后，将问题特征向量添加到加权特征图中，并输入分类器以找到最佳答案。

Grad-Cam 是一种优化方法，它利用流入 CNN 架构最后一个卷积层的梯度信息来了解每个特征图对特定类别的贡献。本方法计算地面真值类 y^c(在 Softmax 之前)的得分相对于加权特征图 A^k 的梯度，以获得类判别特征图。虽然加权特征图已经包括了空间贡献，但根据加权特征图计算的类判别特征图识别了重要特征，使模型能够捕捉图像区域之间的相互关系。因此，通过使用这种类判别特征图进行监督，那些负责地面真值类的特征图将使模型能够学习这些特征并正确预测答案，从给定的输入中提取相对于地面真值类(在这种情况下为高)的视觉解释。为了推导神经显著性权重 a_k，这些回流的梯度是全局平均值的总和：

$$a_k^c = \frac{1}{w \times h}\sum_i \sum_j \frac{\partial y^c}{\partial A_{ij}^c} \tag{6-1}$$

其中，w 和 h 分别是每个特征图的权重和高度。然后，取一个前向激活图的加权组合，并跟随一个 ReLU 来获得。

$$L_{\text{Grad-Cam}}^c = \text{ReLU}\left(\sum_k a_k^c A^k\right) \tag{6-2}$$

本方法已经从上一阶段为每个问题推导出了视觉解释。在这个阶段，考虑与前一阶段具有相同架构的 VQA 模型。这些解释现在被认为可以监督这个学习阶段的视觉注意力。此时，重新训练基线 VQA 模型，以最小化估计注意力权重(在 Softmax 层之后)与第一阶段得出的类判别特征图之间的距离，以及分类交叉熵损失。

6.2.3 基于知识蒸馏的无人机具身视觉问答

众所周知，深度学习模型需要很大的内存计算资源去运行，这就给在资源紧张的微型设备(如无人机)上实现深度学习模型(如 VQA 模型)带来了重大挑战。这种高计算复杂度与巨大的内存占用量，以及在资源受限平台上进行模型优化的额外复杂性，共同构成了深度学习模型在实际应用中的主要瓶颈。为了能让 VQA 模型真正部署在无人机上，如图 6-3 所示，Hasib-Al 等提出了一种用于具身视觉问答任务的新型多模态深度神经网络 TinyVQA，该网络可以部署在资源受限的硬件设备上。TinyVQA 利用基于监督注意力的模型来学习如何使用视觉和语言模态来回答有关图像的问题。从基于监督注意力的 VQA 模型中提取的知识训练了内存感知的 TinyVQA 模型，并采用低位宽量化技术进一步压缩该模型以部署在边缘设备上。

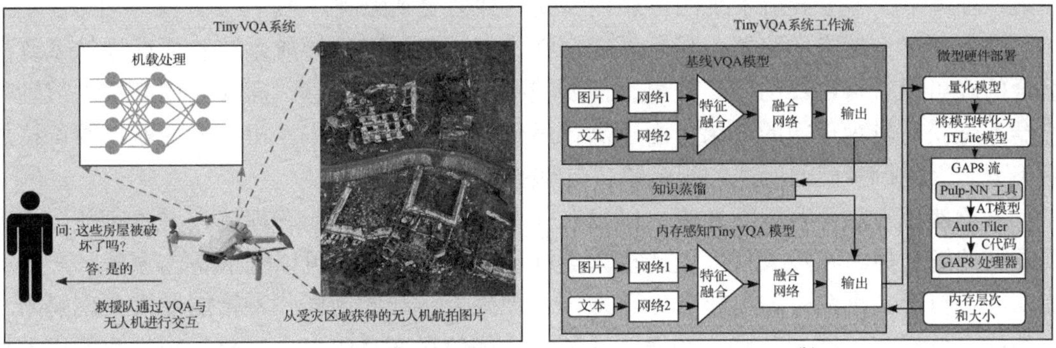

(a) (b)

图 6-3 基于知识蒸馏的无人机具身视觉问答

本方法提出的用于多模态深度神经网络(M-DNN)的记忆感知压缩技术采用现成的知识挖掘和量化，以最小化 M-DNN 的内存占用，同时保持其准确性。该方法涉及训练一个紧凑的学生 M-DNN 来模拟更复杂的教师模型，旨在使学生模型适应微型处理器的受限片上存储器($L1$ 和 $L2$)。重点是在模型尺寸减小和性能保持之间取得平衡，使其适合部署在资源有限的设备上。

总的来说，目前在无人机具身视觉问答领域，大多数方法还是在复用、借鉴传统视觉语言问答领域成熟的模型技术，并在无人机任务领域进行一定的改进和优化。

6.3 无人机视觉语言导航概述

传统机器人导航主要使用惯性导航系统。这是一种利用惯性测量单元(陀螺仪(A)、加速度计(G))测量载体相对惯性空间的角运动参数和线运动参数，在给定运动初始条件下，经导航解算得到载体速度、位置及姿态和航向的一种导航方法。其基本工作原理基于牛顿力学定律，不需要依赖外部信息，也不向外部辐射能量，就可以完成导航任务。

惯性导航系统虽然具有自主性和广泛的应用范围，但其主要缺陷在于误差的累积效应。由于惯性导航系统依赖于对加速度的积分来计算速度和位置，即使是微小的测量误差也会随时间不断积累，这导致导航精度逐渐下降，因此惯性导航系统需要定期校准或与其他导航系统结合使用，以减小误差并提高精度。

卫星导航系统是一种利用卫星信号进行定位和导航的技术。通过接收多个导航卫星发射的信号，用户设备可以计算出自身在地球表面的位置、速度和时间信息。常见的卫星导航系统包括美国的 GPS、俄罗斯的 GLONASS、中国的北斗系统和欧洲的伽利略系统。与惯性导航系统不同，卫星导航系统的优点在于能够提供全球范围内的高精度定位，且误差较小，适用于各种移动平台和环境。

卫星导航系统虽然提供高精度的全球定位服务，但其主要缺陷是过于依赖卫星信号。在城市高楼林立的区域、隧道、地下场所和水下环境中，卫星信号可能被遮挡或弱化，导致定位精度下降甚至无法获取定位。此外，卫星信号容易受到干扰或欺骗攻击，因此在某些环境下，卫星导航系统的可靠性和安全性会受到限制。

综上所述，现有的机器人导航系统存在短板。通过卫星导航系统和惯性导航系统的组合的确可以获得可靠的位姿信息，但要获得高精度位姿信息，需要采用高精度惯性传感器才能获得较为理想的效果。由于高精度传感器高昂的成本，机器人导航模块价格居高不下，因此探索前面所述的视觉语言导航技术迫在眉睫。

人类使用自然语言相互交流，以发布任务并请求帮助。能够理解人类语言并自主决策导航的智能体将在极大程度上造福人类社会，这种智能体可以完成室内家务、户外送货，或在符合人类命令的危险条件下工作。理论上，开发这样一种智能体需要理解来自人类的自然语言，感知其周围环境，并利用这些信息来完成自主导航。作为智能机器人关键基础能力之一的导航能力，特别是面向未知环境的导航能力，是机器人或具身智能体所必须具备的能力之一。

视觉语言导航任务希望模拟人类的导航过程，机器人在导航起点得到自然语言指令，并被要求根据该自然语言指令，结合视觉观察，形成动作决策序列，在先前未见过的环境中执行动作决策序列并最终到达预设的终点。视觉语言导航任务示意如图 6-4 所示。

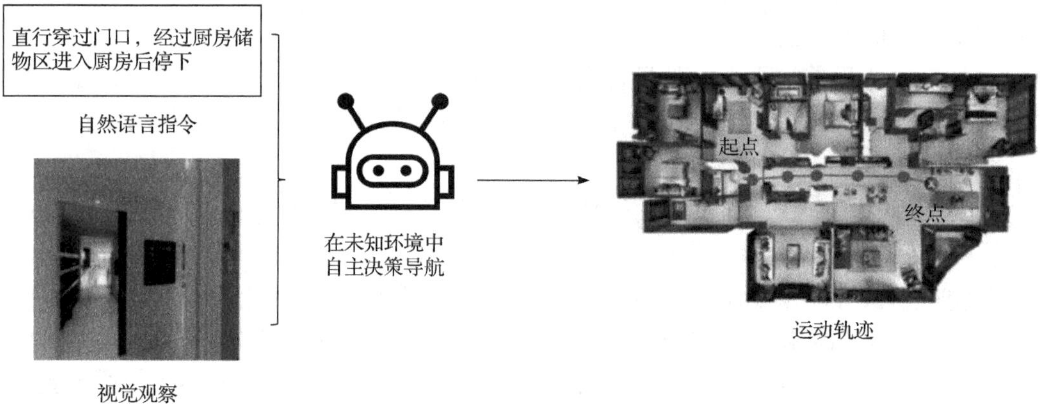

图 6-4 视觉语言导航任务示意图

1. 跨模态语义对齐

如前面所述，视觉语言导航任务需要智能体将视觉和语言两种模态的输入对齐，如图 6-5 所示。视觉模态的输入通常包括 RGB 或深度的智能体第一人称视角图，语言模态的输入则由一段或几段自然语言指令构成。智能体需要准确理解自然语言指令，并将其与视觉环境中的信息进行语义对齐。然而，视觉和语言两类数据之间存在着显著的模态异质性，这为跨模态语义对齐带来了极大的挑战。克服这种异质性，实现两种模态信息在语义层面上的准确对齐，是该任务面临的核心难题之一。

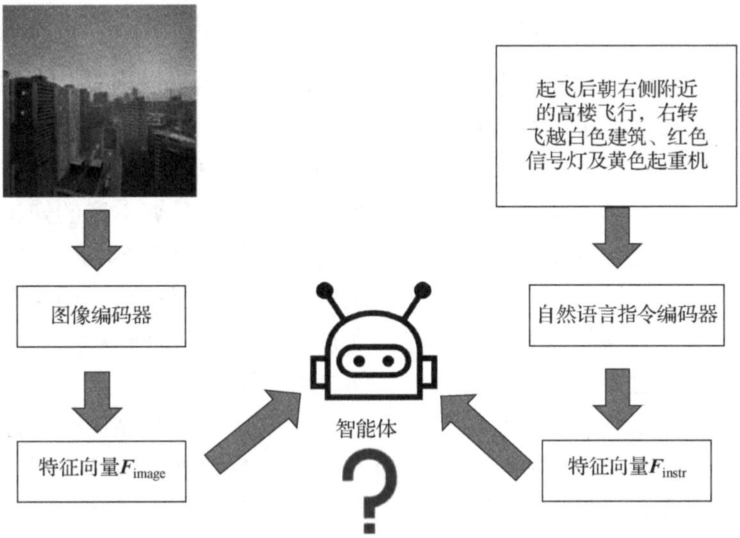

图 6-5　导航中视觉、语言两种模态语义信息对齐示意图

2. 语义理解与推理

智能体要想进行有效的导航决策，正确理解人类指令是基础。这要求智能体对指令中的物体、关系以及语言结构等不同层次的语义进行精准建模。此外，还需要在指令的语义空间与智能体的动作空间之间建立有效的联系，让智能体在理解指令的基础上还能做出准确的动作决策。通过推理，智能体能够根据指令语义做出准确的行为决策。

在导航任务中，人类往往不会提供详细的移动步骤或路径指令。例如，在指令“离开客厅，在卧室的梳妆台边停下”中，其语义空间并未明确指出具体的移动路径。智能体首先需要理解指令中提到的“客厅”、“卧室”以及“梳妆台”等关键场景或物体，并在理解指令意图的基础上，将这些信息与获取到的视觉观察对齐推理。根据指令，智能体需要在动作空间中进行路径规划，并将其分解为一系列的元动作，如“右转”“前进”等以完成整个导航任务。由此可见，准确的指令语义理解对于帮助智能体有效理解人类意图至关重要，它构成了后续有效推理的基础。推理则处于指令理解与行为决策之间，是智能体做出准确行为决策的前提条件。智能体对自然语言指令进行理解结合视觉观察并做出相应动作决策如图 6-6 所示。

3. 模型泛化能力增强

泛化能力是指模型在面对未见过的、独立于训练数据的新数据时，依然能够做出准确预测的能力。在机器学习和人工智能中，泛化能力衡量的是模型对训练数据以外的数

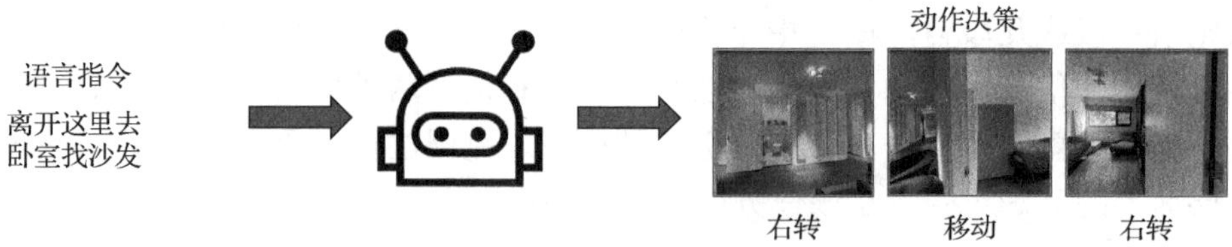

图 6-6　智能体对自然语言指令进行理解结合视觉观察并做出相应动作决策

据的适应性。具有良好泛化能力的模型能够在测试集或真实世界应用中保持较高的性能，而不过度依赖于训练数据中的特定模式或噪声。

在视觉语言导航任务中，智能体需要在先前未见过的场景中，根据自然语言指令进行自主决策导航。这意味着模型需要在训练场景中学习到足够丰富的知识，让其具备很强的泛化能力，主要包含场景泛化能力、指令泛化能力和行为泛化能力。

首先，智能体在不同场景内的视觉观察结果不同，甚至在同一场景下因为光照、视角等因素得到的视觉观察结果也不尽相同，所以智能体需要理解不同环境，迅速而准确地感知与理解当前环境，这才能保证后续动作决策的顺利进行。

其次，由于数据采集困难和标注信息有限等问题，智能体在训练过程中所能接触到的指令数量是有限的。这导致在实际导航过程中，一旦智能体遇到更复杂、更多样的自然语言指令，其存在理解偏差。因此，模型在训练过程中应考虑在有限的数据下进行有效学习，使其具备处理未见多样指令的能力。

最后，真实场景往往会出现很多未知因素，智能体可能会接收到训练中未遇见的动作指令，将其拆解成对应元动作至关重要。举例来说，智能体在训练过程中可能只学习了在二维平面内移动，然而，出发位置和目标位置可能处于不同的高度层次，如指令中包含“上楼梯”的行为，将其拆解为合适且正确的元动作，是一项极具挑战性的任务。

6.4　无人机视觉语言导航任务的常用方法

6.4.1　基于数据增广的方法

与专注于构建代理的方法不同，基于数据增广的方法强调最大化地使用现有数据或创建新的合成数据来逼近智能体性能的极限，最大限度地增强智能体的泛化能力。目前，视觉语言导航任务中所使用的基于数据增广的方法大致可以分为环境生成与编辑、对抗性数据生成与优化、路径采样与模拟、对比学习与数据评估、模拟与预训练以及其他方法等，如图 6-7 所示。下面将分别介绍这些方法及相关工作。

1. 环境生成与编辑

环境生成与编辑是一种数据增广方法，旨在通过创建新的训练环境或修改现有环境，来扩充训练数据并提升模型在新环境中的泛化能力。最早通过编辑现有环境(如改变风

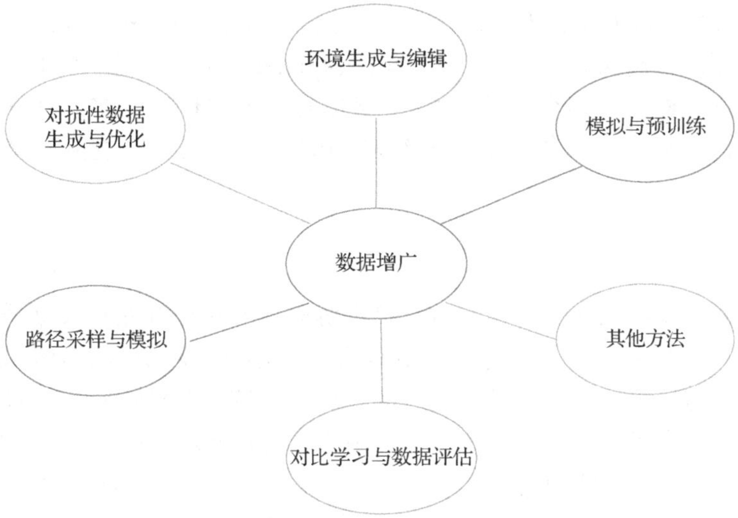

图 6-7 数据增广方法分类

格、物体外观或类别)来生成新环境，帮助导航代理适应未见过的场景。类似地，Jing 等通过整合原始环境中不同位置的视图，生成新的室内 3D 场景，从而增加数据的多样性并提升模型的泛化能力。然而，这些方法依然受限于原始环境的结构和内容。环境编辑如图 6-8 所示。

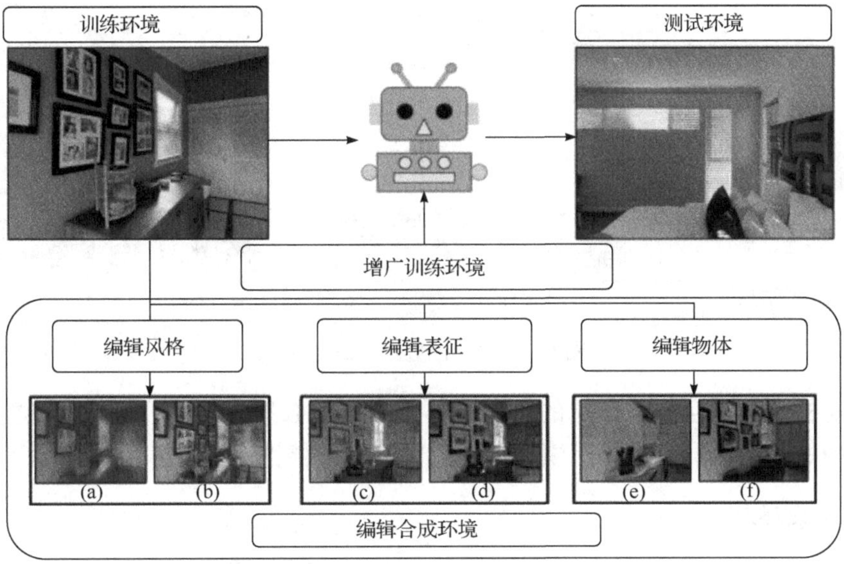

图 6-8 环境编辑

为了突破这一限制，Li 等提出了全景环境生成(panoramic environment generation, PANOGEN)方法，该方法能够通过文本生成不同的房间布局和物体排列，从而创建无限多样的全景环境，并通过递归图像扩展确保生成图像的高质量和一致性。此外，Wang 等开发了大规模视觉与语言导航(scalable vision-and-language navigation, ScaleVLN)方法，这是一种大规模数据生成方法，专门用于学习视觉语言导航(vision-and-language navigation, VLN)。他们利用来自高保真 3D 环境数据集(HM3D)和 Gibson 数据集的 1200 多种高保真环境，生成了近 500 万对指令-路径对，显著提升了导航代理在多个任务中的表现。通过这些创新方法，研究人员能够突破传统环境编辑的限制，生成更丰富、更多样的训练数据。

2. 对抗性数据生成与优化

对抗性数据生成与优化是一种通过对抗训练来提升指令和路径数据质量的方法。它的核心思想是利用指令-路径生成器(speaker)和指令-路径导航遵循器(follower)之间的相互竞争，使生成的数据越来越精确和高质量，从而构建出更好的训练数据。

最初，Fu 等提出了一种称为对抗性路径采样器(adversarial path sampler, APS)的方法，它专门用来生成具有挑战性的路径。如图 6-9 所示，这些路径能够让视觉语言导航模型在更加困难的场景中训练，进而提高模型在新环境中的表现能力。通过对抗训练，APS 让导航模型在遇到复杂路径时，能够不断优化自己的导航策略。随后，Rawal 等提出了另一种称为对抗性数据生成网络(adversarially-generated data network, AIGeN)的框架，它通过生成更丰富和多样化的数据，进一步提升模型性能。AIGeN 采用对抗学习(adversarial learning)的方式，通过多次迭代优化生成器，使生成的数据更加复杂且针对性更强，从而让模型在面对新的、未见过的数据时，表现得更加稳健和可靠。

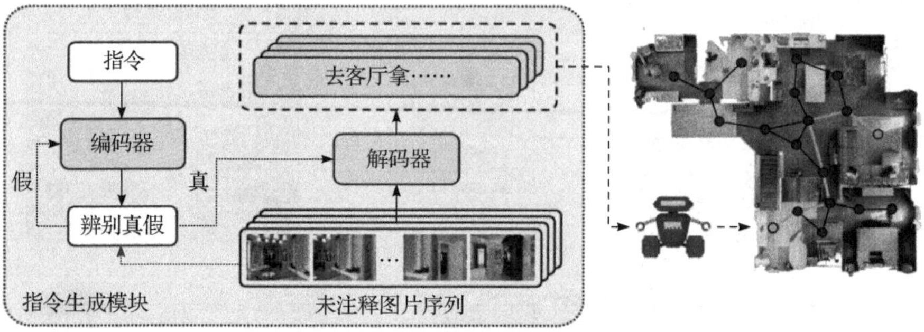

图 6-9　对抗性数据生成与优化

这种对抗性数据生成与优化的过程，不仅提高了数据的质量，也使模型能够更好地适应现实中的复杂情况，提高了模型的泛化能力和鲁棒性。

3. 路径采样与模拟

路径采样与模拟是提升视觉语言导航模型泛化能力和鲁棒性的一种方法。它通过多种技术，如基于随机游走的路径采样、对抗性学习框架、模拟训练和离线强化学习(offline reinforcement learning, Offline RL)，帮助导航代理更好地适应未见环境和实际应用。这些方法通过生成多样化的路径、创建反事实环境以及利用次优数据集，使模型在复杂场景中表现更为出色。

Ehsani 等提出了最短路径专家模仿(shortest path oracle clone, SPOC)，一种模仿最短

路径专家的模拟训练方法。SPOC 通过模仿在模拟环境中执行最短路径任务的专家，训练智能体完成导航任务，使其能够在现实世界中有效地导航和操作物体。该模型仅依赖 RGB 传感器，不使用深度图或 GPS 坐标，通过结合 Transformer 架构和强大的视觉编码器来处理视觉输入，展示了在未见环境中的出色表现，并且能够直接应用于现实世界中，无需额外的调整。

4. 对比学习与数据评估

对比学习与数据评估是数据增广中的一种方法，旨在通过评估数据质量和引入适应性挑战，提升模型在不同环境中的稳健性和泛化能力。通过选择高质量的数据以及在训练中增加难度，这些方法帮助模型更好地应对复杂的导航任务。

早期，Huang 等提出了一种多模态判别模型，主要解决视觉语言导航任务中训练数据不足的问题。他们通过评估指令与路径的对齐程度，筛选出质量高、匹配度高的训练数据，从而提升模型在导航任务中的表现。最近，Lin 等提出了名为渐进式扰动感知对比学习(progressive perturbation-aware contrastive learning, PROPER)的方法，如图 6-10 所示，这一方法通过在训练过程中加入路径扰动，让模型学会应对路径偏离的情况。利用对比学习框架，PROPER 可以区分扰动前后的轨迹特征，使得导航代理在未见环境中更加稳健和可靠。

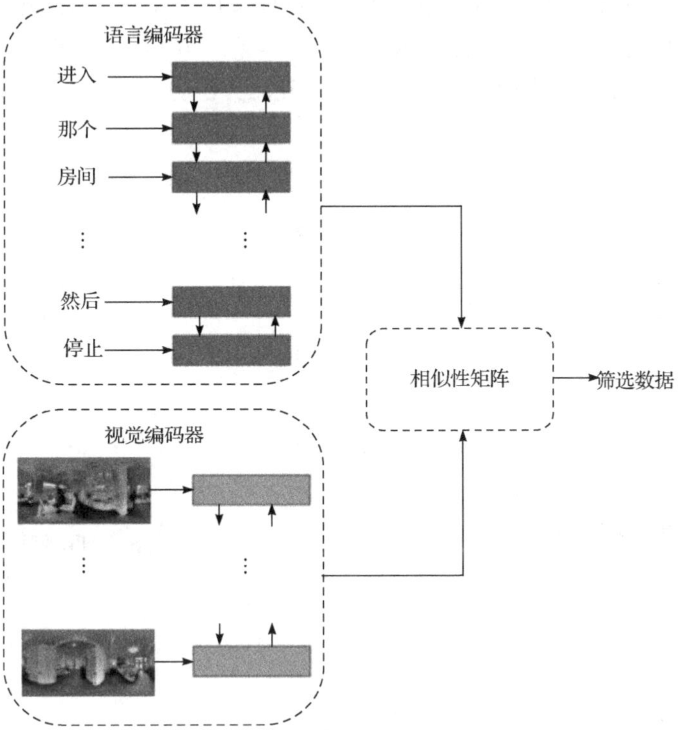

图 6-10　对比学习与数据评估

5. 模拟与预训练方法

模拟与预训练方法通过生成大规模的合成数据和引入反馈优化机制，来提升具身视觉导航模型的性能。通过扩大数据集规模、提升生成指令的精确度和模型的鲁棒性，这些方法显著增强了模型在未见环境中的泛化能力和适应性。

早期，Dou 等提出了基于双层优化框架的发言人模型(feedback-optimized speaker model, FOAM)，该模型能够通过跟随者(follower)的反馈不断优化生成的指令。FOAM 的核心在于根据跟随者的学习状态调整数据，使生成的指令更加适合导航任务。最近，Kamath 等通过生成大规模的合成数据提升了视觉语言导航模型的性能。他们在 500 多个室内环境中生成了超过 420 万对指令-路径对，大大扩展了现有数据集的规模，并利用高质量的多语言指令生成器和图像生成技术，显著提高了模型在未见环境中的表现。与此同时，Wang 等提出了进度感知的时空变换器发言人(progress-aware spatio-temporal transformer speaker, PASTS)模型。PASTS 通过融合全景图像和时序特征来生成更准确的导航指令，并采用多特征丢弃策略来防止模型过拟合，从而进一步提升了视觉语言导航任务中的性能。

6.4.2 基于数据表征的方法

在视觉语言导航任务中，基于数据表征的方法强调通过构建高效且丰富的多模态数据表征来提升模型的理解与决策能力。这类方法的核心在于对视觉信息和语言指令进行有效的编码和融合，使模型能够从多模态数据中提取出具有语义关联的高层次特征，进而指导导航任务的执行。基于数据表征的方法通常包括视觉-语言表征、环境适应与多任务学习、视觉提示与强化学习、语义地图与结构信息、增强知识与模型预训练以及机器人导航与拓扑映射等方法。图 6-11 所示为数据表征方法分类图，下面将分别介绍这些方法及相关工作。

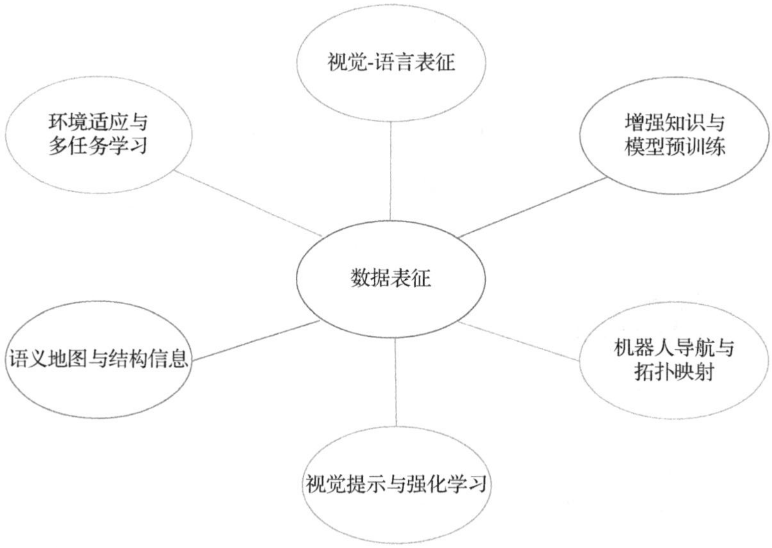

图 6-11 数据表征方法分类

1. 视觉-语言表征

视觉-语言表征是视觉语言导航任务的核心，目的是将视觉信息和语言信息共同编码，以获取能够相互关联的多模态特征。这一技术通过神经网络分别对视觉和语言信息进行处理，然后将它们结合起来，使得模型能够理解视觉环境(如物体、场景、路径)与语言指令之间的对应关系。这种多模态信息融合是视觉语言导航模型做出准确导航决策的基础。

视觉信息通常通过卷积神经网络或预训练的视觉模型提取，语言信息则通过语言模型或循环神经网络进行编码。接着，使用注意力机制等对齐和融合机制，将这两类特征结合起来，使模型能够更好地理解指令并导航。

这些视觉-语言表征方法通过多模态信息的深度融合，使得导航模型在复杂环境中的表现显著提升。随着技术的不断发展，从递归模型到对比学习再到语义地图，各种创新手段不仅帮助模型理解视觉和语言信息，还显著提高了模型的泛化能力和适应性，特别是在处理未见环境和多实例场景时。这些进展展示了视觉-语言表征在导航任务中的重要性，以及如何通过多样化的表征方法提升模型的导航决策能力。

2. 环境适应与多任务学习

为了应对视觉语言导航任务中多样化的环境，环境适应与多任务学习方法专注于提升模型在不同场景中的泛化能力。这类方法通过让模型在不同的任务和场景中学习，使其能够提取出具有普遍适应性的特征，从而避免模型过拟合到单一的任务或环境。多任务学习不仅要求模型完成导航任务，还包括学习环境中的辅助任务，如对象识别、路径规划和地图生成。这种任务间的共享学习过程，帮助模型更好地适应新环境和复杂的导航场景。

早期的工作中，Wang 等提出了一种环境无关的多任务学习框架，使用环境分类器和梯度反转层(gradient reversal layer, GRL)，促使模型学习与特定训练环境无关的表征。这种方法减少了对特定环境的依赖，使模型在未见环境中的表现更佳。该框架支持模型同时处理多种任务，如视觉语言导航和对话历史导航(navigation from dialog history, NDH)任务，并通过共享知识提高整体性能。实验表明，这一方法显著提升了模型在未见环境中的导航成功率和目标进度，展示了多任务学习在应对多样化任务和复杂环境时的有效性。

此外，Wang 等提出的 PASTS 模型，通过时空编码器捕捉全景特征的长距离依赖关系，并结合跨模态注意力机制来融合视觉和动作特征。PASTS 还引入了多特征随机失活(multi-feature dropout, MFD)策略，通过随机丢弃部分特征，降低了模型过拟合的风险。此外，进度监控模块(SPM)帮助模型更好地对齐指令与生成导航路径，生成更加精细的导航描述。PASTS 在视觉语言导航任务中表现出色，尤其是在未见环境中，展现了多任务学习在适应多样化环境中的强大潜力。

环境适应与多任务学习通过在不同任务和环境中的共享学习，帮助模型提升对新场景的适应性。这种方法不仅扩展了模型的应用范围，还能有效应对不同环境中的复杂任务。通过使用环境无关的表征方法和多特征随机失活等技术，模型在提升泛化能力的同时，也降低了过拟合的风险，展示了多任务学习在视觉语言导航领域的广泛应用潜力。

3. 视觉提示与强化学习

视觉提示与强化学习方法结合视觉信息中的关键线索与强化学习策略，旨在提升模型在导航任务中的决策能力和效率。视觉提示帮助模型聚焦于与任务相关的视觉区域，如重要的物体或场景特征，从而让模型能够更有效地进行路径规划。强化学习通过奖励机制让模型在探索过程中不断优化导航策略，使其能够适应动态环境中的复杂任务。

视觉提示通过指引模型关注特定的视觉线索，减小了不必要的搜索范围，使得导航更加精准。强化学习则利用试探和学习的过程，通过对模型的奖励反馈，逐步优化其导航行为。将这两者结合，模型能够在复杂的环境中自适应地学习，并形成更鲁棒的导航策略。

视觉提示与强化学习的结合为视觉语言导航任务提供了一种高效的学习机制。视觉提示通过引导模型关注重要的任务特征，帮助模型减少无关信息的干扰；强化学习通过不断的试探与反馈，优化模型的行为决策。这种方法不仅提升了模型的泛化能力，还使其能够在复杂、动态的环境中更加鲁棒地完成导航任务。PIVOT 和 PR2L 的工作进一步证明了视觉提示与强化学习相结合在导航和物体操控等实际任务中的强大潜力，尤其是在应对未见环境或零样本情况下表现出色。

4. 语义地图与结构信息

语义地图与结构信息的引入为视觉语言导航任务提供了丰富的语义和几何信息，使得导航模型能够在复杂的环境中更好地进行路径规划、目标识别和决策。通过结合预训练的视觉语言模型、语义分割技术和 3D 场景重构，这些方法显著提升了模型的泛化能力和导航任务的执行效率，尤其在面对零样本情况和未见环境时表现出色。语义地图与拓扑映射的高效融合展示了其在提升导航模型全局理解和推理能力方面的巨大潜力。

5. 增强知识与模型预训练

通过大规模预训练模型增强知识，视觉语言导航模型能够在跨任务和未见环境中表现得更为出色。无论是通过自监督学习构建通用表征的 PREVALENT，还是利用预训练扩散模型生成细粒度场景表示的框架，这些方法都展示了预训练在导航任务中的巨大价值。同时，常识知识的引入，如 ACK 模型，进一步增强了模型在复杂场景中的理解和推理能力，证明了增强知识与模型预训练的结合是提升视觉语言导航性能的重要途径。

6. 机器人导航与拓扑映射

拓扑映射方法为视觉语言导航提供了结构化的环境表示，通过节点和边的形式捕捉重要的物理信息。Garg 等提出了 RoboHop，这是一种基于图像分割的拓扑地图表示方法，专为开放世界的视觉语言导航设计。RoboHop 通过将图像中的分割区域作为拓扑图的节点，并使用像素质心和分割描述符建立节点间的连接，形成导航路径。结合自然语言查询，RoboHop 能够帮助机器人在复杂环境中进行更好的目标定位和导航，特别在对象导航任务中展示了语义丰富的拓扑映射如何提升空间推理和目标搜索能力。

同时，Jain 等提出了 SmartFlow，这是一个结合大语言模型(large language model, LLM)与计算机视觉的机器人流程自动化(robotic process automation, RPA)系统。该系统通过视觉识别和自然语言理解生成导航工作流，自动执行复杂任务。SmartFlow 展示了视觉提示与语言模型结合在拓扑映射和导航规划中的应用潜力，显著提高了自动化任务的执行效率。

6.4.3　基于行为策略学习的方法

视觉语言导航任务需要模型具备复杂的感知和推理能力，让模型深刻理解视觉信息、理解自然语言指令、进行多模态信息对齐、具备高阶导航行为规划能力是研究者一直在努力攻关的方向，社区的研究者做了充分的努力。目前，视觉语言导航任务中所使用的行为策略学习方法大致可以分为模仿学习(imitation learning, IL)、强化学习、模型预训练和大语言模型等方法。下面将分别介绍这些方法及相关工作。

1. 模仿学习

模仿学习是一种通过观察专家演示，模仿专家行为的一种机器学习方法，它通过让智能体从示范性的专家演示中，观察学习并模仿，从而让智能体具备在未来面对相似任务时执行类似动作策略的能力。

最初的 VLN 使用基于长短时记忆网络并带注意力机制的序列到序列模型。序列到序列模型是模仿学习中常用的模型框架。在每一个时间步 t，自然语言指令编码 $\langle x_1, x_2, \cdots, x_L \rangle$、视觉观察 o_t 以及先前的动作 a_{t-1} 将输入网络中，模型将预测下一个动作 a_t 的分布，并通过交叉熵损失函数以在给定之前状态-动作序列的情况下，最大化目标动作真实值和预测动作的似然，从而学习到专家演示数据中的特征信息，泛化到未见场景。

区别于离散环境下的 VLN 任务，基于 Meta AI 开发构建的连续环境下的 VLN 任务 VLN-CE 在提出时使用的基线模型、序列到序列模型和跨模态注意模型(cross-modal attention model, CAM)也通过模仿学习的方式让智能体在室内连续环境下通过模仿参考路径学习如何运动。

区别于上述地面 VLN 任务，基于微软开发的 Airsim 和由 Epic Games 开发的游戏引擎 Unreal Engine 所构建的空中 VLN 任务 AerialVLN 在提出时同样使用模仿学习方法作为基线模型，让无人机智能体从人类专家演示动作中学习如何在空中跟随指令运动。

此外，Fried 等通过引入 Speaker 模块和 Follower 模块，提出了一种新的自监督模仿学习方法。其中，Speaker 模块的作用是生成模拟导航指令，即给定一条导航路径，它将生成与这条路径对应的自然语言描述；Follower 模块用来实际执行导航任务，它根据输入的自然语言指令生成导航路径。Speaker 模块生成自然语言指令来增强 Follower 模块的学习能力；Follower 模块采样出新的路径作为 Speaker 模块的数据来源。通过 Speaker 和

Follower 之间的循环迭代，模型不断改进，从而提升了指令与路径之间的匹配程度和导航精度。Ma 等通过引入辅助进度估计(auxiliary progress estimation, APE)任务来增强智能体导航能力，即训练智能体预测在当前状态中已经完成的任务占比。通过这个额外的任务，智能体能够更好地自我评估和调整导航策略，从而在复杂环境中实现决策优化，减少不必要的绕路或偏离航线。

具体而言，该模型利用 BERT 来处理自然语言指令，将其嵌入到高维向量空间，然后与视觉信息结合；通过递归结构，模型能够处理和保持导航过程中的时序历史信息，从而更好地理解复杂的自然语言指令和长序列导航任务。

2. 强化学习

强化学习是一种机器学习范式，它通过让智能体在环境中进行行为选择和动作决策，并通过反馈机制获得奖励或惩罚，以期取得最大化的累积奖励。其试图模仿人类的试错过程(如婴幼儿蹒跚学步)，让智能体在环境中不断地、反复地学习和试验，从而不断优化行为策略，习得最优解。

强化学习任务一般使用马尔可夫决策过程(Markov decision process, MDP)来描述，可以用 $\langle S, A, P, R, \gamma \rangle$ 来表示，其中，S 代表状态空间(state space)，即环境中所有可能的状态集合；A 代表动作空间(action space)，即智能体在每个状态下所有可以采取的动作集合；P 代表转移概率(transition probability)，即给定当前状态 s 和动作 a，转移到下一个状态 s' 的概率分布，通常表示为 $P(s'| s,a)$；R 代表奖励函数(reward function)，即给定当前状态 s 和动作 a，智能体能获得的即时奖励，通常表示为 $R(s,a)$；γ 代表折扣因子(discount factor)，即折扣未来奖励的权重，用于反映未来奖励的重要程度。

强化学习一般涉及以下基本概念。

(1) 智能体：能进行行为决策并运动的物体，如在视频游戏中朝目标行动的超级马里奥、执行叠衣服任务的机械臂、在室内家居导航环境中移动的地面机器人、在空中运动的无人机等。

(2) 环境(environment)：智能体在其中进行交互的外部世界，它根据智能体的行为决策反馈奖励或惩罚，并且向智能体提供新的状态。

(3) 状态(state, S)：对当前环境的描述，它提供了智能体所需的信息，智能体根据状态决定下一步的行动。

(4) 动作(action, A)：智能体在特定状态下可以选择的操作，执行动作后将影响环境，并使其进入新的状态。

(5) 奖励(reward, R)：环境对智能体采取某一动作后的反馈，用于评估动作的好坏。其可以是正数(表示奖励)、负数(表示惩罚)或零。

(6) 策略(policy, π)：智能体在各个状态下选择动作的规则或概率分布。策略可以是确定性的(给定状态下总是选择某一动作)或随机性的(给定状态下按某一概率分布选择动作)。

3. 强化学习在视觉语言导航中的应用及工作

Wan 提出了一种强化提前规划(reinforced planning ahead, RPA)方法，其是一种将无模型强化学习(model-free reinforcement learning)与有模型强化学习(model-based reinforcement learning)相结合的混合强化学习方法。具体来说，智能体首先通过无模型强化学习获取基础策略，直接学习从状态到动作的映射，然后在此基础上引入有模型强化学习的前瞻性规划能力，通过这种结合，允许智能体在执行任务时能够“先看再跳”(look before you leap)，在采取行动前先进行前瞻性规划，从而提升智能体的导航能力。Wang 等通过结合强化学习和自监督学习的优势，一方面通过强化跨模态匹配(reinforced cross-modal matching, RCM)方法优化跨模态(视觉和语言)匹配程度，从而提高路径规划的准确性，另一方面通过自监督模仿学习(self-supervised imitation learning, SIL)方法，使得智能体可以通过模仿过往的高质量导航路径来自我学习，这种策略在提高导航任务的准确性和效率方面具有显著贡献。Tan 等提出将模仿学习损失和强化学习损失混合作为模型的损失函数，并通过引入反向翻译(back translation)方法，利用现有路径生成新的自然语言指令，增加训练数据；引入环境去除(environmental dropout)方法，通过随机去除训练环境中的部分视觉信息，模拟智能体可能遇到的未知场景，迫使智能体学习在信息缺失的情况下进行推理和决策，以提升智能体在未知环境中的泛化能力。Wang 等提出软专家奖励学习(soft expert reward learning, SERL)模型来学习奖励信号。与传统的二元奖励(成功/失败)不同，软专家奖励学习模型能够基于不同路径的质量给予不同程度的奖励信号，更加细腻地反映智能体在任务中各个步骤的表现，从而获得更连续、更平滑的反馈。通过利用软专家奖励学习的奖励信号，智能体不仅能够模仿专家路径，还能够在此基础上探索并优化自己的路径选择，从而提高导航策略的鲁棒性和效率。Hong 等提出 RelGraph 方法，通过构建语言描述和视觉实体之间的关系图，将自然语言描述与视觉环境中的实体显式关联，从而帮助导航智能体更好地理解和执行复杂的导航任务。Zhu 等提出了结合场景的目标导航(scenario oriented object navigation, SOON)任务，并提出了基于图的探索方法(graph-based exploration, GBE)来尝试执行上述任务，其将导航状态建模为图，从图结构中学习知识并通过学习次优轨迹来稳定训练。Wang 等通过引入主动视觉信息收集(active visual information gathering)策略，使得智能体在导航过程中能够像人类一样当面对模棱两可的指示或置信度不高的导航决策时主动选择观察动作以探索环境，最大化信息获取。Wang 等提出了一种结构化的场景记忆(structured scene memory, SSM)模型，该模型通过构建结构化的场景记忆模块来捕捉和存储智能体在导航过程中遇到的关键视觉信息，这种结构化的记忆不仅考虑了时间上的顺序，还结合了场景的空间关系，使得智能体能够更好地回忆起已经经过的场景，从而做出更准确的导航决策。Qi 等提出了 ORIST(object-and-room informed sequential BERT)模型，其基于 BERT 架构，融入了有关房间和物体的信息，能够识别和理解指令中提到的物体，同时识别房间类型，通过对视觉感知和自然语言指令进行细粒度级别的对齐，增强感知决策能力。

4. 模型预训练

模型预训练(pre-training)是指在大规模数据上训练模型，让模型学会通用特征或行为模式，然后将经过预训练的模型应用到下游特定任务上，经过进一步的模型训练或微调(fine-tune)，让模型在特定任务数据集有限的条件下，获得更好的泛化性能。

5. 模型预训练在具身视觉导航中的应用及工作

Li 等强调了语言预训练的重要性，提出了一种结合语言预训练和随机采样的联合训练策略 PRESS。模型首先通过在大量的文本数据上预训练语言模型，获取强大的语言理解能力，使得智能体能够更好地理解并处理复杂的自然语言指令，然后结合随机采样技术在导航任务中进行优化训练。通过这种联合策略，模型能够表现出更高的鲁棒性和适应性。Hao 等提出基于 Transformer 的预训练方法 PREVALENT，将视觉特征与语言特征进行统一建模编码，从而增强模型在处理复杂多模态任务时的表现。Majumdar 等提出 VLN-BERT 方法，其利用来自网络的、大规模的、未经过标注的图像-文本对来预训练模型，借助这些丰富的视觉和语言信息大大增加模型的数据训练数量，提升模型的视觉语言理解能力。Chen 等提出了一种结合全局与局部信息的双尺度图变换器(dual-scale graph transformer, DUET)模型。模型由两个尺度的编码器组成。其中，粗尺度跨模态编码器用来捕捉环境中的全局上下文信息，建立导航图中各个导航节点之间的全局关系，这能使得模型掌握整个导航场景的整体结构，从而在宏观上做出更合理的导航决策；细尺度跨模态编码器用于捕捉与当前节点紧密相邻的局部环境信息，从而细化模型对当前位置的理解，在局部层面上进行更精确的短距离的导航决策。最后通过动态融合粗尺度信息和细尺度信息，以在全局视角和局部视角上进行互补信息的融合，将全局和局部信息结合在一个统一的框架中，使得智能体能够同时处理长程的全局规划和短程的局部规划，这种双尺度的信息融合方式提高了导航的准确性和效率。

6. 大语言模型

大语言模型是一种由数十亿参数构成的神经网络，其基于超大规模的海量数据进行训练，在问题回答、内容总结、人类对话、常识问答等任务中表现出色，展示出了显著增加数据规模和模型大小所能带来的通用推理能力的潜力。大语言模型的出现使得实现通用人工智能(artificial general intelligence, AGI)的可能大大增加。

7. 大语言模型在视觉语言导航中的应用及工作

大语言模型技术在自然语言处理领域表现出了出色性能，并在零样本/少样本场景下仍然具备较高水平，社区的研究重点也开始转向基于大语言模型的视觉语言导航模型开发。最近，一些研究者尝试利用大语言模型出色的语言文本理解能力和丰富的常识知识，来探索其在视觉语言导航任务上的表现。Zhou 等成功地将大语言模型(如 ChatGPT、GPT-4 等)应用到视觉语言导航任务中，提出了 NavGPT 模型，其将每个时间步的视觉观察、导航历史信息以及未来可探索方向的文字描述作为模型输入，执行零样本序列动作预测，显式推理以接近目的地。Long 等通过引入多专家讨论机制 DiscussNav，用类似人类在面对复杂情况时与不同专家讨论以综合做出决定的方式一样，该模型有多个大语言模型构成的多个专家模块，每个专家模块专一独立地负责不同的导航子任务，如动作提取、参考物体提取、环境视觉感知、轨迹信息总结、完成估计等，通过多方面的分析和研判，从而避免了单一模型决策的局限性。Chen 等提出 MapGPT 方法，其指出除了要将视觉信息、自然语言指令输入给大模型以进行决策外，还需要充分利用导航环境中的地图信息来指导大语言模型进行决策。该方法构建了一个在线地图，包含了导航节点信息及其拓扑关系，以帮助 GPT 理解环境中的空间位置关系。Qiao 等提出对话中前进(march-in-chat, MiC)模型，其包含目标导向的静态规划模块(goal-oriented static planning, GOSP)、面向场景的动态规划模块(scene-oriented dynamic planning, SODP)、空间和物体感知场景感知器模块(room-and-object aware scene perceiver, ROASP)。这些由大语言模型构成的模块使得智能体在面对高级语言指令、含糊复杂的指令时，能逐步明确指示，确保能够准确理解人类的意图。

本 章 小 结

视觉语言导航是一种新兴的具身人工智能导航技术，其通过结合视觉观察和自然语言理解，使得机器人或智能体能够在复杂的环境中进行自主导航。传统的导航技术主要依赖于惯性导航系统和卫星导航系统，然而惯性导航系统存在误差累积效应的问题，卫星导航系统则在信号受到干扰的环境中无法提供足够的可靠性，因此视觉语言导航技术作为一种新型解决方案受到研究者的广泛关注。视觉语言导航技术希望模拟人类的导航过程：机器人在导航起点得到自然语言指令，并被要求根据该自然语言指令，结合视觉观察，形成动作决策序列，在先前未见过的环境中执行动作决策序列并最终到达预设的终点。

然而，视觉语言导航技术的实现并非易事，它面临着多个关键问题与挑战。首先是跨模态语义对齐问题。视觉信息和自然语言指令属于不同的模态，二者之间存在语义异质性，这使得跨模态语义对齐极具挑战性。其次是语义理解与推理能力的挑战。为了完成导航任务，智能体需要对指令中的物体、关系以及语言结构等不同层次的语义进行精准建模，同时还需要在指令的语义空间与智能体的动作空间之间建立有效的联系。最后，模型的泛化能力也是一个关键问题。让模型在有限的数据下学会应对多样化的指令和环境，是一个具有挑战性的研究方向。

为了应对这些挑战，研究者提出了多种方法和技术来增强视觉语言导航模型的能力。现有的研究方法大致可分为三类，即基于数据增广的方法、基于数据表征的方法、基于行为策略学习的方法。本章从这些研究方向分别对现有研究进行了回顾和探讨。

视觉语言导航技术的未来发展方向包括进一步提升模型的泛化能力、增强智能体的实时决策能力以及探索更多应用场景等。目前关于基于无人机的视觉语言导航任务研究尚处于起步阶段。由于无人机的运动相较于地面机器人的运动更加丰富，导航环境更加复杂，运动距离更长，改进上述方法使其适用于无人机任务将是社区研究人员值得探讨的方向。

习　　题

6-1　什么是视觉语言导航?

6-2　在视觉语言导航中，评价智能体性能的关键指标有哪些?

6-3　请简述视觉语言导航在实际应用中的三个潜在任务场景，并说明每个场景的挑战。

6-4　在视觉语言导航任务中，数据增广方法的目标是什么? 请列举两种常见的数据增广方法，并简述它们如何帮助提升模型在未见环境中的泛化能力。

6-5　在视觉语言导航任务的多种数据增广策略中，为什么路径采样与模拟方法被认为能有效提升模型的现实应用能力? 简述其背后的原因。

6-6　在视觉语言导航任务中，基于数据表征的方法如何通过视觉和语言信息的联合编码来提升模型的导航决策能力? 请简要说明这种方法的核心思想。

6-7　为什么在视觉语言导航任务中引入语义地图与结构信息能够增强模型的路径规划能力和环境理解能力? 简述其原理。

6-8　多任务学习如何帮助视觉语言导航模型提高在不同环境中的适应性和泛化能力? 请简要说明其背后的机制。

6-9　请设计一项关于视觉语言导航任务的试验，并了解强化学习在视觉语言导航中的应用及其优点。

6-10　请从正文提到的几个虚拟环境中选择一个或几个你感兴趣的虚拟环境，完成下载与安装步骤，然后执行相应环境的示例代码，学习如何在虚拟环境中操作具身代理。

6-11　请通过相关学术搜索网站搜索并下载具身视觉语言问答领域的第一个方法，即 Das 等提出的 PACMAN 模型，下载其代码文件，实际训练并运行一个具身视觉问答模型并获得最终问答准确率分数。

参考文献

[1] DALAL N, TRIGGS B. Histograms of oriented gradients for human detection[C]//2005 IEEE computer society conference on computer vision and pattern recognition (CVPR'05). San Diego: IEEE, 2005: 886-893.

[2] FELZENSZWALB P F, GIRSHICK R B, MCALLESTER D, et al. Object detection with discriminatively trained part-based models[J]. IEEE transactions on pattern analysis and machine intelligence, 2009, 32(9): 1627-1645.

[3] GIRSHICK R, DONAHUE J, DARRELL T, et al. Rich feature hierarchies for accurate object detection and semantic segmentation[C]//2014 IEEE conference on computer vision and pattern recognition. Columbus: IEEE, 2014: 580-587.

[4] GIRSHICK R. Fast R-CNN[C]//2015 IEEE international conference on computer vision (ICCV). Santiago: IEEE, 2015: 1440-1448.

[5] REN S Q, HE K M, GIRSHICK R, et al. Faster R-CNN: towards real-time object detection with region proposal networks[J]. IEEE transactions on pattern analysis and machine intelligence, 2017, 39(6): 1137-1149.

[6] LIN T Y, DOLLÁR P, GIRSHICK R, et al. Feature pyramid networks for object detection[C]//2017 IEEE conference on computer vision and pattern recognition (CVPR). Honolulu: IEEE, 2017: 2117-2125.

[7] HE K M, GKIOXARI G, DOLLÁR P, et al. Mask R-CNN[C]//2017 IEEE international conference on computer vision (ICCV). Venice: IEEE, 2017: 2961-2969.

[8] KUMAR R, SAWHNEY H, SAMARASEKERA S, et al. Aerial video surveillance and exploitation[J]. Proceedings of the IEEE, 2001, 89(10): 1518-1539.

[9] KIM J, SHIM D H. A vision-based target tracking control system of a quadrotor by using a tablet computer[C]//2013 international conference on unmanned aircraft systems (ICUAS). Atlanta: IEEE, 2013: 1165-1172.

[10] THOMAS J, WELDE J, LOIANNO G, et al. Autonomous flight for detection, localization, and tracking of moving targets with a small quadrotor[J]. IEEE robotics and automation letters, 2017, 2(3): 1762-1769.

[11] CHEN S Y, WANG L, CHEN W. Research on optimization of visual navigation algorithm for real-time obstacle avoidance of UAV moving target tracking[C]//2019 IEEE 1st international conference on civil aviation safety and information technology (ICCASIT). Kunming: IEEE, 2019: 315-320.

[12] BHAGAT S, SUJIT P B. UAV target tracking in urban environments using deep reinforcement learning[C]//2020 international conference on unmanned aircraft systems (ICUAS). Athens: IEEE, 2020: 694-701.

[13] ALTAN A, HACIOĞLU R. Model predictive control of three-axis gimbal system mounted on UAV for real-time target tracking under external disturbances[J]. Mechanical systems and signal processing, 2020, 138: 106548.

[14] LI B, YANG Z P, CHEN D Q, et al. Maneuvering target tracking of UAV based on MN-DDPG and transfer learning[J]. Defence technology, 2021, 17(2): 457-466.

[15] TAN L, HUANG X K, LV X Y, et al. Strong interference UAV motion target tracking based on target consistency algorithm[J]. Electronics, 2023, 12(8): 1773.

[16] 孙一力, 甄子洋, 王新华. 基于视觉的四旋翼直升机目标跟踪技术研究[J]. 电子设计工程, 2016, 24(18): 159-161, 165.

[17] 姚杰. 基于双目视觉的无人机目标追踪系统研究[D]. 杭州: 浙江大学, 2018.

[18] 梁栋, 高赛, 孙涵, 等. 结合核相关滤波器和深度学习的运动相机中无人机目标检测[J]. 航空学报, 2020, 41(9): 159-171.

[19] 刘芳, 孙亚楠. 基于自适应融合网络的无人机目标跟踪算法[J]. 航空学报, 2022, 43(7): 366-376.

[20] 王法胜, 李富, 尹双双, 等. 全天实时跟踪无人机目标的多正则化相关滤波算法[J]. 自动化学报, 2023, 49(11): 2409-2425.